精品课程新形态教材
新时代创新型人才培养精品教材

软件测试

RUANJIAN CESHI

主编 文 君 李 盛 冯莹莹

内容提要

本书共12章，主要内容包括软件测试基础、软件缺陷、测试需求分析与测试策略制定、测试用例、黑盒测试、白盒测试、性能测试、安全测试、自动化测试、移动App测试、微服务测试及订单系统。

本书可作为软件工程、计算机应用技术等相关专业的教材，也可作为软件工程技术人员的参考书。

图书在版编目（CIP）数据

软件测试 / 文君，李盛，冯莹莹主编 .—上海：上海交通大学出版社，2023.8（2024.8重印）

ISBN 978-7-313-29142-4

Ⅰ.①软… Ⅱ.①文… ②李… ③冯… Ⅲ.①软件-测试 Ⅳ.①TP311.55

中国国家版本馆CIP数据核字（2023）第136888号

软件测试

RUANJIAN CESHI

主　　编：文　君　李　盛　冯莹莹

出版发行：上海交通大学出版社　　地　　址：上海市番禺路951号

印　　制：三河市龙大印装有限公司　　经　　销：全国新华书店

开　　本：787mm×1092mm　1/16　　印　　张：14.5

字　　数：315千字

版　　次：2023年8月第1版　　印　　次：2024年8月第2次印刷

书　　号：ISBN 978-7-313-29142-4

定　　价：44.90元

《软件测试》编委会

主　编： 文　君　李　盛　冯莹莹

编　委： 韩鑫鑫　张绍龙　林　成　于　晗

李志文　李文藻　万　冰　陈巧莉

前 言

PREFACE

青年的理想信念关乎国家未来，青年理想远大、信念坚定，是一个国家、一个民族无坚不摧的前进动力，可以使国家凝聚成强大的合力，抵御纷繁复杂的社会危机，在国家民族事业上取得巨大成就，推动社会进步与发展，创造中华民族新的更大奇迹。因此，建设堪当民族复兴重任的高素质青年党员队伍，需补足精神之"钙"，心怀"青云之志"，以坚定的理想信念帮助青年强脊梁、壮筋骨、长见识。青年党员一方面要志存高远，将自己的理想和职业规划融入到时代的洪流中，融入到民族的发展中，将自己的才能才干充分彰显。另一方面要知行合一，既要胸怀远大理想，又要脚踏实地，时刻恪守为民情怀，将理想信念转化为良好的工作作风和实绩，自觉由人民群众来评价、由实践来检验，真正将党的二十大精神内化于心、外化于行。

随着信息技术的高速发展，各种各样的软件产品越来越多，软件产品的结构越来越复杂，为保证软件产品的质量，软件测试工作越来越显得重要。现在，软件测试已经成为软件开发过程中必不可少的一项工作。最初的软件测试只是开发人员调试自己的代码，后来软件测试逐渐发展成为一个独立的行业。

本书贴合时代的发展，更加注重理论与实践的结合，旨在让读者掌握软件测试的理论知识与动手实践的能力，了解当前软件测试行业所需的能和工具。结合近几年软件测试技术的发展，本书重点介绍一些当前比较流行的软件测试方法和测试工具。

本书第 1 章介绍软件测试基础，包括软件概述、软件质量、软件测试的概念、软件测试流程和分类、软件测试的发展现状和展望以及软件测试从业人员的要求。第 2 章介绍软件缺陷，包括软件缺陷的概念、管理和管理工具。第 3 章介绍测试需求分析与测试策略制定。第 4 章介绍测试用例，包括测试用例的概念、组成要素和设计方法。测试用例是测试工作人员工作的依据。第 5 章介绍黑盒测试，包括等价类划分法、边界值分析法、因果图与决策表法和正交实验设计法，这些方法是测试用例设计的方法。第 6 章介绍白盒测试，包括逻辑覆盖法、程序插桩法、代码检查法，白盒测试方法也是测试用例设计的方法。第 7 章、第 8 章、第 9 章分别从软件性能、安全性、自动化三个角度介绍了测试。目前 IT 行业中有一些岗位是性能测试工程师、安全测试工程师和自动化测试工程师，本书结合职位需求介绍了相应的内容。第 10 章移动 App 测试介绍了移动端软件项目测试的特点。第 11 章介绍了微服务架构下的软件测试。第 11 章以订单系统项目为例，介绍了软件测试工作的开展。

本书的特色主要有以下三点。

（1）本书内容与当前企业软件项目测试联系紧密。例如在第 1 章中介绍了近些年较为流行的敏捷模型及在敏捷开发中软件测试的开展，介绍了大数据、人工智能时代软件测试的发展及从业人员要求。在第 10 章和第 11 章分别介绍了移动 App 项目的测试和微服务软件架构的测试。

（2）本书从如今软件测试领域的三大类职位：性能测试工程师、安全测试工程师和自动化测试工程师出发，分别在第 7 章、第 8 章、第 9 章中介绍了性能测试、安全测试和自动化测试的内容，并附有常见的一些面试题。

（3）测试用例是软件测试很重要的一部分，本书不仅介绍了测试用例的定义、要素和设计原则，还结合笔者的项目经验，介绍了测试需求分析与测试策略制定、用例设计的方法、用例的复用和重构等一些在项目实施中较为常用的方法。

（4）目前软件结构从传统的单体应用转变为微服务架构设计，相应的软件测试方法也发生了变化，本书第 11 章介绍了微服务测试，重点介绍了契约测试。

本书编写的过程中得到了一些在企业从事软件研发和管理工作的朋友的建议和帮助，在此表示感谢。同时感谢学校领导和同事的支持与帮助，感谢出版社编辑的辛勤付出。此外，编者还为广大一线教师提供了服务于本书的教学资源库，有需要者可致电 13811187534 或发邮件至 1176142336@qq.com。

由于编者水平有限，书中难免存在不妥与疏漏之处，恳请广大读者批评指正。

编　者

目录

CONTENTS

第1章　软件测试基础 …… 1
1.1　软件概述 …… 2
1.2　软件质量 …… 11
1.3　软件测试的概念 …… 14
1.4　软件测试流程和分类 …… 19
1.5　软件测试的发展现状和展望 …… 29
1.6　软件测试从业人员的要求 …… 42
1.7　本章小结 …… 48
1.8　本章习题 …… 48

第2章　软件缺陷 …… 51
2.1　软件缺陷概述 …… 51
2.2　软件缺陷管理 …… 55
2.3　软件缺陷管理工具 …… 58
2.4　本章小结 …… 60
2.5　本章习题 …… 60

第3章　测试需求分析与测试策略制定 …… 61
3.1　从测试需求开始 …… 62
3.2　识别庐山真面目——分析需求 …… 66
3.3　确定顶层方向性测试类别 …… 71
3.4　部署测试策略 …… 71
3.5　本章小结 …… 73
3.6　本章习题 …… 73

第4章　测试用例 …… 74
4.1　测试用例概述 …… 74

4.2 测试用例设计的方法 …… 79
4.3 对测试用例有效、无效的正确认识 …… 83
4.4 设计可复用的测试用例 …… 84
4.5 测试用例重构 …… 87
4.6 本章小结 …… 90
4.7 本章习题 …… 90

第5章 黑盒测试 …… 93

5.1 等价类划分法 …… 94
5.2 边界值分析法 …… 99
5.3 因果图与决策表法 …… 101
5.4 正交实验设计法 …… 110
5.5 黑盒测试的意义 …… 115
5.6 本章小结 …… 115
5.7 本章习题 …… 116

第6章 白盒测试 …… 117

6.1 逻辑覆盖法 …… 118
6.2 程序插桩法 …… 123
6.3 代码检查法 …… 126
6.4 黑盒测试和白盒测试比较 …… 129
6.5 本章小结 …… 130
6.6 本章习题 …… 130

第7章 性能测试 …… 132

7.1 软件性能 …… 133
7.2 性能测试指标 …… 134
7.3 性能测试种类 …… 137
7.4 性能测试流程 …… 137
7.5 性能测试基本工具 …… 139
7.6 性能测试常见面试题 …… 142
7.7 本章小结 …… 143
7.8 本章习题 …… 144

第 8 章　安全测试 …… 146

8.1　安全测试概述 …… 147
8.2　常见的安全漏洞 …… 149
8.3　渗透测试 …… 151
8.4　常见的安全测试工具 …… 153
8.5　安全测试常见面试题 …… 156
8.6　本章小结 …… 157
8.7　本章习题 …… 157

第 9 章　自动化测试 …… 159

9.1　自动化测试概述 …… 160
9.2　自动化测试常见技术 …… 164
9.3　自动化测试常用工具 …… 165
9.4　持续集成测试 …… 166
9.5　自动化测试常见面试题 …… 170
9.6　本章小结 …… 171
9.7　本章习题 …… 171

第 10 章　移动 App 测试 …… 174

10.1　移动 App 测试概述 …… 174
10.2　移动 App 测试要点 …… 176
10.3　移动 App 测试流程 …… 180
10.4　移动 App 测试工具 …… 181
10.5　本章小结 …… 183
10.6　本章习题 …… 183

第 11 章　微服务测试 …… 185

11.1　微服务是什么 …… 185
11.2　微服务的出现和发展 …… 186
11.3　微服务测试 …… 188
11.4　本章小结 …… 193
11.5　本章习题 …… 193

第 12 章　订单系统 …… 194

12.1　项目简介 …… 195

12.2 测试需求说明书 …… 196
12.3 测试需求评审 …… 199
12.4 测试计划 …… 200
12.5 测试方案 …… 206
12.6 测试用例 …… 209
12.7 缺陷报告 …… 214
12.8 缺陷分析 …… 218
12.9 本章小结 …… 221

参考文献 …… 222

第1章 软件测试基础

学习目标

(1) 了解软件生命周期。
(2) 理解软件开发模型，尤其是敏捷开发。
(3) 熟悉软件质量。
(4) 了解什么是软件测试以及软件测试与软件开发之间的关系。
(5) 掌握软件测试的原则、基本流程和分类。
(6) 了解软件测试发展现状和趋势。
(7) 了解软件测试从业人员要求。

思政目标

通过介绍我国计算机软件的生命周期和软件质量的相关内容，增强学生对信息社会软件产品质量的了解，激发学生为国家数字化建设作贡献的情怀，使学生树立学好专业技能，做好大国工匠的发展理念。

20世纪60年代以来，信息技术飞速发展，互联网应用加速普及，在全球范围内掀起了信息革命的发展浪潮。这是工业革命以来影响最为广泛和深远的历史变革，给人类生产生活方式乃至经济社会各个领域都带来了前所未有的深刻变化。

在已经步入智能化时代的今天，我们的工作和生活都已经离不开软件，每天我们都会与各种各样的软件打交道。软件与其他产品一样都有质量要求，要保证软件产品的质量，除了要求开发人员严格遵照软件开发规划外，最重要的手段就是软件测试。本章将针对软件与软件测试的基础知识进行讲解。

1.1 软件概述

对于软件大家应该都不陌生，我们每天都会使用各种各样的软件，如 Windows、Office、微信、QQ 等。软件是相对于硬件而言的，它是一系列按照特定顺序组织的计算机数据和指令的集合。

软件与其他产品一样，都有“出生”到“消亡”的过程，这个过程称为软件的生命周期。在软件的生命周期中，软件测试是非常重要的一个环节。学习软件测试，必须要对软件相关知识有一定了解，包括软件生命周期、软件开发模型、软件质量等。本节将对软件生命周期、软件开发模型进行详细讲解，1.2 节介绍软件质量的相关内容。

1.1.1 软件生命周期

软件生命周期分为多个阶段，每个阶段有明确的任务，这样就使结构复杂、管理复杂的软件开发变得容易控制和管理。通常可将软件生命周期划分为 6 个阶段，如图 1-1 所示。

图 1-1 软件生命周期

图 1-1 中每个阶段的目标任务及含义分别介绍如下。

第 1 阶段：问题定义，该阶段由软件开发方与需求方共同讨论，主要确定软件的开发目标及其可行性。

第 2 阶段：需求分析，该阶段对软件需求进行更深入的分析，划分出软件需要实现的功能模块，并制作成文档。需求分析在软件的整个生命周期中起着非常重要的作用，它直接关系到后期开发的成功率。在后期开发中，需求可能会发生变化，因此，在进行需求分析时，应考虑到需求的变化，以保证整个项目的顺利进行。

第 3 阶段：软件设计，该阶段在需求分析结果的基础上，对整个软件系统进行设计，如系统框架设计、数据库设计等。

第 4 阶段：软件开发，该阶段在软件设计的基础上，选择一种或者多种编程语言进行开发。在开发过程中，必须要制定统一的、符合标准的程序编写规范，以保证程序的可读性、易维护性以及可移植性。

第 5 阶段：软件测试，该阶段是软件开发完成后对软件进行测试，以查找软件设计与软件开发过程中存在的问题并加以修正。软件测试过程包括单元测试、集成测试、系统测试 3 个阶段，以黑盒测试、白盒测试或者两者结合的形式进行。在测试过程中，为了减少

测试的随意性，需要制订详细的测试计划并严格遵守。测试完成之后，要对测试结果进行分析并对测试结果以文档的形式汇总。

第 6 阶段：软件维护，完成测试并投入使用之后，面对庞大的用户群体，软件可能无法满足用户的使用需求，此时就需要对软件进行维护升级以延续软件的使用寿命。软件的维护包括纠错性维护和改进性维护两个方面，软件维护是软件生命周期中持续时间最长的阶段。

1.1.2　软件开发模型

软件测试工作与软件开发模型息息相关，在不同的软件开发模型中，测试的任务和作用也不相同，因此测试人员要充分了解软件开发模型，以便找准自己在其中的定位与任务。

软件开发模型规定了软件开发应遵循的步骤，是软件开发的导航图，它能够清晰、直观地表达软件开发的全过程，以及每个阶段要进行的活动和要完成的任务。开发人员在选择开发模型时，要根据软件的特点、开发人员的参与方式选择稳定、可靠的开发模型。

自有软件开发以来，软件开发模型也从最初的“边做边改”发展出了多个模型，下面以软件开发模型发展历史为顺序，介绍几个典型的开发模型。

1. 瀑布模型

瀑布模型是温斯顿·罗伊斯(Winston Royce)于 1970 年提出的软件开发模型，由模型名称可知，该模型遵循从上至下一次性完成整个软件产品的开发方式。

瀑布模型将软件开发过程分为 6 个阶段：计划—需求分析—软件设计—编码—测试—运行维护，其开发过程如图 1-2 所示。

在瀑布模型中，软件开发的各项活动严格按照这条线进行，只有当一个阶段任务完成之后才能开始下一个阶段。软件开发的每一个阶段都要有结果产出，结果经过审核验证之后作为下一个阶段的输入，下一个阶段才可以顺利进行，如果结果审核验证不通过，则需要返回修改。

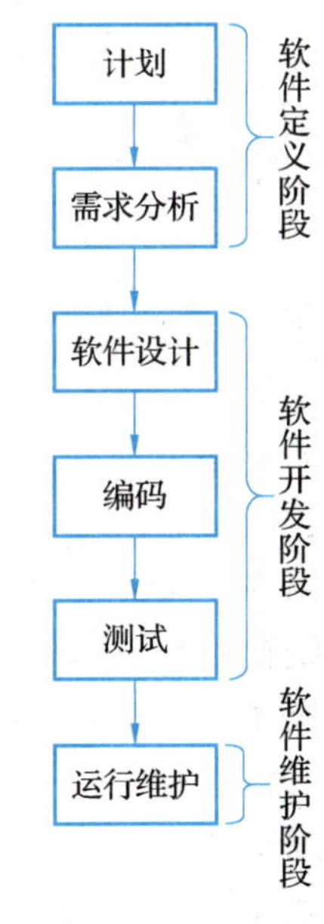

图 1-2　瀑布模型

瀑布模型为整个项目划分了清晰的检查点，当一个阶段完成之后，只需要把全部精力放置在后面的开发上即可，它有利于大型软件开发人员的组织管理及工具的使用与研究，可以提高开发的效率。但是瀑布模型是严格按照线性方式进行的，无法适应用户需求变更，用户只能等到最后才能看到开发成果，增加了开发风险。如果开发人员与客户对需求的理解有偏差，到最后开发完成后，最终成果与客户的需求可能会差之千里。

使用瀑布模型开发软件时，如果早期犯的错误在项目完成后才发现，此时再修改原来的错误需要付出巨大的代价。瀑布模型要求每一个阶段必须有结果产出，这就势必增加文档的数量，使软件开发的工作量变大。

除此之外，对于现代软件来说，软件开发各阶段之间的关系大部分不会是线性的，很难使用瀑布模型开发软件，因此瀑布模型不再适合现代软件开发，已经被逐渐废弃。

2. 快速原型模型

快速原型模型与瀑布模型正好相反，它在最初确定用户需求时快速构造出一个可以运行的软件原型，这个软件原型向用户展示待开发软件的全部或部分功能和性能，客户对该原型进行审核评价，然后给出更具体的需求意见，这样逐步丰富、细化需求，最后开发人员与客户达成最终共识，确定客户的真正需求。确定客户的真正需求之后，开始真正的软件开发。

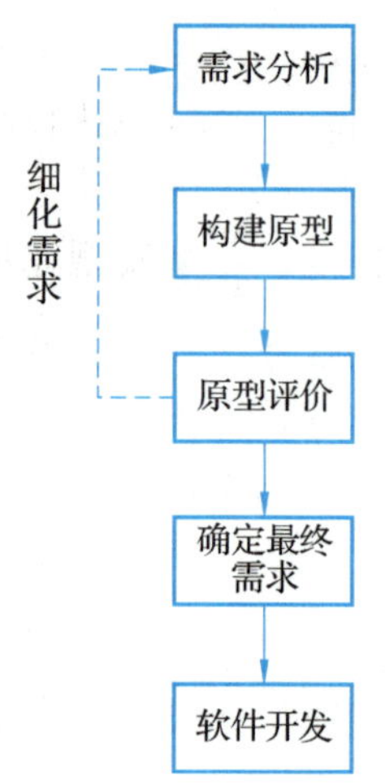

图 1-3 快速原型模型

快速原型模型类似于建造房子，确定客户对房子的需求之后快速地搭建一个房子模型，由客户对房子模型进行评价，房子的样式、功能、布局等是否满足需求，哪里需要改进等，一旦最后确定了客户对房子的要求，就开始真正地建造房子。该模型的开发过程如图 1-3 所示。

与瀑布模型相比，快速原型模型克服了需求不明确带来的风险，适用于不能预先确定需求的软件项目。但快速原型模型的关键在于快速构建软件原型，准确地设计出软件原型存在一定的难度。此外，这种开发模型也不利于开发人员对产品进行扩展。

3. 迭代模型

迭代模型又称为增量模型或演化模型，它将一个完整的软件拆分成不同的组件，然后逐个组件地开发测试，每完成一个组件就展现给客户，让客户确认这一部件功能和性能是否满足客户需求，最终确定无误，将组件集成到软件体系结构中。整个开发工作被组织为一系列短期、简单的小项目，称为一系列迭代，每个迭代都需要经过需求分析—软件设计—编码—测试的过程，其开发过程如图 1-4 所示。

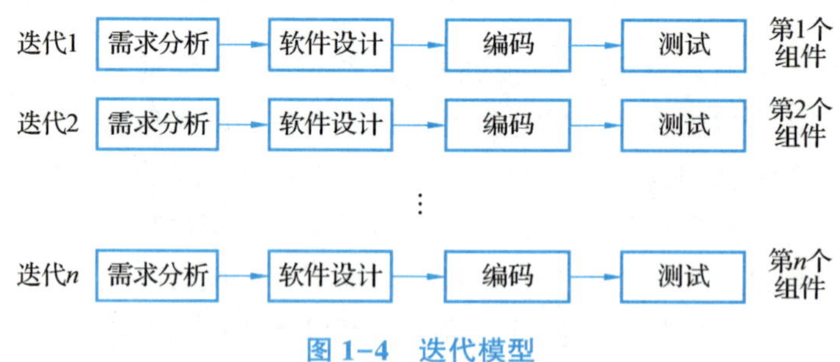

图 1-4 迭代模型

在迭代模型中，第 1 个迭代(即第 1 个组件)往往是软件基本需求的核心部分，第 1 个组件完成之后，经过客户审核评价形成下一个组件的开发计划，包括对核心产品的修改和新功能的发布，这样重复迭代步骤直到实现最终完善的产品。

迭代模型可以很好地适应客户需求变更，它逐个组件地交付产品，客户可以经常看到产品，如果某个组件没有满足客户的需求，则只需要更改这一个组件，降低了软件开发的成本与风险。但是迭代模型需要将开发完成的组件集成到软件体系结构中，这样会有集成失败的风险，因此要求软件必须有开放式的体系结构。此外，迭代模型逐个组件地开发修改，很容易退化为“边做边改”的开发形式，从而失去对软件开发过程的整体控制。

4．螺旋模型

螺旋模型由巴利·玻姆(Barry Boehm)于 1988 年提出，该模型融合了瀑布模型、快速原型模型，它最大的特点是引入了其他模型所忽略的风险分析，如果项目不能排除重大风险，就停止项目从而减小损失。这种模型比较适合开发复杂的大型软件。

螺旋模型将整个项目开发过程划分为几个不同的阶段，每个阶段按部就班地执行，这种划分方式参考了瀑布模型。每个阶段在开始之前都要进行风险评估，如果能消除重大风险，则可以开始该阶段任务。在每个阶段，首先构建软件原型，根据快速原型模型完成这个迭代过程，产出最终完善的产品，然后进入下一个阶段，同样，下一个阶段开始之前也要进行风险评估，这样循环往复直到完成所有阶段的任务。螺旋模型的若干个阶段是沿着螺线方式进行的，如图 1-5 所示。

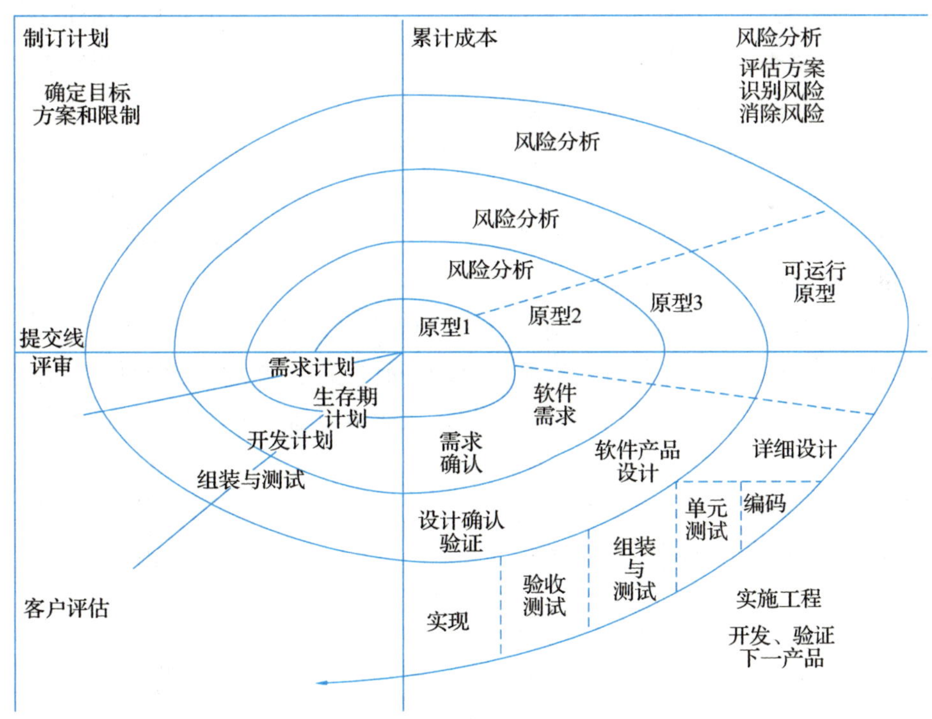

图 1-5　螺旋模型

图 1-5 有 4 个象限：制订计划、风险分析、实施工程、客户评估，各象限含义如下。

(1) 制订计划：确定软件目标，制订实施方案，并且列出项目开发的限制条件。

(2) 风险分析：评价所制订的实施方案，识别风险并消除风险。

(3)实施工程：开发产品并进行验证。

(4)客户评估：客户对产品进行审核评估，提出修正建议，制订下一步计划。

在螺旋模型中，每一个迭代都需要经过这 4 个步骤，直到最后得到完善的产品，可以进行提交。

螺旋模型强调了风险分析，这意味着对可选方案和限制条件都进行了评估，更有助于将软件质量作为特殊目标融入产品开发之中。它以小分段构建大型软件，使成本计算变得简单、容易，而且客户始终参与每个阶段的开发，保证了项目不偏离正确方向，也保证了项目的可控制性。

5. 敏捷模型

敏捷模型是 20 世纪 90 年代兴起的一种软件开发模型。在现代社会，技术发展非常快，软件开发也是在快节奏的环境中进行的。在业务快速变换的环境下，往往无法在软件开发之前收集到完整而详尽的软件需求，没有完整的软件需求，传统的软件开发模型就难以展开工作。

为了解决这个问题，人们提出了敏捷模型。敏捷模型以用户的需求进化为核心，采用迭代、循序渐进的方法进行软件开发。在敏捷模型中，软件项目在构建初期被拆分为多个相互联系而又独立运行的子项目，然后迭代完成各个子项目，开发过程中各个子项目都要经过开发测试。当客户有需求变更时，敏捷模型能够迅速地对某个子项目做出修改以满足客户的需求。在这个过程中，软件一直处于可使用状态。

除了响应需求，敏捷模型还有一个重要的概念——迭代，就是不断对产品进行细微、渐进式的改进，每次改进一小部分，如果可行再逐步扩大改进范围。在敏捷模型中，软件开发不再是线性的，开发的同时也会进行测试工作，甚至可以提前写好测试代码，因此在敏捷模型中，有“开发未动，测试先行”的说法。

另外，相比于传统的软件开发模型，敏捷模型更注重“人”在软件开发中的作用，项目的各部门应该紧密合作、快速有效地沟通(如面对面沟通)，提出需求的客户可以全程参与开发过程，以适应软件频繁的需求变更。为此，敏捷模型描述了一套软件开发的价值和原则，具体如下。

(1)个体和交互重于过程和工具。

(2)可用软件重于完备文档。

(3)客户协作重于合同谈判。

(4)响应变化重于遵循计划。

迭代式增量软件开发过程(Scrum)和极限编程(extreme programming，XP)都要求团队在每一次迭代的结尾完成一些可以交付的工作片段。迭代要短，有时间限制。将注意力集中于在短时间内交付可工作的代码，这就意味着 Scrum 和 XP 团队团队没有时间进行理论研究。他们不会花时间用建模工具来画 UML 图、编写完美的需求文档，也不会为了应对在可预计的未来所有可能发生的变化而去写代码。实际上，Scrum 和 XP 团队都关注如何把事情做好。这些团队承认在开发过程中会犯错，但是他们明白：要投入实践中，动手去

构建产品，这才是找出错误的最好方式，而不是只停留在理论层次上对软件进行分析和设计。

因 Scrum 模式是目前企业界广泛应用的工作模式，而软件工程教材并没有介绍这种开发模型，本书对此会做一些介绍。

1) Scrum 概述

鸡和猪的故事

一天，一只鸡散步时遇见了猪。鸡对猪说："嗨，我们合伙开个餐厅吧?"猪说："好啊，那准备取什么店名呢?"鸡说："要不，就叫火腿和鸡蛋吧?"猪说："不开了，我全身投入(火腿是一次性资源)，而你(鸡蛋是可再生的)只是参与而已。"

图 1-6 的卡通画是 Implementing Scrum 网站为了解释什么是 Scrum 而推出的系列漫画中最具代表性的一幅，这幅卡通画中展示了在 Scrum 中的两组人：猪角色和鸡角色。猪角色被认为是团队中的核心成员，在一个团队中产品的负责人、敏捷教练和开发团队就是猪角色。

鸡角色不是 Scrum 的一部分，但必须要考虑他们，用户、客户、提供商或经理等扮演着鸡角色。需要说明的是，在 Scrum 团队中不可能有一个人同时为猪角色和鸡角色。

图 1-6　说明 Scrum 的卡通画

真实项目过程中，往往会发生这样的现象：产品经理或领导喜欢临时在项目中新增任务，打乱原先的开发节奏，导致程序员压力倍增，士气低落，项目延期。而 Scrum 就是为了保护"猪"这种角色，兼顾"鸡"的感受，从而确保整个项目正常交付，它是一套敏捷开发流程。

2) Scrum 的角色

就 Scrum 的职责来讲，分为以下三类角色。

(1) 产品经理：大部分时间担任了"鸡"的角色，迫于领导的压力，喜欢往团队中不断增加任务或修改需求。

(2) 敏捷教练：类似于项目负责人，敏捷教练的职责如下。

①帮助团队去除障碍。

②保证团队不受外部干扰。

③指导团队敏捷实践，并建立团队自我提升机制。

④协助团队与产品经理良性合作沟通。

⑤培训产品经理和团队敏捷知识。

⑥作为变革推动者持续优化开发实践，避免团队做无意义的活动。

第①、②条告诉我们，敏捷教练需要扫平外部障碍，屏蔽干扰；第④、⑤条讲到敏捷教练要培训产品经理，告诉产品经理他的职责是什么，并且促进团队成员与产品经理的沟通。敏捷教练是最懂敏捷精神的人，产品经理这个角色并不一定很清楚产品经理在敏捷模式中的职责，需要敏捷教练去培训。另外产品经理和团队成员存在冲突的可能，产品经理总是想要更多的可工作的迭代待办列表被开发出来，因而有给团队压任务的潜在动力。产品经理也有调整任务板开发顺序的冲动，但是对于已经开始的迭代待办列表，敏捷教练需要给予保护。

(3)团队成员：开发测试设计人员，敏捷教练本身可能也是开发人员。

3)Scrum 的流程

Scrum 流程图如图 1-7 所示。

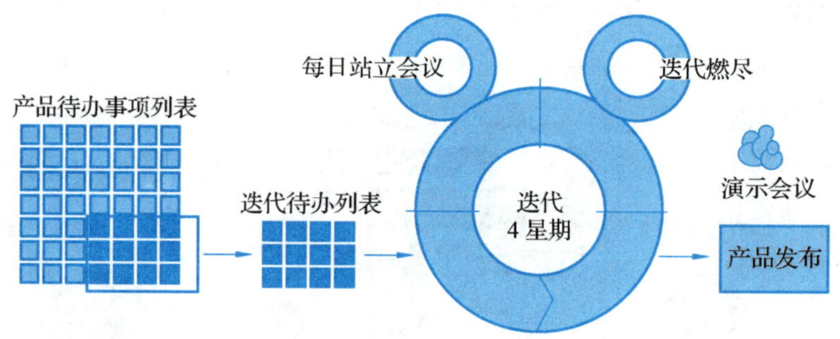

图 1-7 Scrum 流程图

(1)我们首先需要确定一个产品待办事项列表(按优先顺序排列的一个产品需求列表)，这个是由产品经理负责的。

(2)敏捷团队根据产品待办事项列表，做工作量的预估和安排。

(3)有了产品待办事项列表，我们需要通过计划会议来从中挑选出用户故事作为本次迭代完成的目标，这个目标的时间周期一般是 1~4 个星期，不会超过 6 个星期。然后把用户故事进行细化，形成一个迭代待办列表。

(4) 迭代待办列表是由敏捷团队完成的，每个成员根据迭代待办列表再细化成更小的任务(细到每个任务的工作量在 2 天内能完成)。

(5)在敏捷团队完成计划会议上选出的迭代待办列表过程中，需要进行每日站立会议，每次会议控制在 30min 左右，每个人都必须发言，并且要向所有成员当面汇报自己昨天完成了什么，并且向所有成员承诺今天要完成什么，同时遇到不能解决的问题也可以提出，每个人回答完成后，要走到黑板前更新自己的迭代燃尽图。

(6)做到每日集成，也就是每天都要有一个可以成功编译并且可以演示的版本。很多人可能还没有用过自动化的每日集成，其实 Visual Studio+ TFS(项目管理工具)就有这个功能，它可以支持每次有成员进行签入操作的时候，在服务器上自动获取最新版本，然后在服务器中编译，如果通过则马上再执行单元测试代码，如果也全部通过，则将该版本发布，这时一次正式的签入操作才保存到 TFS 中，中间有任何失败，都会用邮件通知项目管理人员。每日集成功能在本书第 9 章中也有介绍，Jenkins 是一款常用的持续集成工具。

(7)在每一次迭代的结尾，代码都必须经过测试人员的测试，才能正常运行。当一个迭代待办列表完成后，也就表示一次迭代完成了，这时我们要进行演示会议，也称为评审会议，产品负责人和客户都要参加，这个会议一般是由敏捷教练向大家演示本次迭代周期内完成的软件功能。这个会议非常重要，一定不能取消，通过演示已完成的功能，让项目干系人提早确认这些功能是否真正是他们想要的，这个会议相当于阶段性的验收。

(8)最后是回顾会议，也称为总结会议，以轮流发言方式进行，每个人都要发言，总结并讨论改进的地方，在下一轮迭代中改进。下一次迭代的回顾会议也会看上一次回顾会议要改进的地方是否已改进，笔者认为回顾会议是一种在实践中不断改进、提升团队非常好的方式。

另外，在 Scrum 实施过程中要遵守 Nokia 的 Scrum 标准。

(1)Scrum 团队必须要有产品负责人，而且团队都清楚这个人是谁。

(2)产品负责人必须要有产品待办事项列表，其中包括团队对它进行的估算。

(3)团队必须要有燃尽图，而且要了解自己的生产率。

(4)在一个迭代中，外人不能干涉团队的工作。

关于 Scrum 模式具体的实施过程和方法，笔者强烈推荐一本书《硝烟中的 Scrum 和 XP》，笔者以前在企业工作时，企业基本是按照此书去实践 Scrum 模式，此书注重实践而非理论研究，实际参考意义较大。

6. 测试驱动开发

测试驱动开发(test-driven development，TDD)是敏捷开发中的一项核心实践和技术，也是一种设计方法论。TDD 的原理是在开发功能代码之前，先编写单元测试用例代码，测试代码确定需要编写什么产品代码。TDD 虽是敏捷方法的核心实践，但不只适用于 XP，同样可以适用于其他开发方法和过程。

TDD 的基本思路就是通过测试来推动整个开发的进行，但测试驱动开发并不只是单纯的测试工作，而是把需求分析、设计、质量控制量化的过程。

TDD 的重要目的不仅仅是测试软件，测试工作保证代码质量仅仅是其中一部分，而且要在开发过程中帮助客户和程序员去除模棱两可的需求。TDD 首先考虑使用需求(对象、功能、过程、接口等)，主要是编写测试用例框架对功能的过程和接口进行设计，而测试框架可以持续进行验证。

测试驱动开发意味着要先写一个自动测试软件，然后编写恰好够用的代码，让它通过这个测试，接着对代码进行重构，主要是提高它的可读性和消除重复。

人们对测试驱动开发有着各种看法。

(1)TDD 很难，开发人员需要花上一定时间才能掌握。实际上，往往问题并不在于用了多少精力去教学、辅导和演示。多数情况下，开发人员可以跟一个熟悉 TDD 的开发人员一起结对编程，很快就能熟悉 TDD 方法，并不需要花费很多时间。

(2)TDD 对系统设计的正面影响特别大。在新产品中，需要过一段时间 TDD 才能开始应用并有效运行，尤其是黑盒集成测试，投入足够的时间来保证大家可以很容易地编写测试。这意味着要有合适的工具、有经验的人、提供合适的工具类或基类等。

我们在测试驱动开发中使用了如下工具。

(1)jUnit/HttpUnit/jWebUnit。

(2)HSQLDB 用作嵌入式的内存数据库，在测试中使用。

(3)Jetty 用作嵌入式的内存 Web 容器，在测试中使用。

(4)Cobertura 用来度量测试覆盖率。

(5)Spring 框架用在不同类型的测试装置中(带有模拟数据、不带模拟数据、带有外部数据库或带有内存数据库等)。

在那些经验丰富的产品中(从 TDD 的视角来看)，都有自动化的黑盒验收测试。这些测试会在内存中启动整个系统，包括数据库和 Web 服务器，然后只通过系统的公共接口进行访问(如 HTTP)。它会把开发—构建—测试这三者构成的循环变得奇快无比，同时还可以充当一张安全网，让开发人员有足够的信心频繁重构，伴随着系统的增长，设计依然可以保持整洁和简单。

在从零开始的项目上进行 TDD。在所有的全新开发过程中都使用 TDD，即便这会在开始时延长项目配置时间(因为需要更多的工具，并为测试装备提供支持等)，其实仔细思考也可以知道，TDD 带来的好处如此之大，还有什么理由不用它呢?

在旧代码上进行 TDD：TDD 是很难，但是在一开始没有用 TDD 进行构建的代码库上实施 TDD 则是难上加难。笔者曾花了大量的时间，在一个比较复杂的系统上进行自动化集成测试，它的代码库已经存在很长时间了，处于极度混乱的状态，一点测试代码都没有。每次发布之前，都有一个由专门的测试人员组成的团队来进行大批量的、复杂的回归测试和性能测试。那些回归测试大多数都是手工进行的，因此开发和发布周期就这样被严重延误了。本来目标是将这些测试自动化，但是几个月的痛苦煎熬以后，仍然没有取得多少进展，之后不得不改变方式。首先要承认项目已经陷入了手工回归测试的泥潭，然后再来问自己：“怎么让手工回归测试消耗的时间更少呢?”。当时开发的是一个赌博系统，团队成员意识到：测试团队在非常琐碎的配置任务上花费了大量的时间，例如浏览后台并创建牌局来测试，或者等待一个安排好的牌局启动。所以项目成员特地创建了一些实用工具，这些快捷方式和脚本很小，而且使用方便。它们可以完成那些杂七杂八的工作，让测试人员专注真正的测试，这些付出确实收到了成效。实际上，项目的确应该从一开始就这样做。通过此次实践我们意识到，如果项目深陷手工回归测试的泥潭，打算让它自动化执行，最好还是放弃(除非做起来特别简单)。首先还是应该想办法简化手工回归测试，然后再考虑将真正的测试变成自动化执行。

这表示一开始就应该保持设计简单化，然后不断进行改进，而不是一开始努力保证它的正确性，然后就冻结它，不再改变。我们在这一点上做得相当好，用了大量的时间来做重构，改进既有设计，而几乎没用什么时间来做大量的预先设计。我们当然也会有出错的时候，例如允许一个不稳定的设计“陷入”太深，以至于后来代码重构成了一个大问题。持续不断的设计改进在很大程度上是 TDD 自动产生的效果。

1.2 软件质量

1.2.1　软件质量的概念

软件产品与其他产品一样，都是有质量要求的，软件质量关系着软件使用程度与使用寿命，一款高质量的软件更受用户欢迎，它除了满足客户的显式需求之外，往往还满足了客户的隐式需求。下面分别从软件质量的概念、软件质量模型、影响软件质量的因素这几个方面介绍软件质量的相关知识。

软件质量是指软件产品满足基本需求及隐式需求的程度。软件产品满足基本需求是指其能满足软件开发时所规定需求的特性，这是软件产品最基本的质量要求；其次是软件产品满足隐式需求的程度。例如，产品界面更美观、用户操作更简单等。

从软件质量的定义，可将软件质量分为 3 个层次，具体如下。

(1) 满足需求规定：软件产品符合开发者明确定义的目标，并且能可靠运行。

(2) 满足用户需求：软件产品的需求是由用户产生的，软件最终的目的就是满足用户需求，解决用户的实际问题。

(3) 满足用户隐式需求：除了满足用户的显式需求，软件产品如果满足用户的隐式需求，即潜在的可能需要在将来开发的功能，将会极大地提升用户满意度，这就意味着软件质量更高。

所谓高质量的软件，除了满足上述需求之外，对于内部人员来说，它也应该是易于维护与升级的。软件开发时，统一的符合标准的编码规范、清晰合理的代码注释、形成文档的需求分析、软件设计等资料对于软件后期的维护与升级都有很大的帮助，同时这些资料也是软件质量的一个重要体现。

1.2.2　软件质量模型

软件质量是使用者与开发者都比较关心的问题，但全面、客观地评价一个软件产品的质量并不容易，它不像普通产品一样，可以通过直观的观察或简单的测量得出其质量是优还是劣。那么如何评价一款软件的质量呢？目前，最通用的做法就是按照 ISO/IEC 9126：1991 国际标准来评价一款软件的质量。

ISO/IEC 9126：1991 是最通用的一个评价软件质量的国际标准，它不仅对软件质量进行了定义，而且制订了软件测试的规范流程，包括测试计划的撰写、测试用例的设计等。ISO/IEC 9126：1991 标准由 6 个特性和 27 个子特性组成，如图 1-8 所示。

ISO/IEC 9126：1991 标准所包含的 6 大特性的具体含义如下。

(1)功能性：在指定条件下，软件满足用户显式需求和隐式需求的能力。

(2)可靠性：在指定条件下使用时，软件产品维持规定的性能级别的能力。

(3)易用性：在指定条件下，软件产品被使用、学习的能力。

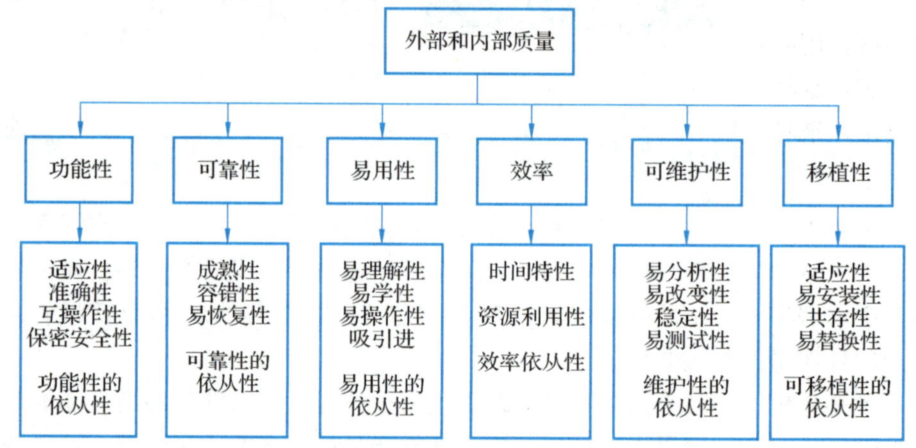

图 1-8　ISO/IEC 9126：1991 软件质量管理模型

(4)效率：在指定条件下，相对于所有资源的数量，软件产品可提供适当性能的能力。

(5)可维护性：指软件产品被修改的能力。修改包括修正、优化和功能规格变更的说明。

(6)可移植性：指软件产品从一个环境迁移到另一个环境的能力。

这 6 大特性及其子特性是软件质量标准的核心，软件测试工作就从这 6 个特性和 27 个子特性来测试、评价一个软件。

【案例】纸杯测试。

图 1-9　纸杯

“纸杯测试”是一个经典的测试案例，如图 1-9 所示。这是微软公司曾给软件测试者出的一道面试题，用于考察面试者对软件测试的理解和掌握程度。

测试项目：纸杯。

需求测试：查看纸杯说明书是否完整。

界面测试：观察纸杯外观，测试表面是否光滑、手感是否舒适。

功能测试：用纸杯装水，观察是否漏水。

安全测试：纸杯是否有毒或细菌。

可靠性测试：从不同高度摔下来，观察纸杯的损坏程度。

易用性测试：用纸杯盛放开水是否烫手，纸杯是否易滑、是否方便饮用。

兼容性测试：用纸杯分别盛放水、酒精、饮料、汽油等，观察是否有渗漏现象。

可移植性测试：将纸杯放在温度、湿度等不同的环境中，查看纸杯是否还能正常使用。

可维护性：将纸杯揉捏变形，看其是否能恢复。

压力测试：用一根针扎在纸杯上不断增加力量，记录多大压强时针能穿透纸杯。

疲劳测试：用纸杯分别盛放水、汽油放置 24h，观察其渗漏情况(时间和程度)。

跌落测试：纸杯(加包装)从高处落下，查看可造成破损的高度。

震动测试：纸杯(加包装)向三个方向震动，评估它是否能应对恶劣的公路、铁路、航空运输等。

测试数据：编写具体测试数据(略)，其中可能会用到场景法、等价类划分法、边界值分析法等测试方法，本书后续章节有介绍。

期望输出：期望输出需要查阅国际标准及用户的使用需求。

用户文档：使用手册是否对纸杯的用法、使用条件、限制条件等有详细描述。

说明书测试：查看纸杯说明书的正确性、准确性及完整性。

1.2.3　影响软件质量的因素

现代社会处处离不开软件，为了保证人们的生活和工作正常有序地进行，就要严格控制好软件的质量。由于软件自身的特点和目前的软件开发模式使隐藏在软件内部的质量缺陷无法完全根除，因此每一款软件都会存在一些质量问题。影响软件质量的因素有很多，下面介绍几种比较常见的影响因素。

1)需求模糊

在软件开发之前，确定软件需求是一项非常重要的工作，它是软件设计与软件开发的基础，也是最后软件验收的标准。但是软件需求是不可视的，往往也说不清楚，导致产品设计、开发人员与客户存在一定的理解误差，开发人员对软件的真正需求不明确，结果开发出的产品与实际需求不符，这势必会影响软件的质量。

除此之外，在开发过程中客户往往会多次变更需求，导致开发人员频繁地修改代码，这可能会导致软件在设计时期存在不能调和的误差，最终影响软件的质量。

2)软件开发缺乏规范性文件指导

现代软件开发，大多数团队都将精力放在开发成本与开发周期上，而不太重视团队成员的工作规范，导致团队成员开发“随意性”比较大，这也会影响软件质量，而且一旦最后软件出现质量问题，也很难定责，导致后期维护困难。

3)软件开发人员问题

软件是由人开发出来的，因此个人的意识对产品的影响非常大。除了个人技术水平限制，开发人员问题还包括人员流动，新来的成员可能会继承上一任的产品接着开发下去，两个人的思维意识、技术水平等都可能不同，导致软件开发前后不一致，进而影响软件质量。

4)缺乏软件质量控制管理

在软件开发行业并没有一个量化的指标去度量一款软件的质量。软件开发的管理人员更关注开发成本和进度，毕竟这是显而易见的，并且是可以度量的。但软件质量则不同，软件质量无法用具体的量化指标去度量，而且软件开发的质量并没有落实到具体的责任人，因此很少有人关心软件最终的质量。

1.3 软件测试的概念

由于人的主观认识常常难以完全符合客观现实，与工程密切相关的各类人员之间的沟通和配合也不可能完美无缺。因此，对于软件来讲，不论采用什么样的技术和方法，软件中都会存在故障。即使标准商业软件里也存在故障，只是严重程度不同而已。采用新的技术、先进的开发方式、完善的开发过程、精细的项目管理，可以减少故障的引入，但是我们无法完全杜绝软件中的故障。这些软件故障需要通过测试来发现，我们无法说软件中没有缺陷，通过测试我们能知道软件的安全边界。

1.3.1 软件测试定义

软件测试是对软件需求分析、设计规格说明和编码的最终复审，是软件质量保证的关键步骤。但对于什么是软件测试，人们一直未达成共识，根据侧重点不同，软件测试主要有三种描述。

定义 1.1 1983 年国际电子电气工程师协会(IEEE)提出的软件工程标准术语中给软件测试下的定义是：“使用人工或自动手段来运行或测定某个系统的过程，其目的在于检验它是否满足规定需求或弄清预期结果与实际结果之间的差别。”

该定义包含了两方面的含义：

(1)是否满足规定的需求。

(2)是否有差别。

如果有差别，说明设计或实现中存在故障，自然不满足规定的需求。因此，这一定义非常明确地提出了软件测试是以检验软件是否满足需求为目标。

定义 1.2 软件测试是根据软件开发各阶段的规格说明和程序的内部结构而精心设计测试用例，并利用这些测试用例去执行程序，以发现软件故障的过程。该定义强调寻找故障是测试的目的。

定义 1.3 软件测试是一种软件质量保证活动，其动机是通过一些经济、有效的方法，发现软件中存在的缺陷，从而保证软件质量。

上述三种观点实际上是从不同角度理解软件测试，但不论从哪种观点出发，都可以认为软件测试是在一个可控的环境中分析或执行程序的过程，其根本目的是以尽可能少的时间和人力发现并改正软件中潜在的各种故障及缺陷，提高软件的质量。

软件测试是一项昂贵的工程，测试者希望通过软件测试来提高软件的质量或可靠性，这就意味着要发现并改正程序中的错误。所以，在进行测试时不应该假定待测软件没有故障，而应该从软件中含有故障这个假定出发去测试程序，从中发现尽可能多的软件故障。因此，“一个成功的测试是发现了至今未被发现的故障的测试”，“一个好的测试用例在于发现至今尚未被发现的故障”。

1.3.2　软件测试目的

本书提到的软件测试，不是仅局限在测试执行上，而是贯穿于整个开发生命周期中，包含了静态测试(如评审)和动态测试。测试目的会随着不同测试阶段而有所侧重，主要体现在以下几方面。

1. 发现缺陷

尽早和尽量多地发现被测对象中的缺陷，应该是测试人员测试过程中最常提起的一个测试目标，也是测试价值的重要体现。发现缺陷的目的是推动开发人员定位和修复问题，测试人员通过再测试和回归测试，确保开发人员已修复缺陷，并没有影响原来正常的区域，从而提高产品质量。开发生命周期的每个阶段都应该有测试的参与，并尽量多地发现本阶段的缺陷，从而大大提高本阶段的缺陷遏制能力、提高测试效率、降低成本和提高质量。

软件产品的质量是多维度的，因此软件测试的关注点不应仅在被测对象的功能上面，各种非功能质量属性都应该是测试的关注点。更多的产品质量属性可参考标准 ISO 9126——软件产品质量。

2. 增加信心

当测试过程中很少发现或没有发现缺陷时，测试就可以帮助树立对于软件产品质量的信心。除了没有发现缺陷时可以降低风险、增加信心之外，通过测试增加信心还体现在以下方面。

(1)确认(verification)：确认软件产品描述的需求已经得到正确实现。

(2)验证(validation)：被测对象可以按照用户/客户的要求工作(客户/用户是多个层面的含义，不仅包括最终的用户)。

例如：假如我们参加用户现场的验收测试，此时测试的主要目的是确保软件产品可以正常工作，从而增加用户对使用产品质量的信心。

3. 提供信息

测试过程的每个阶段都在为开发过程提供信息，包括为软件产品的不同利益干系人提供不同维度、不同详细程度的信息。提供信息的主要目的是帮助利益干系人作出正确的决策。

(1)评估质量：通过测试过程提供的各种数据，可以帮助利益干系人评估被测软件产品的质量。例如：根据测试过程中发现缺陷的累积趋势、测试执行的进度数据、执行通过率和覆盖率等，可以判断软件产品是否满足计划中定义的质量要求。

(2)评估进度：通过提供的各种数据，可以帮助管理人员做出是否能及时发布软件产品的决策，包括评估测试执行进度是否在计划范畴内、开发人员修复缺陷进度是否满足质量和发布要求等；评估产品质量和进度情况，测试过程中所提供的数据是非常重要的。

4. 预防缺陷

测试过程中发现的缺陷以及遗漏到用户现场的缺陷，都应该分析它们产生的原因。从测试角度也要分析为什么会产生缺陷以及为什么缺陷会遗漏到用户现场。

缺陷根本原因分析的目的是从以前软件开发和测试过程中吸取经验和教训，避免同样的问题重复发生，从而改进开发和测试过程。过程改进反过来可以预防相同的缺陷再次产生或遗漏，从而提高软件产品质量，这也是软件质量保证的重要一环。

发现缺陷、增加信心、提供信息和预防缺陷这 4 个测试目的同样贯穿于整个生命周期，并且 4 个测试目标是相互支持和补充的。同时，不同阶段、不同利益干系人对不同测试目标和详细程度的要求都会不一样。

这里笔者需要强调一下的是，软件测试的价值不仅仅是发现缺陷(bug)。很多人认为测试就是为了发现 bug，测试所做的工作无一不是围绕 bug 而展开，因此发现的 bug 越多，越自豪、越有成就感。发现了很多 bug，测试人员高兴了，但老板肯定是不高兴的。很明显的道理：为了解决这些 bug，他必须付出更多的成本，包括开发人员与测试人员的工资，还可能影响产品交付市场的时间。时间就是金钱，时间能给产品带来更多的市场空间，为企业赢得更多的利润。理解这些商业知识能帮助我们做正确的事，并且正确地做事。软件测试应该跳出仅发现 bug 就沾沾自喜的圈子，去看到项目整体，站在公司的角度想测试可以做什么。项目管理中的质量、成本、时间三要素，它们之间三足鼎立，稳如泰山，即质量好、成本低、工期短，这样的项目当然是公司求之不得的。软件测试需要在这三者间找到最佳平衡点。

1.3.3 软件测试的基本原则

经过几十年的发展，人们提出了很多软件测试的基本原则用于指导软件测试工作。下面介绍一下业界公认的 6 个基本原则。

1. 软件测试应基于用户需求

所有的测试工作都应该建立在满足用户需求的基础上，从用户角度来看，最严重的错误就是软件无法满足要求。有时候，软件产品的测试结果非常完美，但却不是用户最终想要的产品，那么软件产品的开发就是失败的，而软件测试工作也是没有任何意义的。因此测试应依照用户的需求配置环境，并且按照用户的使用习惯进行测试并评价结果。

2. 零缺陷与足够好

任何项目都不可能达到零缺陷，那我们就应该达到足够好。这条原则是一种权衡投入和产出比的原则，测试不充分无法保证软件产品的质量，但测试投入过多会造成资源的浪费。因此在测试时要根据实际要求和产品质量考虑测试的投入，最好使测试投入与产出达到一个足够好状态。

3. 穷尽测试是不可能的

由于时间和资源的限制，进行完全(各种输入和输出的全部组合)的测试是不可能的，测试人员可以根据测试的风险和优先级等确定测试的关注点，考虑测试方法和技术(如第5章介绍的等价类、因果图、边界值等设计测试用例)，通过这些方法来提升测试的效率。

4. 软件测试要尽早执行

测试需要贯穿软件的整个生命周期，缺陷修复成本随着各个阶段的靠后而上升。从平时的项目中也已经看出，需求阶段引入的缺陷不比设计开发阶段少，如何保证好需求的稳定有效也是至关重要的。

5. 缺陷的“二八”定理

缺陷的“二八”定理也称为Pareto原则或缺陷的集群现象，一般情况下，软件80%的缺陷会集中在20%的模块中，缺陷并不是平均分布的。因此在测试时，发现缺陷越多的模块需要投入越多的人力、精力去测试。

6. 避免缺陷免疫

我们都知道虫子的抗药性原理，即一种药物使用久了，虫子就会产生抗药性，而在软件测试中，缺陷也是会产生免疫性的。同样的测试用例被反复使用，发现缺陷的能力就会越来越差；测试人员对软件越熟悉就越会忽略一些看起来比较小的问题，发现缺陷的能力也越差，这种现象称为软件测试的“杀虫剂”现象。它主要是由于测试人员没有及时更新测试用例或者是对测试用例和测试对象过于熟悉，形成了思维定式。要克服这种困难，就要不断对测试用例进行修改和评审，不断增加新的测试用例，同时，测试人员也要发散思维，避免思维定式而导致的测试遗漏。

1.3.4 软件测试的误区

软件开发中出现错误或缺陷的机会越来越多，市场对软件质量重要性的认识逐渐增强，所以，软件测试在软件项目实施过程中的重要性日益突出。但是现实情况是，与软件编程比较，软件测试的地位和作用还没有真正受到重视，很多人(甚至是软件项目组的技术人员)还存在对软件测试的认识误区，这进一步阻碍了软件测试活动开展和真正提高软件测试的质量。

1)误区之一：软件开发完成后进行软件测试

人们一般认为，软件项目要经过以下几个阶段：需求分析、概要设计、详细设计、软件编码、软件测试，软件发布。据此，认为软件测试只是软件编码后的一个过程，这是不了解软件测试周期的错误认识。软件测试是一个系列的活动，包括软件测试需求分析、测试计划设计、测试用例设计、执行测试。因此，软件测试贯穿于软件项目的整个生命过程中。在软件项目的每一个阶段都要进行不同目的和内容的测试活动，以保证各个阶段的正确性。软件测试的对象不仅仅是软件代码，还包括软件需求文档和设计文档。软件开发与软件测试应该是交互进行的，例如，单元编码需要单元测试，模块组合阶段需要集成测试。如果等到软件编码结束后才进行测试，那么测试的时间将会很短，测试的覆盖面将很不全面，测试的效果也将大打折扣。更严重的是，如果此时发现了软件需求阶段或概要设计阶段的错误，如果要修复该类错误将会耗费大量的时间和人力。

2）误区之二：软件发布后如果发现质量问题，那是软件测试人员的错

这种认识很打击软件测试人员的积极性。软件中的错误可能来自软件项目中的各个过程，软件测试只能确认软件存在错误而不能保证软件没有错误，因为从根本上讲，软件测试不可能发现全部的错误。从软件开发的角度看，软件的高质量不是软件测试人员测出来的，是靠软件生命周期的各个过程设计出来的。出现软件错误，不能简单地归结为某一个人的责任，有些错误的产生可能不是技术原因而是来自混乱的项目管理。应该分析软件项目的各个过程，从过程改进方面寻找产生错误的原因和改进的措施。

3）误区之三：软件测试要求不高，随便找个人做都行

很多人都认为软件测试就是安装和运行程序，点点鼠标，按按键盘的工作。这是由于不了解软件测试的具体技术和方法。随着软件工程学的发展和软件项目管理经验的提高，软件测试已经形成了一个独立的技术学科，演变成一个具有巨大市场需求的行业。软件测试技术不断更新和完善，新工具、新流程、新测试方法都在不断更新，需要掌握和学习很多知识。所以，具有编程经验的程序员不一定是一名优秀的测试工程师。软件测试包括测试技术和管理两个方面，完全掌握这两个方面的内容，需要很多测试实践经验和不断学习的精神。

4）误区之四：软件测试是测试人员的事情，与程序员无关

开发和测试是相辅相成的过程，需要软件测试人员、程序员和系统分析师等保持密切的联系，需要更多的交流和协调，以便提高测试效率。另外，单元测试主要应该由程序员完成，必要时测试人员可以帮助设计测试样例。对于测试中发现的软件错误，很多需要程序员通过修改编码才能修复。程序员可以通过有目的地分析软件错误的类型、数量，找出产生错误的位置和原因，以便在今后的编程中避免同样的错误，积累编程经验，提高编程能力。

5）误区之五：项目进度吃紧时少做些测试，时间富裕时多做测试

这是不重视软件测试的表现，也是软件项目过程管理混乱的表现，必然会降低软件测试的质量。一个软件项目的顺利实现需要有合理的项目进度计划，其中包括合理的测试计划，对项目实施过程中的任何问题，都要有风险分析和相应的对策，不要因为开发进度的延期而简单地缩短测试时间、人力和资源。因为缩短测试时间带来的测试不完整，项目质量的下降引起潜在的风险，往往造成更大的浪费。克服这种现象的最好办法是加强软件过

程的计划和控制，包括软件测试计划、测试设计、测试执行、测试度量和测试控制。

6) 误区之六：软件测试是没有前途的工作，只有程序员才是软件高手

由于我国软件整体开发能力比较低，过程很不规范，很多软件项目的开发都还停留在“作坊式”和“垒鸡窝”阶段。项目的成功往往依靠个别全能程序员，他们负责总体设计和程序详细设计，认为软件开发就是编写代码，给人的印象往往是程序员是真正的高手，具有很高的地位和待遇。因此，在这种环境下，软件测试很不受重视，软件测试人员的地位和待遇自然就很低了，甚至软件测试变得可有可无。

如今随着市场对软件质量要求的不断提高，软件测试变得越来越重要，相应的软件测试人员的地位和待遇也会逐渐提高。在软件过程比较规范的大公司，软件测试人员的数量和待遇与程序员没有多大差别，优秀测试人员的待遇甚至比程序员还要好。软件测试将会成为一个具有很大发展前景的行业，软件测试大有前途，市场需要更多具有丰富测试技术和管理经验的测试人员，他们同样是软件专家。

1.4 软件测试流程和分类

1.4.1 软件测试基本流程

软件测试和软件开发一样，是一个比较复杂的工作过程，如果无章法可循，随意进行测试，势必会造成测试工作的混乱。为了使测试工作标准化、规范化，并且快速、高效、高质量地完成，需要制订完整且具体的测试流程。

不同类型的软件产品测试的方式和重点不一样，测试流程也会不一样。同样类型的软件产品，不同的公司所制订的测试流程也会不一样。虽然不同软件的详细测试步骤不同，但它们所遵循的最基本的测试流程是一样的：分析测试需求、制订测试计划、设计测试用例、执行测试、编写测试报告。下面对软件测试基本流程进行简单介绍。

1) 分析测试需求

测试人员在制订测试计划之前需要先对软件需求进行分析，以便对要开发的软件产品有一个清晰的认识，从而明确测试对象及测试工作的范围和重点。在分析需求时还可以获取一些测试数据，作为测试计划的基本依据，为后续的测试打好基础。测试需求分析其实也是对软件需求进行测试，测试人员可以发现软件需求中不合理的地方，如需求描述是否完整、准确无歧义，需求优先级安排是否合理等。

测试需求主要来源于用户的业务需求，那么，该如何开始了解产品的业务，为测试任务迈开重要的一步呢？如图 1-10 所示，首先，要能识别测试需求；其次，分析测试需求；最后，确定并提取测试对象。提取出测试对象后，接下来需要确定对每个对象如何进行测试，给出具体的方法及措施，这便是测试策略制定的问题。

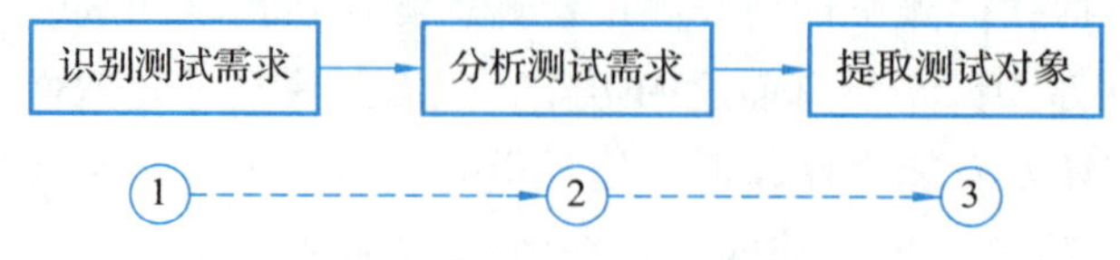

图 1-10　提取测试需求路线示意图

测试策略的部署可以这样理解，指完成一个测试项目需要的测试技术与方法、测试过程的管理与控制、一个测试团队的安排与培养等。测试架构师(有很多公司可能没有这个岗位，但会有这个角色，尽管这个角色由某个测试经理或主管或工程师承担)根据设计工程师的分析，决策项目使用的测试技术。设计工程师根据对测试需求的分析，考虑纯技术的应用，但架构师需结合项目的商业目标，如项目成本、测试人力成本、所需设备或工具的花费等，再决策采用哪些测试技术，以及开展哪些测试活动，这些测试活动如何跟踪控制等。总而言之，测试设计是一种有目的、有计划的商业活动。

2)制订测试计划

测试工作贯穿于整个软件开发生命周期，是一项庞大而复杂的工作，需要制订一个完整且详细的测试计划作为指导。测试计划是整个测试工作的导航图，但它并不是一成不变的，随着项目推进或需求变更，测试计划也会不断发生改变，因此测试计划的制订是随着项目发展不断调整、逐步完善的过程。

测试计划一般要做好以下工作安排。

(1)确定测试范围：明确哪些对象是需要测试的、哪些对象是不需要测试的。

(2)制订测试策略：测试策略是测试计划中最重要的部分，它将要测试的内容划分成不同的优先级，并确定测试重点。根据测试模块的特点和测试类型(如功能测试、性能测试)选定测试环境和测试方法(如人工测试、自动化测试)。

(3)安排测试资源：通过衡量测试难度、时间、工作量对测试资源进行合理安排，包括人员分配、工具配置等。

(4)安排测试进度：根据软件开发计划、产品的整体计划来安排测试工作的进度，还要考虑各部分工作的变化，在安排工作进度时，最好在各项测试工作之间预留一个缓冲时间以应对计划变更。

(5)预估测试风险：罗列出测试工作过程中可能会出现的不确定因素，并制订应对策略。

3)设计测试用例

测试用例指的是一套详细的测试方案，包括测试环境、测试步骤、测试数据和预期结果。不同的公司会有不同的测试用例模板，虽然它们在风格和样式上有所不同，但本质上是一样的，都包括测试用例的基本要素。

测试用例编写的原则和设计用例的方法在本书第 4 章介绍，这里不再赘述。测试用例常用的设计方法包括等价类划分法、边界值分析法、因果图法、判定表法、正交实验设计法、逻辑覆盖法等，这些设计方法在本书第 5 章和第 6 章中讲解。

4)执行测试

执行测试就是按照测试用例进行测试的过程，这是测试人员最主要的活动阶段。在执行测试时要根据测试用例的优先级进行。执行的测试过程看似简单，只要按照测试用例完成测试工作即可，但实则并不如此。测试用例的数目非常多，测试人员需要完成所有测试用例的执行，每一个测试用例都可能会发现很多缺陷，测试人员要做好测试记录与跟踪，衡量缺陷的程度并编写缺陷报告。

当提交缺陷的被开发人员修改之后，测试人员需要验证。当项目处于后期时，大部分缺陷已被发现并修复，测试人员需进行回归测试。如果系统对测试用例产生了缺陷免疫，测试人员需要编写新的测试用例。在单元测试、集成测试、系统测试、验收测试各个阶段都要进行功能测试、性能测试等，这个工作量无疑是巨大的。除此之外，测试人员还需要对文档资料，如用户手册、安装手册、使用说明等进行测试。因此，不要简单地认为执行测试就是按部就班地完成任务，可以说这个阶段是测试人员最重要的工作阶段。

5）编写测试报告

测试报告是对一个测试活动的总结，对项目测试过程进行归纳，对测试数据进行统计，对项目的测试质量进行客观评价。不同公司的测试报告模板虽不相同，但测试报告的编写要点都是一样的，一般都是先对软件进行简单介绍，然后说明这份报告是对该产品的测试过程进行总结，对测试质量进行评价。

一份完整的测试报告必须包含以下几个要点。

（1）引言：描述测试报告的编写目的、报告中出现的专业术语解释及参考资料等。

（2）测试概要：介绍项目背景、测试时间、测试地点及测试人员等信息。

（3）测试内容及执行情况：描述本次测试模块的版本、测试类型、使用的测试用例设计方法及测试通过覆盖率，依据测试的通过情况提供对测试执行过程的评估结论，并给出测试执行活动的改进建议，以供后续测试执行活动借鉴参考。

（4）缺陷统计与分析：统计本次测试所发现的缺陷数目、类型等，分析缺陷产生的原因，给出规避措施等建议，同时还要记录残留缺陷与未解决问题。

（5）测试结论与建议：从需求符合度、功能正确性、性能指标等多个维度对版本质量进行总体评价，给出具体、明确的结论。

最后应该指出，测试报告的数据必须是真实的，得出每一条结论都要有评价依据，而不能是主观臆断的。

1.4.2　软件测试的分类

目前，软件测试已经形成一个完整的、体系庞大的学科，不同的测试领域都有不同的测试方法、技术与名称，本节对各种测试概念进行说明。

1. 按照测试阶段分类

按照测试阶段，可以将软件测试分为单元测试、冒烟测试、集成测试、系统测试与验收测试。这种分类方式与软件开发过程相契合，是为了检验软件开发各个阶段是否符合要求。

1) 单元测试

单元测试是开发者编写的一小段代码，用于检验被测代码的一个很小的、很明确的功能是否正确。通常而言，一个单元测试是用于判断某个特定条件(或场景)下某个特定函数的行为。例如，我们可能把一个很大的值放入一个有序列表中，然后确认该值出现在列表的尾部。或者，可能会从字符串中删除匹配某种模式的字符，然后确认字符串确实不再包含这些字符了。

单元测试是由程序员自己来完成的，最终受益的也是程序员自己。可以这么说，程序员有责任编写功能代码，同时也就有责任为自己的代码编写单元测试。执行单元测试，就是为了证明这段代码的行为与我们期望的一致。

工厂在组装一台电视机之前，会对每个元件都进行测试，这就是单元测试。

其实我们每天都在做单元测试。例如，我们写了一个函数，除了极简单的，总是要执行一下，看看功能是否正常，有时还要想办法输出一些数据，如弹出信息窗口，这也是单元测试，这种单元测试称为临时单元测试。只进行了临时单元测试的软件，针对代码的测试很不完整，代码覆盖率要超过 70%都很困难，未覆盖的代码可能遗留大量的细小的错误，这些错误还会互相影响，当 bug 暴露出来的时候难以调试，会大幅度提高后期测试和维护成本，也降低了开发商的竞争力。可以说，进行充分的单元测试是提高软件质量、降低开发成本的必由之路。

对于程序员来说，如果养成了对自己所写的代码进行单元测试的习惯，不但可以写出高质量的代码，而且能提高编程水平。要进行充分的单元测试，应专门编写测试代码，并与产品代码隔离。

2) 冒烟测试

冒烟测试(smoke testing)是在软件开发过程中的一种针对软件版本包的快速基本功能验证策略，是对软件基本功能进行确认、验证的手段，并非对软件版本包的深入测试。冒烟测试也是针对软件版本包进行详细测试之前的预测试，执行冒烟测试的主要目的是快速验证软件基本功能是否有缺陷。如果冒烟测试的测试用例不能通过，则不必再做进一步的测试。进行冒烟测试之前需要确定冒烟测试的用例集，用例集要求覆盖软件的基本功能。这种版本包出包之后的验证方法通常称为软件版本包的门槛用例验证。

冒烟测试属于高级测试(high level test，HLT)，HLT 通常指系统设计验证(SDV)/系统集成测试(SIT)/系统验证测试(SVT)等测试活动。HLT 是站在系统的角度对整个版本进行测试的，测试对象是一个完整的产品而不是产品内部的模块，常见的 HLT 测试包括系统测试和验收测试。

冒烟测试可以手动执行，也可以自动化执行。稳定的系统适合自动化冒烟测试，集成过程中的系统适合手工冒烟测试，因为冒烟测试内容在动态变化，变化中的自动化脚本维护工作量比较大。

冒烟测试据说是微软起的名字。在《微软项目求生法则》一书第 14 章“构建过程”中有关于冒烟测试的解释，就是开发人员在个人版本的软件上执行的冒烟测试项目，确定新的

程序代码不出故障。冒烟测试的名称可以理解为该种测试耗时短，仅用一袋烟功夫足够了。也有人认为是形象地类比新电路板基本功能检查。任何新电路板焊好后，先通电检查，如果存在设计缺陷，电路板可能会短路，板子会冒烟。

冒烟测试的对象是每一个新编译的需要正式测试的软件版本，目的是确认软件基本功能正常，可以进行后续的正式测试工作。冒烟测试的执行者是版本编译人员。

在一般软件公司，软件在编写过程中，内部需要编译多个版本，但是只有有限的几个版本需要执行正式测试(根据项目开发计划)，这些需要执行的中间测试版本，在刚刚编译出来后，软件编译人员需要进行基本性能确认测试，例如是否可以正确安装/卸载、主要功能是否实现、是否存在严重死机或数据严重丢失等 bug。如果通过了该测试，则可以根据正式测试文档进行正式测试。否则，就需要重新编译版本，直到版本达到可测试的标准。

3)集成测试

集成测试(也叫组装测试、联合测试)是单元测试的逻辑扩展。它最简单的形式是：把两个已经测试过的单元组合成一个组件，测试它们之间的接口。从这一层意义上讲，组件是指多个单元的集成聚合。在现实方案中，许多单元组合成组件，而这些组件又聚合为程序的更大部分。方法是测试片段的组合，并最终扩展成进程，将模块与其他组的模块一起测试。最后，将构成进程的所有模块一起测试。此外，如果程序由多个进程组成，应该成对测试它们，而不是同时测试所有进程。

集成测试用于测试组合单元时出现的问题。通过使用要求在组合单元前测试每个单元并确保每个单元的生存能力的测试计划后，可以知道在组合单元时所发现的任何错误很可能与单元之间的接口有关。一个有效的集成测试有助于解决相关的软件与其他系统的兼容性和可操作性的问题。

集成测试是在单元测试的基础上，测试在将所有的软件单元按照概要设计规格说明的要求组装成模块、子系统或系统的过程中各部分工作是否达到或实现相应技术指标及要求的活动。也就是说，在集成测试之前，单元测试应该已经完成，集成测试中所使用的对象应该是已经经过单元测试的软件单元。这一点很重要，因为如果不经过单元测试，那么集成测试的效果将会受到很大影响，并且会大幅增加软件单元代码纠错的代价。

集成测试是单元测试的逻辑扩展。在现实方案中，集成是指多个单元的聚合，许多单元组合成模块，而这些模块又聚合成程序的更大部分，如分系统或系统。集成测试采用的方法是测试软件单元的组合能否正常工作，以及与其他组的模块能否集成起来工作。最后，还要测试构成系统的所有模块组合能否正常工作。集成测试所持的主要标准是《软件概要设计规格说明》，任何不符合该说明的程序模块行为都应该加以记载并上报。

所有的软件项目都不能摆脱系统集成这个阶段。不管采用什么开发模式，具体的开发工作总得从一个一个的软件单元做起，软件单元只有经过集成才能形成一个有机的整体。具体的集成过程可能是显性的，也可能是隐性的。只要有集成，总是会出现一些常见问题，工程实践中，几乎不存在软件单元组装过程中不出任何问题的情况。

4) 系统测试

一个网站、一个手机 App、一个智能音箱都可以看成一个系统，针对它们的测试都属于系统测试。系统测试是指将已经集成的软件系统作为整个计算机系统的一个元素，与计算机硬件、外部设备、辅助软件、数据和人员等其他系统元素结合在一起，在实际运行(使用)环境下，对计算机系统进行一系列的组装测试和确认测试。

系统测试的目的在于通过与系统的需求定义做比较，发现软件与系统定义不符合或与之矛盾的地方，以验证软件系统的功能和性能等满足其规约所指定的要求。系统测试的测试用例应根据需求分析说明书设计，并在实际使用环境下运行。

由于软件只是计算机系统中的一个组成部分，因此软件开发完成以后，最终还要与系统中其他部分配套运行。在投入运行以前，系统各部分要完成组装和确认测试，以保证各组成部分不但能单独地检验，而且在系统各部分协调工作的环境下能正常工作。这里所说的系统组成部分除软件外，还可能包括计算机硬件及其相关的外围设备、数据及其收集和传输机构，甚至还可能包括受计算机控制的执行机构。显然，系统的确认测试已经完全超出了软件工作的范围。然而，软件在系统中毕竟占有相当重要的位置，软件的质量好坏、软件的测试工作进行得是否扎实与能否顺利、成功地完成系统测试关系极大。另外，系统测试实际上是针对系统中各个组成部分进行的综合性检验。尽管每一个检验有着特定的目标，但是所有的检测工作都要验证系统中每个部分均已正确集成，并能完成指定的功能。

系统测试应该按照测试计划进行，其输入、输出和其他动态运行行为应该与软件规约进行对比。软件系统的测试方法很多，主要有功能测试、性能测试等，后面的章节将进行详细的介绍。

5) 验收测试

验收测试是部署软件之前的最后一个测试操作，在软件产品完成了单元测试、集成测试和系统测试之后，在产品发布之前所进行的软件测试活动。它是技术测试的最后一个阶段，也称为交付测试。验收测试的目的是确保软件准备就绪，并且可以让最终用户将其用于执行软件的既定功能和任务。

验收测试是向未来的用户表明系统能够像预定要求那样工作。经集成测试后，已经按照设计把所有的模块组装成一个完整的软件系统，接口错误也已经基本排除了，接着就应该进一步验证软件的有效性，这就是验收测试的任务，即软件的功能和性能如同用户所期待的那样。

验收测试的原则：在测试方法上，由于验收阶段的特殊性，一般以黑盒测试和配置复审为主，以自动化测试和特殊性能测试为辅，项目实施方会同最终用户在项目专家组的领导与协调下共同参与。

当然，作为一个大的综合性的信息化项目，验收测试一定要慎之又慎，参与人员务必要本着认真负责的态度。验收时必须要注意以下几个原则问题：一是验收测试始终要以双方确认的需求规格说明和技术合同为依据，确认各项需求是否得到满足，各项合同条款是

否得到贯彻执行；二是验收测试和单元测试、集成测试不同，它是以验证软件的正确性为主，而不是以发现软件错误为主；三是对验收测试中发现的软件错误要分级分类处理，直到通过验收为止；四是验收测试中的用例设计要综合、全面，能以最少的时间在最大程度上确认软件的功能和性能是否满足要求。

通过综合测试之后，软件已完全组装起来，接口方面的错误也已排除，软件测试的最后一步——验收测试即可开始。验收测试应检查软件能否按合同要求进行工作，即是否满足软件需求说明书中的确认标准。

2. 按照测试技术分类

按照使用的测试技术，可以将软件测试分为黑盒测试、白盒测试与灰盒测试。

1) 黑盒测试

黑盒测试也称功能测试或数据驱动测试，它是在已知产品所应具有的功能的基础上，通过测试来检验每个功能是否能够正常使用。

黑盒测试就是把软件(程序)当作一个有输入与输出的黑匣子，它把程序当作一个输入域到输出域的映射，只要输入的数据能输出预期的结果即可，不必关心程序内部是怎么样实现的，如图 1-11 所示。

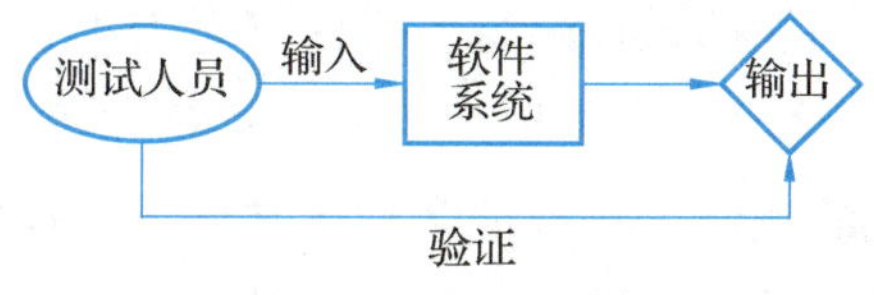

图 1-11　黑盒测试

2) 白盒测试

白盒测试又叫透明盒测试，它是指测试人员了解软件程序的逻辑结构、路径与运行过程，在测试时按照程序的执行路径得出结果。白盒测试就是把软件(程序)当作一个透明的盒子，测试人员清楚地知道从输入到输出的每一步过程，如图 1-12 所示。

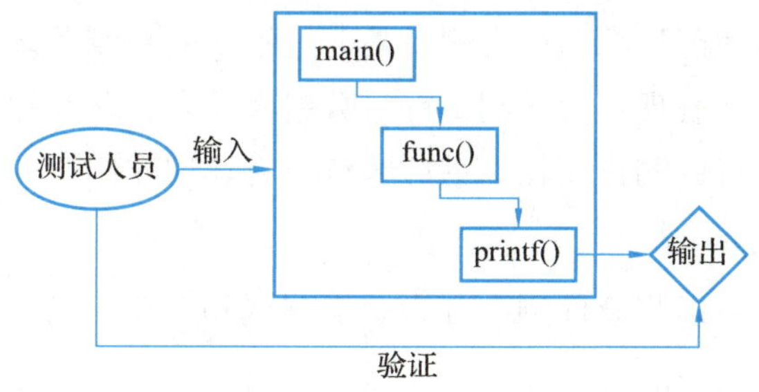

图 1-12　白盒测试

相对于黑盒测试来说，白盒测试对测试人员的要求更高一点，它要求测试人员具有一定的编程能力，而且要熟悉各种脚本语言。但是在软件公司里，黑盒测试与白盒测试并不是界限分明的，在测试一款软件时，往往是黑盒测试与白盒测试相结合对软件进行完整、全面的测试。

3) 灰盒测试

灰盒测试是介于白盒测试和黑盒测试之间的一种测试方法，或者说是两者的结合，也有人称集成测试为灰盒测试，它关注输出对于输入的正确性，同时也关注内部表现，但这种关注不像白盒测试那样详细、完整，只是通过一些表征性的现象、事件、标志来判断内部的运行状态，或者说参考部分代码去做黑盒测试。具体来说，灰盒测试是在了解代码实现的基础上，通过黑盒功能测试加以判断，以验证软件实现的正确性。

3. 按照软件质量特性分类

按照软件质量特性，可以将软件测试分为功能测试与性能测试。

1) 功能测试

功能测试(functional testing)，也称为行为测试(behavioral testing)，是根据产品特性、操作描述和用户方案，测试一个产品的特性和可操作行为以确定它们满足设计需求。本地化软件的功能测试，用于验证应用程序或网站对目标用户能正确工作。使用适当的平台、浏览器和测试脚本，以保证目标用户的体验将足够好，就像应用程序是专门为该市场开发的一样。功能测试是为了确保程序以期望的方式运行而按功能要求对软件进行的测试，通过对一个系统的所有特性和功能都进行测试，确保符合需求和规范。

2) 性能测试

性能测试是通过自动化的测试工具模拟多种正常场景、峰值以及异常负载条件来对系统的各项性能指标进行测试。性能测试在软件的质量保证中起着重要的作用，它包括的测试内容丰富多样。中国软件评测中心将性能测试概括为三个方面：应用在客户端性能的测试、应用在网络上性能的测试和应用在服务器端性能的测试。通常情况下，三方面有效、合理地结合，可以达到对系统性能全面的分析和对瓶颈的预测。

简而言之，性能测试就是为了识别并消除应用程序中的性能瓶颈。性能测试是一个较大的范畴，包括负载测试、压力测试和容量测试。其中负载测试是为了检验系统在给定负载下是否能达到预期的性能指标；压力测试是通过不断向被测系统施加“压力”来检验测试系统在压力情况下的性能表现；容量测试针对数据库而言，是在数据库中有较大数量的数据记录情况下对系统进行的测试。在本书后续章节有详细介绍。

4. 按照自动化程度分类

按照自动化程度，可以将软件测试分为手工测试和自动化测试。

1) 手工测试

手工测试是传统的测试方法，由测试人员手工编写测试用例、执行程序并观察结果。软件测试中发现问题最多的都是手工测试，发现的问题占整个项目问题的95%左右，所以说手工测试是软件测试的基础。但手工测试也有一定的缺点：测试工作量大、重复多、回归测试难以实现。

2) 自动化测试

自动化测试是借助脚本、自动化测试工具等完成相应的测试工作，它也需要人工的参与，但是它可以将要执行的测试代码或流程写成脚本，执行脚本完成测试工作。在本书后续章节有详细介绍。

5. 按照测试类型分类

软件测试类型有多种，包括界面类测试、功能测试、性能测试、安全性测试、文档测试、兼容性测试、配置测试等，其中功能测试与性能测试前面已经介绍，下面主要介绍其他几种测试。

1) 界面类测试

界面类测试(intrface testing，UI)主要测试用户界面功能模块的布局是否合理、整体风格是否一致、各个控件的放置位置是否符合客户使用习惯，此外还要测试界面操作便捷性，导航简单易懂性，页面元素的可用性，界面中文字是否正确，命名是否统一，页面是否美观，文字、图片组合是否完美等。

2) 安全性测试

安全性测试是测试软件在遭受没有授权的内部或外部用户的攻击或恶意破坏时如何进行处 理，是否能保证软件与数据的安全。在本书后面章节有详细介绍。

3) 文档测试

文档测试以需求分析、软件设计、用户手册、安装手册为主，主要验证文档说明与实际 软件之间是否存在差异。

4) 兼容性测试

兼容性测试是指测试软件在特定的硬件平台上、不同的应用软件之间、不同的操作系统平台上、不同的网络等环境中是否能够很友好地运行的测试。

兼容测试包括以下几项。

(1) 浏览器兼容测试：测试程序在不同浏览器上是否可以正常运行，功能能否正常使用；

(2) 屏幕尺寸和分辨率兼容测试：测试程序在不同分辨率下能否正常显示；

(3) 操作系统兼容测试：测试程序在不同的操作系统下能否正常运行、功能能否正常使用、显示是否正确等；

(4) 不同设备型号兼容测试：针对 App，现在移动设备型号五花八门，主要测试 App 在主流设备上能否正常运行、会不会出现崩溃的现象。

5) 配置测试

配置测试是验证系统在不同的系统配置下能否正确工作，这些配置包括软件、硬件和网络等。开始准备进行软件的配置测试时，就要考虑哪些配置与程序的关系最密切。配置测试的目的就是促进被测软件在尽可能多的硬件平台上运行。配置测试有时经常会与兼容性测试或安装测试一起进行。

6. 其他分类

还有一些软件测试无法具体归到哪一类，但在测试行业中也会经常进行这些测试，如α测试、β测试、回归测试、随机测试等，具体介绍如下。

1)α测试

α测试是由用户在开发环境下进行的测试，也可以是公司内部的用户在模拟实际操作环境下进行的测试。α测试的目的是评价软件产品的FLURPS(即功能、局域化、可用性、可靠性、性能和支持多场景多平台)，尤其注重产品的界面和特色。α测试可以从软件产品编码结束时开始，或在模块(子系统)测试完成后开始，也可以在确认测试过程中产品达到一定的稳定和可靠程度后再开始。α测试即为非正式验收测试。

2)β测试

β测试是由软件的多个用户在实际使用环境下进行的测试，这些用户返回有关错误信息给开发者，β测试是在开发者无法控制的环境下进行的软件现场应用。β测试着重于产品的支持性，包括文档、客户培训和支持产品。只有当α测试达到一定的可靠程度时，才开始β测试，它处在整个测试的最后阶段。

3)α测试和β测试的区别

α测试是在受控的环境下进行的用户测试，这里的受控包括各种因素，例如参加测试的用户被设定算受控，进行测试的环境被选定也算受控，软件测试中的任务被锁定都是受控。β测试是在不受控的环境下进行的用户测试，就是用户想如何测试就如何测试。我们可能经常听说微软发布了某某的β版，这个版本都是让用户随便使用的，发现问题后进行反馈，而不对用户进行任何限定。

根据软件开发版本周期进行划分，可以将软件测试分为预览版本预审(preview)测试、内部测试版本α测试、公测版本β测试、候选版本交付(release)测试。在这些测试完成之后，产品就可以正式发布上线。

4)回归测试

当测试人员发现缺陷以后，会将缺陷提交给开发人员，开发人员对程序进行修改，修改后测试人员会对程序重新进行测试，确认原有的缺陷已经消除且没有引入新的缺陷，这个重新测试的过程就称为回归测试。回归测试是软件测试工作中非常重要的一部分，软件开发的各个阶段都会进行多次回归测试。

5)随机测试

随机测试是没有测试用例、检查列表、脚本或指令的测试，它主要是根据测试人员的经验对软件进行功能和性能抽查。随机测试是根据测试用例说明书执行测试用例的重要补充手段，是保证测试覆盖完整性的有效方式和过程。

1.5　软件测试的发展现状和展望

1.5.1　软件测试的发展现状

我国软件测试行业起步较晚，发展较慢，直到 21 世纪初期，我国才逐步开始重视软件测试行业。软件行业的快速发展为软件测试的发展提供了良好的基础，随着我国软件测试行业的发展，行业内企业向规模化发展将获得规模效应，可以有效降低企业的单位成本；而软件测试技术的不断发展，也将淘汰那些技术实力较弱的企业，促使行业内企业向专业化方向发展。

近年来，中国软件测试行业市场规模稳定增长，截至 2021 年，中国软件测试行业市场规模达到 2 347 亿元，同比增长 18%。

软件测试是一种实际输出与预期输出之间的审核或者比较的过程。软件测试的经典定义是，在规定的条件下对程序进行操作以发现程序错误，衡量软件质量，并对其是否能满足设计要求进行评估的过程。

在软件业较发达的国家，软件测试产业已形成规模且比较发达，软件测试不仅早已成为软件开发的一个重要组成部分，而且在整个软件开发的系统工程中占据着相当大的比重。在微软公司内部，软件测试人员与软件开发人员的比例一般为 1.5：1~2.5：1，即一个开发人员背后，有至少两位测试人员在工作，以保证软件产品的质量。国外优秀的软件开发机构把 40%的工作花在软件测试上，软件测试费用占软件开发总费用的 30%~50%，对于一些要求高可靠性、高安全性的软件，测试费用甚至相当于整个软件项目开发所有费用的 3~5 倍。

中研普华产业研究院《2022—2026 年中国软件测试行业市场分析及未来发展预测报告》给出以下分析。

1. 2021 年中国软件测试行业发展态势分析

从国内软件公司软件测试部门的独立性来看，多数软件企业没有专门的测试技术部门，软件测试程序也不太规范，多数企业不懂测试，对测试的投入资金过少。大多数是在经过简单的测试之后，就认为没有问题而交予用户了，让用户去“测试”。于是，软件产品在没有经过严格测试的情况下就发布了。国内消费类软件中，经常出现一些已经推向市场的产品由于被发现有严重缺陷而导致大量退货的现象。定制的行业软件，常出现一再返工、无限期修改和维护的现象。软件行业公司软件测试部门设置情况如图 1-13 所示。

随着中国 IT 业的发展和软件市场的不断成熟，人们对软件功能的期望值也逐步增高，人们常关注的是软件的性能、可靠性以及最重要的质量等问题。几乎每个中大型企业的产品在发布前都需要做大量的质量控制、测试和文档工作。但是，目前中国软件产业在产品功能和性能测试领域还存在着不足，中国软件企业也都开始意识到，软件测试的广度和深度决定了中国软件企业的前途与命运。当前国内软件测试行业主要存在以下问题。

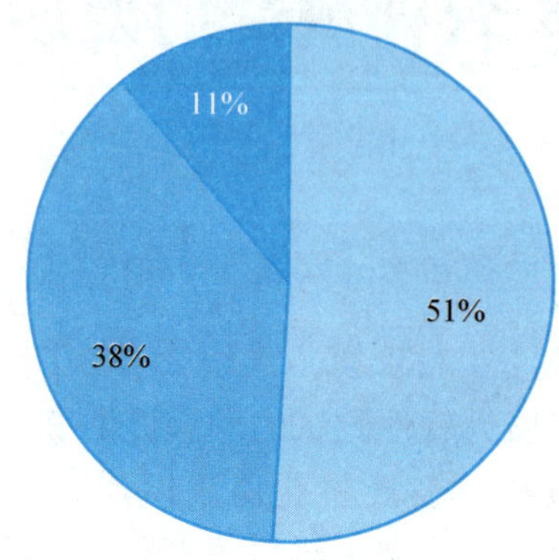

■没有专门的测试部门；■有专门的测试部门；■有专门的测试工具开发部门

图 1-13 软件行业公司软件测试部门设置情况

(1)软件规模越来越大，功能越来越复杂，如何进行充分而有效的测试成为难题。

(2)面向对象的开发技术越来越普及，但是面向对象的测试技术却刚刚起步。

(3)对于分布式系统整体性能还难以进行很好的测试。

(4)对于实时系统缺乏有效的测试手段。

(5)随着安全问题的日益突出，信息系统的安全性如何进行有效的测试与评估成为世界性的难题。

(6)测试的自动化程度不高，手工测试较多，自动化测试工具和手工测试人员缺乏较好的结合。

(7)缺乏软件测试意识、对其重视不够。

(8)在软件开发基本完成后才进行测试，缺乏软件测试的统一标准。

(9)高校从师资储备到专业设置再到人才培养的机制薄弱。

2. 2021 年中国软件测试行业发展特点分析

1)发展迅速

在当今高速发展的信息社会，计算机和电子技术越来越受到人们的重视，以软件为代表的计算机行业正在以一种井喷式的趋势发展。软件测试得到了许多科研单位和企业公司的大力重视，我国软件测试行业发展迅速。

2)软件测试人才缺口大

软件测试行业以人才为生存和发展的基石。随着信息产业的蓬勃发展和软件市场的不断成熟，人们对软件产品的期望不断提高，软件的质量、性能、可靠性等方面越来越受到业界重视，软件测试作为软件产业中的新兴贵族而迅速发展起来，专业软件测试人才的需求迅速攀升。

据招聘网站统计，国内超过 150 万软件从业人员中，能胜任软件测试职位的不超过 10

万人，具有 3~5 年及以上从业经验的更是不足 5 万人，软件测试工程师的数量和能力也比较薄弱。与此同时，国内 30 万的软件测试人才需求缺口正以每年 20%的速度递增。测试工程师正在成为软件开发企业必不可少的技术人才。然而，由于国内软件业对软件质量控制的重要作用认识较晚，尚未形成系统化的软件测试人才需求供应链，造成目前软件测试人才千金难求的尴尬局面。

3) 女性员工受到青睐

由于工作的特殊性，软件测试人员要具有认真、耐心、细致、敏感等个性元素，而这在一定程度上与女性的个性气质相吻合。据了解，很多 IT 企业中软件测试人员的比例更趋向男女平衡，甚至出现女性员工成主流的情况。

女性从事软件测试的优势如下。

(1) 女性的性格优势。我们可以通过岗位分析发现，做软件测试的人需要有耐性好、心细、敏感、逆向、设问、怀疑、举证、韧性、安静等特征，这些特征与女性的性格十分吻合。

①大多数女性比男性更加心细、有耐性、安静，责任心也更强。

做过软件测试的都知道，设计测试用例是一个相对比较细致的工作，执行测试更是一件比较烦琐且重复度很高的工作。

由于女性性格方面的优势，她们可以反反复复却仍然认真地完成一个任务，例如发现更多的 bug、覆盖更全面的测试点，很少因为毛毛躁躁、急躁出现漏测或是线上问题。

②女性更敏感、细心。女性的直觉往往很准，她们总能发现一些蛛丝马迹，不放过任何一个小细节。保持怀疑精神是软件测试必须要具备的素质之一，虽然不会有“没有 bug 的产品”，但是也要相信“没有发现不了的 bug”，因此怀疑精神对于测试工作非常重要。

保持怀疑精神是软件测试必须具备的素质之一，虽然不会有“没有 bug 的产品”，但是也要相信“没有发现不了的 bug”，因此怀疑精神对于测试工作非常重要。

根据这两点，女性从事软件测试是有一定优势的，据不完全统计，在同一个项目中，花同样的时间和同样的成本，女性测出 bug 的数量要高于男性 10%左右。

(2) 女性的沟通技巧。IT 行业技术岗女性从业者不多。俗话说，男女搭配，干活不累。在软件测试行业如果男女比例均衡，可能会让工作氛围变得相对轻松，团队成员间的沟通也会比较顺畅。从事软件测试行业，沟通技巧是非常重要的，因为软件测试人员不仅要与开发人员沟通，还要与产品、运维等人员沟通。

(3) 加班问题。在 IT 行业，软件测试工作相对比较轻松，加班也比较少，在软件测试人员加班的时候，开发人员也得留下来修改 bug，而开发人员加班的时候，测试人员是不用一直陪着的，因而测试人员有很多属于自己的时间。

(4) 技术岗位的发展比较好。软件测试发展空间比较大，无论是往技术方向，还是往管理方向，发展是比较稳定的。

女性从事软件测试的劣势如下。

(1) 女性的技术和动手能力与男性相比比较弱。有一部分女性因为没有进入过测试行业，会担心自己驾驭不了。但这并不是一个普遍的现象，在软件测试行业，有很多女性在技术和动手能力方面都较强，甚至有很多女性的管理者。

(2)女性在加班问题上存在一定劣势的。在互联网行业，想要完全不加班是不可能的。测试人员加班的强度是没有开发人员大的，并且从身体素质上来说，女性也具有一定的劣势。

4)未来发展空间大

软件测试行业未来发展前景如何？我们正处于第三次科技革命时代，第三次科技革命是人类文明史上继蒸汽技术革命和电力技术革命之后科技领域里的又一次重大飞跃。在一个信息技术飞速发展的时代，软件测试的工作就是要保障和维护软件的质量，提升软件的运行效果，未来行业发展前景十分可期。

5)外包较常见

几乎所有软件开发项目都包括软件测试，外包测试服务的趋势在 IT 界非常流行。

将公司的所有活动分类为主要任务和次要任务，虽然软件测试是软件开发必不可少的阶段，但是对于大多数公司而言，这不是它们的核心活动。如果将软件测试交由专业人士负责，公司可以专注于其余的核心任务。

用户频繁的需求变更以及较短的迭代周期增加了发布错误产品的风险。保证软件质量的成本也越来越高，而建立和维护内部质量检查团队需要时间和资源，而这通常投入大、前期见效慢。

为什么将测试外包出去呢？软件测试外包使公司可以专注于其核心功能并推动不断创新。同时，测试服务提供商可以更高效地进行测试工作，从而确保更好的产品质量，并可以节省公司的成本。

总结起来，外包的原因如下。

(1)减少成本，提高效益。

(2)减少内部工作复杂性。

(3)将项目的质量检查独立出来。

(4)建立一个主要关注测试的团队。

(5)提高应用程序质量。

(6)快速交付，提高软件测试效率。

当然，就笔者对行业的观察，不单单只是软件测试外包。在 IT 行业，人力资源外包是非常普遍的一种现象，比如那些大厂都会有一定程度上不同形式的外包。

1.5.2 软件测试的发展趋势和未来展望

随着最新趋势被引入 IT 领域，软件测试有了很大的进步和发展。创新技术的引入带来了软件测试、开发、设计、交付方面的最新更新，大部分 IT 领导者相信他们的组织而采取了最新的方法。

数字转型是在云计算和商业分析方面排名靠前的行业企业关注的另一个重点。自动化

实践也成为主流，为无瑕疵测试实践做足了准备。另外，人工智能和机器学习似乎达到了一个新的水平。数据测试为物联网中心化铺平道路，这是所有的软件测试公司都需要注意的一个重点，可靠性和质量等因素也越来越受到重视。

软件测试趋势的改变会对软件测试和质量保证产生重大影响。企业增加了软件测试的预算，尤其是在公用事业、交通运输、能源领域。如今，企业在软件开发生命周期的早期阶段就将其测试与敏捷模型等测试方法结合起来。有些组织也会聘请独立测试公司来满足其软件测试要求。在这样的模式下，他们在质量保证和软件测试上的花费减少了，甚至不需要耗用内部资源。在质量保证和软件测试领域，也存在多种重要的趋势。全球所有软件企业都迫切需要适应最新的测试趋势，这有助于它们适应当前先进世界的需求。

本书将探索 2021 年几大热门的软件测试趋势。软件测试中的技术场景正在发生变化，最近比以往任何时候都更适合企业和测试专家，因为现代用户生活在“始终在线”的状态中，他们要求一切都是可访问的。随着应用程序组织使用量攀升，也随着安全性和安全性相关成本的增加，软件测试现在受到了前所未有的额外关注，且有了更好的理由来发展。

根据《世界质量报告》，60%的公司将成本列为对测试条件最大的挑战。总体测试预算越来越离不开软件工程资源和预算。由于持续测试以及开发运维一体化等实践的增加，质量保证如今进一步纳入开发周期中。越来越多的公司开始认识到质量保证的价值，它们寻求软件测试和质量保证咨询公司来帮助它们完成这项专门的工作。

虽然人工智能是有用的工具，它使测试自动化工具和质量保证操作更有力，但它绝不能替代娴熟测试专家——可以开发一个高利润、高质量的测试解决方案的需求。此外，使用真人进行用户测试仍然是确保产品有效、有价值和用户友好的关键因素。

1) 无代码自动化测试

更多地采用无代码测试工具将是 2021 年需要关注的主要软件测试趋势。无代码测试工具建立在复杂的人工智能技术和可视化建模的基础之上，其能更快形成满足自动化测试的测试用例。通过使用这些工具，IT 员工可以生成简单的测试用例场景，而不需要代码技巧，还能节省用于重复测试用例浪费的时间。

无代码测试的一些关键优势在于高效性、易于检查、低学习曲线以及能节省宝贵资源。简而言之，所有这些原因结合起来意味着，有了无代码测试自动化，就不需要理解自动化测试框架或应用程序进行自动测试的底层技术。

出乎意料的是，自动化测试的成功之路似乎触手可及。像 Selenium 这样的自动化测试工具构建在这种可视化方法之上，使非开发人员也能够使用。随着时间的推移，其他的特征也随之增加，如 RC、IDE、WebDriver，这些特征增加了它的重要性和价值。

Selenium IDE 使那些不想沉迷于编码的人的愿望成为现实。Selenium 目前支持多种编程语言，如 Python、Java、Ruby、C#等。其能在不需要学习如何编码的情况下，自己创建、管理、实施自动化测试。

无代码自动化测试如何运作？它的基本原则就是测试的创建不需要任何类型的代码。如今，由于市场上提供无代码测试自动化的工具很多，因此在前端有各种各样的工作方式。对于它们来说，最常见的方式是改变前段的插图，在后端加工有意义的代码，最终使其发挥作用。

以 Testsigma 这个工具为例，测试用例主要是使用自然语言处理，以一种简单的语言（如英语）编写的，这些报告被转化为代码（主要在后端）以实现。

以下是一些更热门的测试自动化工具，其使用无代码测试技术以满足测试用例自动化。

TOSCA：Tricentis 这一出色的工具使用了基于模型的测试方法。以往的测试创建需拥有一个被测试应用程序的模型、测试数据以及适当的测试场景。在这里对应用程序的细微修改也会被自动纠正。

Test. ai：这是最流行的自动化测试工具之一，它能自动测试移动应用程序的用户体验。其既不需要代码也不需要维护。它在人工智能上运行，人工智能会研究该应用程序，然后自动生成测试用例，执行它们就能得到与用户体验相关的结果。

Ranorex：在 Windows 操作系统的上运行的 GUI 自动测试化工具，主要用于对使用 GUI 的软件进行的软件测试，是计算机软件与用户进行交互的主要方式。它支持多种不同的应用，包括 Web 2.0，Win32，MFC，WPF，Flash/Flex，. Net 和 Java（SWT）。Ranorex 拥有几乎所有自动测试工具都有的录制回放功能，还可以通过使用动作表格编辑器很方便地维护录制的代码，并且集成了 Ranorex 对象库，可以自动产生 C#和 VB. NET 的代码。

Ghost Inspector：这个工具中的每一个位置变化都能在无代码的情况下创建，其能以一种更简单的方法确保网页正常运行。

TestComplete：这个工具来自 SmartBear，它们采用关键字驱动的自动化测试，并且没有代码。

2）机器学习和人工智能用于测试自动化

我们对人工智能的需求不断增长，仅在北美地区，目前在人工智能方面的支出预计将达到 60~70 亿美元，到 2025 年，人工智能全球投资大致将达到 2 000 亿美元。

2020 年，近 64.8%的公司在人工智能和大数据方案中的投资超过 5 000 万美元，远高于 2018 年的 39.7%。——福布斯

在 2020 年，37.8%的行业领先企业利用人工智能和大数据创建了数据驱动型公司。——Statista

从 2018 年到 2023 年，用于人工智能的计算资源将增长 5 倍，这将使人工智能成为推动基础设施评估和决策的中坚力量。——高德纳咨询公司

以下是最热门的以人工智能为基础的自动化测试工具。

Appvance：该工具利用人工智能在用户行为的基础上生成测试用例。测试组合能系统地覆盖真实用户在产品系统上的行为，这使得该工具百分之百以顾客为中心。

Testim. io：该工具利用机器学习来达成编写、实施以及持续性的测试自动化。其强调用户界面测试、综合测试以及功能测试。

Test. ai：这是最流行的移动测试自动化工具，其利用人工智能来执行回归测试。当需

要获取自己的应用程序性能标准时，这款工具非常好用，比起功能测试工具，它是一个更好的监控工具。

Functionize：该工具利用机器学习来进行功能测试，在性能方面，它与市场上其他测试工具很相似，比如能够快速运行测试(无须脚本程序)，在几分钟内运行多个测试，以及执行深度分析。

TestCraft：这是一个以人工智能为基础的自动化测试平台，旨在用于持续性测试和回归测试，并在 Selenium 上运行。TestCraft 也用于控制网络应用程序。人工智能技术的作用在于通过自动克服应用程序中的修改来削减成本、维持时间。

Applitools：这是目前最流行的应用程序可视化管理和人工智能驱动的可视化用户界面控制及测试软件。基于可视化人工智能，其提供了一个综合的软件测试平台，且能为数字化转化、测试自动化、软件工程、开发运维一体化和手工质量保证团队所用。

Sauce Labs：这是最好的基于云的自动化测试工具之一，它利用的是人工智能和机器学习技术。这个绝妙的工具能支持一系列全面的操作系统和浏览器、移动模拟器和仿真器以及移动设备，且能以用户要求的速度来测试他们的应用程序。

3) 敏捷团队中的测试自动化

敏捷开发和敏捷测试正在迅速普及，测试团队的测试工作方式也随之发生一些变化。敏捷测试工具不同于项目管理工具和测试自动化工具，任何没有测试自动化的敏捷项目实际上都是分阶段的瀑布式项目。自动化测试被看作敏捷方法的一个关键的活动，同时也是促进质量保证程序的主要驱动力。

MarketsandMarkets 的报告显示，全球自动化测试的市场预计将从 2019 年的 126 亿美元增长至 2024 年的 288 亿美元，在这期间的复合增长率为 18.0%。

4) 对大数据测试的需求增加

跨行业企业将持续处理巨大的数据量和不同的数据模式，任意数量的非结构化或结构化的数据挖掘(通常被定义为大数据)都需要端到端的测试。大数据测试能通过正确的数据验证来协助我们做出更好的决策，并通过从大数据分析得出的最佳决策来改进商业战略和市场定位。

MarketsandMarkets 显示，由于企业物联网使用量的增加以及政府关于促进数字技术适用的更高倡议，大数据市场的全球价值得以被估计。在每个垂直领域中对数据的高度依赖要求我们有一个有效的大数据测试，以保证数据的统一性、准确性、可信赖性以及质量，这也是所有企业能做出明智的决策所必备的。

特别是大数据测试有助于对一些服务和产品做出数据驱动的决策，这些服务和产品被捕获并仔细检查，从而为企业提供重要的见解。

5) 物联网测试促进数字化连接智能设备

截至 2020 年，全球物联网设备的数量达到了 200 亿，与之相比，2016 年的数据仅为 64 亿。这些数据表明了物联网设备增长迅速，以及如今对有效物联网测试策略的需求。这种物联网测试包括通信协议、操作系统以及物联网设备的硬件和软件的测试。

物联网产品的硬件可能存在风险，其容易受到需要有效测试的多种威胁的影响，此外，该软件还内置在物联网设备中。因此，有必要对所有物联网设备和安全信息进行测试，以免产生漏洞和威胁。大多数公司已经确定了物联网有效测试战略的必要性，以此满足终端用户对连接良好和高效智能设备的需求。

早在 2019 年，物联网测试市场被估值为 7 819.6 亿美元，预计于 2025 年将达到 36 242.3 亿美元，预测 2020~2025 年的复合增长率为 32.24%。物联网测试利用先进及尖端技术，使不同类型的测试工具用于不同目的的频率上涨，预计在预测期内，市场将快速增长。

6）敏捷模式和开发运维一体化的使用量增加

很多公司已经采用开发运维一体化来应对准确性和速度的需求，而敏捷模式则来应对快速变化的需求。开发运维一体化包含实践、过程、工具和规则，这些都有助于集成操作和开发活动，从而尽量压缩从开发到操作的时间。

对于正在寻找缩短软件开发生命周期（从开发到运行和交付）的企业来说，开发运维一体化必定会是一个被广泛接受的解决方案。开发运维一体化和敏捷模式的使用量的不断增加能协助测试专家快速开发和发送高质量的软件，即“速度质量”。对这两个工具的采用让企业在过去 5 年中获得了更高的效益，并将在未来几年继续增加。

7）转向性能工程

在早期开发软件时，保持更高的性能是一项非常重要的工作。项目负责人需要处理几个要素，如商业价值、利用率、简单配置以及安全性。各种可下载应用程序的平台都能看出其捕捉到的用户体验和市场规模。

在短期的开发周期、频繁的发布以及不断变化的市场需求中，用户体验是重要角色之一。为了应对这一趋势，软件开发人员开始在每个软件开发生命周期阶段优先考虑以客户为中心的方法，以减少在产品生命周期早期的性能故障和瓶颈。

因此，性能测试目标已经转变为详细检查系统中不充足的性能，并了解它在软件开发过程中的根源。为了达到这一点，性能工程被开发出来作为性能测试的替代品，以此能够从最初的设计开始就构建重要的性能指标。

性能工程和性能测试的几处关键不同：首先，性能测试是对应用程序响应性和负载处理的质量检查。它来确定系统对生产负载的耐受程度，并预测在高负载情况下可能出现的小故障。然而，性能工程在初始设计应用程序时就考虑到周转时间、质量、生产率等性能指标，从而有助于在开发过程中及早发现问题。其次，性能测试是一个质量保证程序，一般会在软件开发周期完成后才进行。而不同的是，性能工程是一个永不停止的过程，从产品设计开始到产品开发再到终端客户体验，它会扎根于软件开发周期的任何一个阶段。

8）区块链测试

区块链技术对于加密货币、汽车和金融等行业是不可或缺的。它使去中心化的网络区别于传统银行用于管理银行和金融业务的中央系统。不可否认，区块链技术已经改变了企业处理比特币等数字货币的方式。

区块链的应用不仅仅局限于金融领域，从政府服务到垂直能源，它们的智能合约被应用到各个商业领域。然而区块链应用程序的广泛范围给区块链的调试带来了一些挑战，区块链测试是一种高效的、专门的、新一代的测试解决方案，可用于调试代码以交付高效的区块链应用程序。

区块链测试：核心测试类型；部分关键测试类型必须被运行，包括性能测试、功能测试、节点测试、API以及其他的专门测试。

性能测试：性能测试确定性能瓶颈，提出微调系统的技术，并重新评估应用是否准备好投放市场。

功能测试：功能测试是一个整体程序，用于评估区块链多个功能部分的工作(例如智能合约)。

节点测试：对网络上每个异构节点都必须进行独立的、完善的检测，一次保障合作顺利进行。

应用程序编程接口测试：API测试解决了区块链领域中应用程序之间的接口问题，它确保应用程序编程接口的响应和请求得到适当的处理和格式化。

一些最流行的区块链测试工具如下：

EthereumTester：这是一个类似GitHubRepo的可用工具，也是最常用的平台和开源测试库之一。EthereumTester的安装非常简单，只需要有一个可管理的应用程序编程接口就能支持多种测试需求。它对Web 3集成、API、智能合约、后端和其他各种区块链测试都同样适用。

Ganache：它早先被命名为TestRPC工具，专门用于在本地测试Ethereum合约。它生成一个模拟的区块链，允许任何人使用多个账户进行测试。

Populus：这个框架是围绕py. test框架开发的，其有Ethereum测试功能，以一系列测试合约部署的特性为形式。

BitcoinJ：这也是个很出名的工具，是一个以Java为基础、为基于比特币的应用程序构建的框架，其能让用户与实际的比特币网络和各种测试活动交互。

Embark：这是一种测试框架，它专注于开发在多个节点或系统上运行的dApps(分散应用程序)。这个神奇的框架集成了IPFS、Ethereum区块链和分散的通信平台，如Orbit和Whisper。

Truffle：这是Ethereum开发者都喜欢的好工具。它带来了最好的测试特性，比如自动契约测试。除了能在区块链应用程序内进行功能测试，它还能做很多。

Exonum Testkit：运行整个测试服务是Exonum Testkit的强项。它能让任何人都可以在有组织的系统中测试应用程序编程接口和事务执行，也就是说，不需要将共识算法与网络操作相关联。

9)网络安全和风险合规

2020年网络安全测试已经成为质量保证和软件测试的大趋势。2020年12月28日，由公安部第三研究所主办的2020年度网络安全标准论坛上，全国信息安全标准化技术委员会副秘书长上官晓丽介绍了 2020 年发布的 53 项网络安全国家标准。此外，密码、金融、通信、公安等行业也发布了数十项网络安全行业标准。该报告总结了一些关键目标，这些目标解释了如何将其作为一个单独的主题加以纳入，在所有行业中提高对安全重要性的认识，增加产品和软件安全性，并在软件开发生命周期之前实施安全检查。

BitSight 的“安全性能管理带来更好的安全性和业务结果”研究表明，超过 82%的利益相关者已经认识到，要让用户感觉安全，这一项标准在企业决策中越来越重要。安全实践发挥了巨大的作用，原因如下：

(1)定期检测有助于建立企业与客户、第三方和合作伙伴之间的信任。

(2)安全测试可让用户在黑客/攻击者行动之前就全面了解企业的弱点，并协助用户检测容易受到安全或网络威胁的领域。

(3)在任何停机的情况下，网络安全测试都能保证其不会让用户毫无准备地承担昂贵的代价和损失。

(4)网络安全测试不仅保护交易(不管是金钱还是数据)，还保护终端用户的安全。由于网络风险随时可能以任何形式发生，网络安全测试在以后仍会是一个热门话题，关键原因如下：

(1)网络安全测试可以在黑客攻击之前深入了解企业的弱点。

(2)渗透测试具有成本效益，数据泄露会给企业带来严重损失和信任危机。

(3)安全测试有助于发现易受网络盗窃和攻击的部件。

(4)定期的渗透测试有助于企业获得良好的声誉，协助企业赢得其第三方、合作伙伴、客户伙伴的信任。

(5)若发生停机的情况，网络安全测试能保证其代价和破坏性不至于让用户措手不及。

10)QAOps 的意义

QAOps 是将测试、运营和开发人员一起引入的一种更好的实践。为了达到高质量和交付迅速的目标，所有的测试活动必须在 CI/CD 管道中执行。在运营和开发中保证软件质量的一种更好的方法是让开发人员编写测试用例。

为了达到质量好和交付迅速的目标，所有的测试活动必须在 CI/CD 管道中执行。在运营和开发中保证集成质量的一种更好的方法是让开发人员编写测试用例。

同时，产品设计师和运营工程师与测试团队一起识别 UX/UI 的异常。通过实施这一点，开发人员和测试团队可以相互协作，并能更好地理解保障质量的过程。这样的团队合作将有助于使测试和开发过程更加高效。

简而言之，使用 QAOps 是一个不断上升的趋势，它让 IT、软件开发和质量保证之间的过程自动化，使其能够快速和高质量地交付软件。因此，越来越多的组织开始倾向于使用开发运维一体化，这也使 QAOps 在 2021 年得以持续发展。

11)手动测试和自动化测试的结合

将手动测试工作彻底自动化能展现一个熟练测试团队的决策能力。将这两种努力结合起来可以提高生产力、节省时间、提高质量，有的问题是自动化测试无法处理的。

目前，对自动化水平和自动化测试工程师的要求都在提高。随着自动化的发展，软件测试的速度和效率大大提高，但它不能涵盖设计、用户体验和可用性等各个方面。在软件开发过程中，自动化测试和手动测试之间的平衡是测试的未来。

为什么要合并手动和自动化测试？测试团队检测错误的速度越快，纠错所需的时间就越少，因此在测试资源上花钱比在发布后在错误上花钱更有价值。且在整个测试过程中，每一种技术、分支、情况、路线和选择都经过了良好的测试，以便在初始就能发现故障。如果在一开始就发现了漏洞，那么就能使修复它的费用最小化。

在测试覆盖的某个阶段，代码范围得以被管理。此外，它还会审查每一款应用的功能质量，尽量减少需求和测试实例之间的差距。由于手动和自动化测试的贡献通常是由应用程序的规范决定的，这两种方法都应该被随机使用，以此来最大限度地覆盖代码。

自动化测试具有一致性和快速的优点，但是它并未站在用户立场上。而这就是手动测试的优势所在，因此它可以从测试自动化无法触及的地方开始测试。这两种技术都可以用来掩盖相同特征的不同部分，或者用于覆盖完全独立的特征。自动化测试只能依照为其编写的脚本工作，而手动测试只能由测试工程师完成。实际项目中，这两种测试可以在可用性、功能、速度、漏洞最小化和整体最优的用户体验之间取得和谐的平衡。

12) API 和服务测试自动化

高德纳公司称，截至2021年，至少三分之一的企业部署多种体验开发平台，其用于支持网络、会话、移动以促进企业数字化发展。在过去的十年里，应用程序接口不仅推动了新的数字经济，也引发了一场创新竞赛，迫使一些企业重新思考如何开发和推出新的应用程序。

随着网上微服务体系结构和软件开发的增强，应用程序编程接口(API)的使用量每天都在增加，几乎每个组件都在使用API，甚至客户端-服务器开发也处于高峰期，测试团队必须确认这些API之间的通信是完美的，并能够单独运行。为了保持这一过程的高度有效性，提高应用程序编程接口和服务水平的自动化测试是很有必要的。

13) 质量检测中心

很多企业面临着巨大的挑战，因为其试图在管控应用程序质量的同时响应业务的额外需求，通过跨地点、地域和测试组来计算不一致的测试程序，不予执行测试功能、资源、基础设施和工具的次优消耗。

为了应对挑战，一些大公司正在建立质量检测中心，并聘用专门的团队来使可交付的实现模型标准化，以确保重要业务系统和流程的质量。

质量测试中心的测试团队致力于建立一个可重复使用的测试框架和标准，供企业在开发过程中遵循。从长远来看，这有助于构建高质量的软件，并强化软件开发过程的整体工作流程。

运行这些中心还将减少测试时间，且不牺牲产品的性能、可用性和功能的质量。它还提供有效的自动化测试，并在测试实践中制定灵活的标准，以便在将来的项目中执行。

14）基础设施即代码

许多企业（主要是IT公司）正在大量使用基于云的解决方案，以获得成本效益、可伸缩性和灵活性。云和虚拟化技术的使用越来越多，这改变了服务器的使用方式，它简化了过去分配和配置服务器的瓶颈问题。先进的基础设施管理技术使架构管理过程现代化，使用Terraform、Kubernetes、Docker等各种工具将继续成为主流。

基础设施即代码主要是以类似的方法管理操作环境的一个概念，在正常发布状态下，开发人员会做应用程序或其他代码。尽管可以手动修改配置或使用一次性脚本更改基础设施，但操作基础设施是由主要控制代码开发的类似结构和规则控制的，而与此同时会出现新的服务器实例。

这意味着核心开发运维一体化的最佳实践（如虚拟测试、持续监视和版本控制）会被应用于管理基础设施设计和管理的底层代码上。简而言之，基础设施的处理方式与任何其他代码的处理方式完全相同。

使用高级编码系统（如Puppet或Ansible）的目的是使任何具有现代编码结构和技术基础知识的人都可以使用它作为编码环境的基础设施。

基础设施即代码的四个最佳实践。

（1）以集成测试、功能测试和单元测试的形式对基础设施进行测试。

（2）通过源代码控制来管理基础设施，从而对变更进行彻底的审查跟踪。

（3）允许围绕基础设施配置和安排进行合并，尤其是在开发和运营之间。

（4）规避书面文档，因为代码本身会记录机器的状态。这是个很强的实践，因为它第一次意味着有关基础设施的文档总处于更新状态。

基础设施即代码是一种框架，它采用了经过验证的编码方法和实践，并将它们直接扩展到基础架构中，有效地模糊了应用程序和设置之间的界限。简而言之，这与开发运维一体化对负责这两个领域的人员所做的事情类似，即将运营和开发人员合并到一个单独的单元中，并使用一个混合名称。

基础设施即代码的好处如下。

（1）一致性。手动测试程序会导致错误，人类并不总是完美的，不论我们如何努力，有时候人工基础设施管理也会导致差异。然而基础设施即代码解决了这个问题，它让配置文件本身成为唯一的真相来源。通过这种方式，我们可以保证类似的配置将被反复安排，且没有差异。

（2）速度。基础设施即代码的主要好处就是速度。其允许人们通过运行一个脚本快速地建立整个基础设施。对于每一个环境，从开发到生产，都可以很容易地做到这一点，通过阶段、质量保证等，一路超越。基础设施即代码可以使整个软件开发生命周期高效运行。

（3）负责。这个方法既简单又快捷，由于可以将基础设施版本化为类似于任何源代码文件的代码配置文件，因此可以完全跟踪每个配置所修改的内容。不需要在任何位置玩

“假定游戏”了。

(4)低成本。毫无疑问，基础设施即代码的主要好处是降低基础架构管理的费用。通过使用云和基础设施即代码，可以极大地降低成本。

(5)整个软件开发周期的有效性。通过使用基础设施即代码，可以分几个阶段设置基础架构，这使整个软件开发生命周期更加有效，将团队的效率提高到新的高度。

15)聊天机器人测试

在疫情背景下，聊天机器人能向患者和其他部门提供远程支持，因此在医疗行业广受欢迎。由于全球连续数月被封锁，一些公司将聊天机器人加入运营，其甚至能为无数的零售店、金融机构、品牌等提供全天候支持。

聊天机器人将作为机器人流程自动化(RAP)的一部分继续征服全球。机器人能降低运营成本，同时提供更好的用户体验，但它的顺利运行需要细心的测试。

以下是目前最流行的聊天机器人测试工具。

(1)Chatbottest：开源指南提供了大约 120 个问题来评估聊天机器人的用户体验。它通常在 3 个级别上运行，即预期场景、可能的聊天机器人测试场景、几乎不可能的场景。

(2)Dimon：这个聊天机器人测试工具的优点是它与 Slack、Telegram、Facebook Messenger 和微信等重要平台无缝结合。可以利用它来发现机器人会话流程中的任何错误，以及它所提供的用户体验。

(3)Botanalytics：从会话流程到可用性，再到交付的用户体验，这个定制服务允许人们测试聊天机器人的每个主要方面。

目前最热门的软件测试工具是什么？根据软件测试团队的调查，测试社区寻求的是端到端、跨平台的测试解决方案和强测试自动化能力。以下是其中一些工具。

(1)Katalon Studio：它是一个用于移动、Web、API 和桌面应用程序测试的自动化工具。

(2)Selenium：在自动化测试领域中，这个名字已经家喻户晓多年了。

(3)SoapUI：这是一个专门为 API 测试设计的测试工具。

(4)UFT One：这是一个付费工具，也是手机、网页、桌面和 RPA 应用测试的最佳工具之一。

(5)TestComplete：这是一个人工智能驱动的测试自动化工具，用于移动、桌面和网络测试。

(6)IBM Rational Functional Tester：这是一个数据驱动的测试平台，用于回归和功能测试。

还有其他一些非常强大的工具包括 Ranorex、Apache JMeter、Postman、Cucumber、Tricentis Tosca、Appium、Telerik TestStudio 和 Worksoft。上面的选择对任何人来说也许不那么完美，但值得一试。

现在是互联网+时代，大数据、云计算等技术的应用，使得未来互联网化发展势不可挡，因此 IT 行业的市场需求空缺会越来越大，对人才综合技术能力的要求也会越来越高。

虽然目前国内小公司还没有大公司那么重视，但只要互联网发展一直存在，软件测试这个行业就会一直存在，市场需求也就会一直存在。

(1) 自动化是测试的未来。随着软件发布频率的增高，团队不可能有时间每次都能测到所有的功能，因此需要自动化测试去覆盖已有功能，然后测试人员手工聚焦在新功能的验证上。同时现在有业内专家指出，对自动化测试也不要存在偏见，自动化测试不是要取代手工测试，也不是所有的功能都适合自动化。

(2) 人工智能，物联网相关技术的发展也会对测试产生影响。专家指出，这些新技术的应用让软件变得更复杂，更具交互性，对测试提出了更高的挑战，测试核心的理念不会变，但是测试工具、技术、流程等会由此发生改变。

(3) 测试工程师必须学会适应这些变化并学习新技能。所有测试工程师都应该对趋势进行关注，包括关注测试论坛或者其他团队的测试趋势。害怕变化和使用新工具虽然是个很大的挑战，但是测试工程师必须跟上这些趋势来充实自己的知识和技能。

(4) 职位的区分变得越来越模糊。伴随着开发运维一体化的快速普及和应用，现在的职位之间的区分变得越来越模糊。产品、开发、测试衔接得越来越紧密，区分也变得越来越模糊。在这种情况下，测试工程师要学会用不同的语言与不同的角色进行沟通，面对不同角色都可以说出对应角色听懂的话。同时为了保证团队能快速发布高质量的产品，识别出沟通中的瓶颈及理解的差异就在开发运维一体化中变得很重要，而在开发运维一体化的世界里，测试工程师可以完成这个使命。

(5) 不要忘记最根本的测试技能。在软件测试领域仍有很多能经受住时间考验的核心技能，如拥抱变化，渴望学习，尝试去怀疑、检查、揭示所测试的软件，不管是在哪个年代，这对测试工程师都是至关重要的。

其实软件测试已经在不知不觉中发生了非常大的改变，现在最基础的功能测试的岗位需求已经很少了，纯粹的手动黑盒测试工程师已不复存在，而自动化、性能、安全乃至于以后可能出现的大数据测试、人工智能测试仍存在着非常多的机会。

1.6 软件测试从业人员的要求

1.6.1 测试人员技能概述

笔者认为软件功能测试是基础，未来的发展方向主要有两方面：技术专家和测试管理。

1. 技术专家方面

技术专家发展路线有如下三方面，可供参考。

(1)从功能测试到性能测试专家：性能测试专家需要掌握一门编程语言、性能测试工具、系统架构、网络、数据库、服务器硬件等知识。性能测试分为前端性能测试(单用户操作系统响应速度)，后台性能测试(多用户并发场景)。后台性能测试包括三个阶段：测试(性能测试场景分析设计、脚本编写或者录制、测试执行)、分析(根据性能测试目标分析测试数据，找出性能瓶颈)、解决方案(根据性能瓶颈，给出系统调优解决方案)。

(2)从功能测试到自动化测试专家：自动化测试专家可以向自动化测试工具、框架开发方向发展，即测试开发工程师。自动化测试工程师需要掌握一门脚本语言(如 Python)，掌握一些测试工具(如 WebDriver、TestNG、Appium 等)和 Web 前端知识(HTML、jQuery、CSS 等)。

(3)从功能测试到安全测试专家：安全测试对测试人员要求更高，要想在这条路上走得更远，建议从事过开发或者是对计算机、信息安全非常有兴趣的人深入研究这方面的技能、知识。普通测试人员只能做比较简单的安全测试，无法深入。

性能测试、自动化测试和安全测试从业人员具体需要具备的能力要求在后续章节中会介绍。

2. 测试管理方面

测试管理方面的发展，需要具备以下基本知识，仅供参考。

(1)对软件测试流程、质量管理过程、项目管理要非常熟悉。

(2)对功能测试、用例设计、专项测试技术要了解。

(3)要有良好的沟通能力、人际关系处理能力，要有责任心、能抗压。

(4)懂得如何管理团队，如何提升团队的能力，如何激发团队成员的工作热情等。

3. 软件测试工程师必备基础技能汇总

1)专业知识技能

掌握一门计算机语言：计算机语言都具有一定的共通性，只要深刻了解一门语言，其他语言也不是难事。测试人员需要具有编码能力，编码能力强有利于职业的突破和发展。

2)数据库的熟悉使用

能够自行编写大部分的 SQL 语句来辅助测试(SELECT、DELETE、UPDATE)，对于存储过程也要多了解，在无程序辅助的情况下，它是制作数据的最好帮手。主要在日常测试工作中，提取数据库中的数据来验证测试结果的有效性、制作测试数据、批量修改测试数据等。

3)被测试对象业务的熟悉度

对于被测试对象业务流程的了解越多、越深入，越有利于测试工作的开展。

4)测试理论

(1)软件测试的基本概念及软件测试存在的理由，不需要死记硬背，但能知道软件测试是做什么。

(2)软件测试的整体流程：能详细说出软件工程中完整的软件测试生命周期及一些软件测试模型。

(3)软件工程中软件生命周期：软件工程中软件生命周期的主要过程，以及软件测试在生命周期中的阶段及作用。

(4)测试用例设计的几大基本方法：做到对于软件测试中经常使用的测试用例设计方法能脱口而口，同时结合实际工作中的例子进行描述、解释。

(5)软件测试的几大类型：能根据实际项目，很快地说出某个被测试对象需要测试哪些类型。

(6)缺陷管理策略：缺陷的完整生命周期，从创建到关闭的整个过程。如果缺陷不能重现、缺陷与另一个缺陷重复或者有相关性、缺陷关闭后一段时间又重现等情况的管理策略。

(7)白盒测试(仅针对白盒测试)，对代码有足够的驾驭能力，熟悉各种白盒测试用例设计方法，了解各个方法的优劣，根据业务需求熟练地使用最恰当的方法进行测试用例设计。

5)测试工具的使用

(1)缺陷管理工具：Jira、Mantis、BugFree、QC(TD)。Jira、Mantis、BugFree 都为开源软件，缺陷工具的基本使用本身简单，对于未使用过的缺陷工具，软件测试工程师也要能快速地上手使用。

(2)需求管理工具：Rational RequisitePro、CloudtopoTopo。需求管理工具一般用于大中型项目的需求管理。

(3)自动化工具：QuickTestPro(QTP)from HP。QTP 为目前市场上很成熟的一款产品，其以强大的功能而占有主要的市场份额，但因价格昂贵，不少公司无法接受。由于 QTP 价格昂贵且不开源，开源的自动化工具可谓备受青睐，Selenium、Watir 为开源自动化测试工具。

(4)性能测试工具：LoadRunner(LR)from HP、QALoad、WebRunner。通过性能测试结果数据，分析被测试对象中存在的问题，对被测试对象做出相应的调优后重新测试，直到被测试对象的性能参数达到要求。

6)计算机知识

(1)了解并能使用常见的操作系统，如 Windows 系列、Mac 系列、Linux 系列。

(2)TCP/IP 协议，知道 TCP/IP 协议的内容，以及对应层的功能。

(3)常用快捷指令的使用，在日常工作中能很快地使用运行中的快捷动作，如 notepad、mspaint、ipconfig、regedit 等

除了以上这些专业技能，软件测试从业人员还需要一些软技能。

(1)沟通能力。软件工程是一个团队工作，软件测试偏向于辅助作用，测试工程师基本上需要和团队中的每个成员都打交道，而且很大一部分工作时间都是在沟通，与产品经理沟通需求，与开发人员沟通 bug，与项目经理沟通进度等，经常在团队中充当多面角色。良好的沟通能力，有助于和团队成员合作得更加顺畅，让工作开展得更加顺利。

(2)执行能力。大家常说测试人员需要细致，其实这个说法不太准确，测试不是单纯

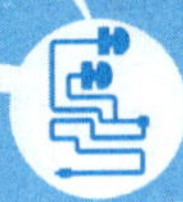

地靠个人细心去测试，而是需要按部就班，按照测试策略和测试用例去执行测试，不能投机取巧图省事，仅仅凭感觉去测试，靠的是严格地执行每一个测试步骤，用科学的概率来保证测试质量。

(3) 思维能力。软件测试属于技术工作，要有良好的逻辑思维能力，思考如何使用最合理的测试步骤，高效地找到软件存在的 bug，进行深入分析并使用最简单的方式重现 bug。

(4) 总结能力。测试是一个重经验的工作，把每一次测试经验总结和积累下来，不断完善测试方法和测试用例，把发现的每一个 bug 都总结分类，这样可以获得持续的成长，能力也得到持续的提高。

(5) 自学能力。软件测试工作需要具备大量的软件行业相关知识，仅仅通过工作来学习是不够的，还需要利用业余时间进行自学，并且学习会一直陪伴着测试工作，所以有强大的自学能力特别重要。

(6) 编写文档的能力。测试工程师需要编写测试计划、测试用例和测试报告等，所以需要有较好的文档编写能力。

以上这些特点是对合格的测试工程师提出的要求，那么在做好一名合格的工程师后，很多人自然会想到如何做一名优秀的测试工程师，在技术或管理上要有哪些突破？这些内容将在 1.6.2 节介绍。

1.6.2　优秀测试

上学时，对学习优秀的认识，就是每学期结束时评上“三好学生”。参加工作后，公司每年年终总结时都会进行评优评先进的表彰大会。三好学生也好，优秀员工也罢，站在耀眼光环笼罩下的颁奖台上领奖的确是件让他人羡慕，也让自己备感自豪的事。那么，优秀测试是指什么呢？评优时每个公司的衡量标准会不同，但有一点可以肯定，他一定在某些方面取得了突出的成绩。下面是在优秀测试人员身上常见到的闪光点。

(1) 精通业务：不仅能驾驭好测试流程中各环节的工作，还能超出岗位要求，发现隐含需求问题，并针对需求提出有建设性的改进意见。在某个行业领域从事测试工作几年后，熟悉需求、精通业务，这样的测试人员常是需求设计部门求之不得的人才。

(2) 精通测试技术：测试技术上的高手指那些能发现内存泄漏、软件性能方面的严重 bug 的测试人员，并且在与开发人员沟通过程中能让开发人员折服。在项目发布前能够确认项目是否达到了质量标准。

(3) 创造性：有自己的思想，并能在工作中发挥出来；热衷于改进测试流程，主动在工作中不断尝试新方法，研究新技术。

(4) 富有探索精神：有强烈的求知欲，不耻下问，爱较真，常会抓住软件的不良迹象，发现一堆 bug 给开发人员。

(5) 分析定位问题：发现问题后，还能分析问题，甚至告诉开发人员问题出自哪里、如何更改、有哪些影响。

优秀测试人员的这些素质，有些是可以在后天通过一段时间的自身努力达到的，如业务知识、测试技术、分析定位问题的能力。而探索精神，并不是一个人通过一两天，甚至通过一两年的学习就可养成的，它是一个人对各方面知识、认知、习惯培养等多方面综合素质的表现。这类测试人员常常喜欢对问题刨根问底、爱质疑，而正是由于这个品质，很多设计上的缺陷都逃不掉他们的火眼金睛。探索，敢于探索，使他们更有自己的想法。对问题的日积月累，慢慢地形成了自己的一套想法、看法。量变带来质变，自然而然就会带来创造性的思维，创造性的成果也就体现在工作中了。探索精神是创造性思维的前身，下面的小故事正好说明这个道理。

1.6.3 卓越测试

卓越，从字面理解就是杰出、非常优秀，比优秀做得更好，就像学校里跳级的学生一样出类拔萃。如何从优秀到卓越，借用美国知名作家勒纳夫妇合著的《从优秀到卓越》一书中的一段话：对优秀的跳高运动员来说，尽管他们的成绩已经非常出色，但他们还是需要不断“提高自己面前的横杆”，以求每次都能跳得更高一点。这就是实现了“从优秀到卓越”。

那么，对于测试，如何从优秀测试到卓越测试呢？其实道理一样，就是“不断提高自己面前的横杆”。这样说好像很空，在实际操作时，这个横杆有时可能并不是有形的东西，例如一个优秀的测试工程师，无论测试技术还是业务知识都很突出，是不是已达到卓越，已没有发展的空间了？

卓越测试那么难还有其他原因，为什么能达到卓越测试的人凤毛麟角？卓越测试人才都有哪些特点？下面进行介绍。

(1)测试事业：把测试当成自己的事业，对测试工作特别热情，富有激情，这种激情常能感染团队中的其他成员，一直朝着积极向上的方向前进。很多优秀的测试人才，在做了几年后，发觉前路已亮起了红灯，出现了发展的瓶颈。无论从技术上还是管理上都难以进阶，于是很多人选择了退出，转行做开发、做需求、做销售、做生意等。甚至还有不少测试人员，可能从来都没有想过把测试工作当成自己的事业来做，也没想过其实自己有潜力可以做得比现在更好。

(2)测试指挥官：培养及带领一批测试精兵强将，在软件问题的救火场景中常见到他们的身影，高质量、突出地完成一个个项目的测试。

(3)分享与传递：卓越测试人员是可遇不可求的，好像他们有测试DNA，除了他们自身有很好的问题敏感度，能找到真正的问题外，他们还乐于把资源、知识、经验分享并传递给团队中的其他成员，推动团队的共同成长。

(4)专业技术的带头人：某一技术方面的专家、带头人，敢于尝试新方法、新技术，进行变革创新，突破瓶颈，取得认可。

(5)引领未来：身处一角，眼观世界，把握市场，洞察未来，结合当下，前瞻思考，构建测试的未来，是测试团队中的指路明灯。

下面，我们分享华为在卓越测试领域取得的优异成绩。2016 年华为荣获中国质量领域最高政府奖项，作为国内质量领域最高政府性荣誉，“中国质量奖”由国务院批准设立、国家市场监督管理总局负责组织实施，每两年评选一次。第二届中国质量奖授予建设质量强国做出突出贡献，在全社会具有显著示范带动作用的组织和为提高我国行业和地方质量水平做出突出贡献的企业和个人。

华为能够获得"中国质量奖"制造领域第一名的殊荣，这是对华为长期坚持以“质量为生命”的肯定和褒奖。在“以客户为中心，以奋斗者为本”的公司核心价值观牵引下，华为积极推进质量优先战略落地，基于客户和消费者需求持续创新，赢得了客户和消费者的信赖。未来，华为公司将不断探索，提供新的经验。努力让全球更多客户和消费者享受到华为高质量的产品和服务。

华为公司的核心价值观“以客户为中心”，是华为质量文化的核心，也是华为一切工作的驱动力。华为内部流行着自 1987 年成立就坚持的精神——“质量好、服务好、运作成本低、优先满足客户”，通过多年来坚持质量为先的实践，华为以优秀的产品品质享誉海内外。华为公司销售额的 60%来自海外市场，产品远销 170 多个国家和地区，这与其在质量方面的领先是密不可分的。

华为消费者业务 CEO 余承东表示：“对华为来说，质量就如同企业的自尊和生命。自华为成立以来，就以‘工匠精神’来衡量产品，追求真正的‘零缺陷’。”

为解决一个在跌落环境下致损概率为 1/3000 的手机摄像头质量缺陷，华为会投入数百万元人民币不断测试，最终找出问题并解决；为解决某款热销手机生产中的一个非常小的缺陷，荣耀曾经关停生产线重新整改，影响了数十万台手机的发货。“尽管这给我们带来了巨大的经济损失，但这在质量问题面前没有争议，这不是可以讨价还价的地方。”华为荣耀业务部总裁赵明如是说。

在严苛保证自身产品质量的同时，华为也一直在同整个产业链共同合作，不断提升供应链中各个环节的产品质量。只有这样，才可能给消费者和客户提供高品质的终端产品。“举例来说，手机摄像头中用到一个对焦马达，马达中用到一种胶水，胶水的质量最终会影响手机在拍摄时的对焦灵敏性和速度。如果想要给消费者带来极致的使用体验，我们除了要管理好摄像头的供应商，同时还要管理好马达和胶水的供应商，只有这样我们才能够给消费者提供高质量的终端产品。”华为消费者业务手机质量与运营部部长马兵说。

此外，据华为消费者业务全球服务部部长郭新心介绍：“华为在消费者领域还建立了完善的全流程质量反馈改善体系，通过服务热线、社交媒体、新媒体等渠道收集用户反馈的产品痛点，在下一代产品中不断迭代完善，以保证产品质量的不断提升。”

正是靠着对产品瑕疵“零”容忍的质量原则和对产品品质不断提升的追求，华为走出国门，用优质的产品、服务和领先的技术，服务全球 170 多个国家和地区的用户。余承东认为：“遵守质量的‘诚信’原则在华为不能破，它是华为一切行动的标尺，它能够带来商业价值，同时也是品牌的价值和内涵所在。”

优秀的产品品质，给华为在全球范围内带来了商业成功。在通信设备市场，华为已经成为全球持续领先的信息与通信解决方案供应商；在智能手机市场，GFK 发布的数据显示，华为在全球智能手机市场份额稳居前三，在中国市场份额持续领先，并在西欧多个发达国家的市场份额跻身前三。

2014 年，华为上榜 Interbrand“Top100”全球最具价值品牌榜的公司，排名第 94 位。2015 年 10 月，华为再次上榜 Interbrand“Top100”全球最具价值品牌，排名提升至第 88 位。而在 2016 年 Brand Finance 刚刚公布的《全球最具品牌价值百强》报告中，华为以超过 197 亿美元的品牌价值排名第 47 位，成为唯一一家跻身 Top 50 的中国科技公司；并被美国国际信誉研究院评为十大中国消费者最尊敬企业中的唯一一家中国公司。

华为公司有一个明确的规定：“华为公司要做业界标杆、质量标杆，如果我们产品的质量和业界标杆有差距，那么我们就要快速赶超。我们每年必须以不低于 30%的速度去改进，即使我们成为业界标杆之后，我们每年依然要以 20%的改进率去改进质量。”

面向未来，华为将把质量目标、方针、战略及相关政策落地到流程中、构筑到组织文化中，使华为的质量战略真正成为华为每一个团队和个人共同追求并努力实现的目标。

1.7 本章小结

本章对软件测试基础知识进行了讲解。首先介绍了软件概述，软件生命周期和多种软件开发模型，重点介绍了目前较为主流的敏捷开发模型；软件质量是软件设计和开发过程中重要的一部分，接着介绍了软件质量，软件质量的概念、软件质量模型及影响软件质量的因素；为了保证软件质量，我们需要进行软件测试，因此介绍了测试的概念、定义、目的、软件测试原则和误区；介绍完软件测试的概念后，接着介绍了软件测试的基本流程和分类；介绍了软件测试发展状况和趋势；结合当前软件测试的发展状况和趋势，介绍了软件测试从业人员的要求。本章的知识细碎而且独立，但却是软件测试入门的必备知识，为后续章节更深入地学习软件测试打下坚实的基础。

1.8 本章习题

一、填空题

1. 软件从“出生”到“消亡”的过程称为________。
2. 早期的线性开发模型称为________开发模型。
3. 引入风险分析的开发模型为________开发模型。
4. ISO/IEC 9126：1991 标准提出的质量模型包括________、________、________、

________、________、________6 大特性。

5. 验证软件单元是否符合软件需求与设计的测试称为________。

6. 对程序的逻辑结构、路径与运行过程进行的测试称为________。

7. 有一种测试模型，测试与开发并行进行，这种测试模型称为________模型。

二、判断题

1. 现在比较流行的软件开发模型为螺旋模型。(　　)

2. 软件测试是为了证明程序无错。(　　)

3. 软件测试 H 模型融入了探索测试。(　　)

4. 软件测试要投入尽可能多的精力以达到 100%的覆盖率。(　　)

5. 软件测试贯穿着软件项目的整个过程。(　　)

6. 软件测试必须在软件开发完成之后才能进行。(　　)

7. 相比于自动化测试，手工测试更耗时费力，而且在测试人员疲惫状态下，手工测试很难保证测试效果。(　　)

8. 所有软件都有一个用户界面，因此必须测试易用性。(　　)

9. 软件生存周期是从软件开始开发到开发结束的整个时期。(　　)

10. 随机测试主要是测试人员根据经验对软件进行的功能和性能抽查。(　　)

三、单选题

1. 下列选项中，哪一项不是软件开发模型？(　　)

A. V 模型　　B. 快速模型　　C. 螺旋模型　　D. 敏捷模型

2. 下列选项中，哪一项不是影响软件质量的因素。(　　)

A. 需求模糊　　B. 缺乏规范的文档指导

C. 软件测试要求太严格　　D. 开发人员技术有限

3. 下列选项中，哪一项用于测试软件模块之间的接口？(　　)

A. 单元测试　　B. 集成测试　　C. 回归测试　　D. 系统测试

4. 关于软件测试，下列说法中错误的是(　　)。

A. 在早期的软件开发中，测试就等同于调试

B. 软件测试是使用人工或自动手段来运行或测定某个系统的过程

C. 教件测试的目的在于检验它是否满足规定的需求或弄清楚预期结果与实际结果之间的差异

D. 软件测试与软件开发是两个独立、分离的过程

5. 下列哪一项不是软件测试的原则？(　　)

A. 测试应基于客户需求　　B. 测试越晚进行越好

C. 穷尽测试是不可以的　　D. 软件测试应遵循 GoodEnough 原则

6. 开发人员修复缺陷后，测试人员需要重新进行测试，以确保原有缺陷已被修复并且没有引入新的缺陷，这种测试称为(　　)。

A. 单元测试　　B. 冒烟测试　　C. 回归测试　　D. 安全测试

7. 关于软件测试，下列描述错误的是(　　)。
A. 在早期软件发展中，软件测试等同于调试
B. 软件测试是为了寻找软件中存在的错误
C. 按照不同的分类标准，可以将软件测试分为很多不同的种类
D. 所有的测试都必须由测试人员执行
8. 以下(　　)不是敏捷团队的角色。
A. Scrum Master　B. 产品负责人　C. 团队　D. 部门经理
9. 以下(　　)不是 Scrum 迭代过程中的四会之一。
A. 迭代启动会　B. 迭代总结会　C. 每日站立会　D. 需求调研会
10. 以下(　　)不是 Scrum Master 的职责。
A. 保护团队不受外来无端影响
B. 组织 Scrum 敏捷会议
C. 提升团队影响力
D. 协调资源解决每日站立会议团队提出的问题和阻碍

四、简答题

1. 请简述一下 α 测试和 β 测试。
2. 请简述软件测试的基本流程。
3. 请简述 Scrum 模式的基本流程。
4. 软件产品质量特性是什么？

第 2 章

软件缺陷

学习目标

(1) 掌握软件缺陷的概念、产生的原因。
(2) 熟悉软件缺陷的处理流程。
(2) 了解常用的缺陷管理工具。

思政目标

国家高度重视互联网、积极发展互联网、有效治理互联网，成立中央网络安全和信息化领导小组，明确提出努力把我国建设成为网络强国的战略目标。通过本章的学习，学生了解软件开发过程中会有软件缺陷，让学生意识到可以通过自己的专业知识为国家互联网建设贡献一份力量。

软件缺陷是软件质量的对立面。在 1.2 节影响软件质量的因素部分已经提到，软件由于自身的特点和目前的开发模式，隐藏在软件内部的缺陷无法根除。软件测试工作就是查找软件中存在的缺陷，反馈给开发人员使之修改，从而确保软件的质量，因此，软件测试要求测试人员对软件缺陷有一个深入理解。本章将针对软件缺陷的相关知识进行详细讲解。

2.1 软件缺陷概述

源于“臭虫引起电路故障”的经典故事，我们通常以 bug 来代替软件缺陷，软件缺陷也叫 defect(缺点)。

2.1.1 软件缺陷的定义

从产品内部看，软件缺陷是软件产品开发或维护过程中所存在的错误、毛病等各种问题；从外部看，软件缺陷是系统所需要实现的某种功能的失效或违背。

软件缺陷包括：①软件未达到需求规格说明书表明的功能；②软件出现了需求规格说明书指明不会出现的错误；③软件的功能超出了需求规格说明书指明的范围；④软件未达到需求规格说明书未指明但应该达到的目标；⑤软件测试人员认为软件难以理解、不易使用、运行速度慢，或者最终用户认为不好。

软件缺陷的表现形式包括：①功能、特性没有实现或者部分实现；②设计不合理、功能不明确、逻辑不清楚或存在问题；③实际结果与期望结果不同；④没有达到需求规格说明书要求的性能指标；⑤运行出错，崩溃、中断、界面混乱；⑥数据不正确、精度不够、不完整或格式不统一；⑦用户不能接受的其他问题，如存取时间过长、界面不美观；⑧硬件或软件存在问题。

bug 和软件漏洞的区别：bug 原意是“臭虫”或者“虫子”，是指计算机系统的硬件、软件中存在的错误。漏洞是设计的系统中可以被黑客利用的部分，这其中有一部分是程序错误 bug 造成的，一部分是设计的缺陷。漏洞是外圆，bug 是内圆，外圆包括内圆，两者之间重叠于内圆。从概念上看：其实缺陷就是软件会出故障的点，而漏洞是软件被攻击者攻击才会出故障的点。后者明显范围小一些，需要被人利用了才会导致软件被破坏。而前者包括程序运行过程中自己出错的点。简单地说：软件缺陷就是软件 bug。软件漏洞属于软件缺陷的一类，可以归类为软件安全方面的缺陷。

2.1.2 软件缺陷就在我们身边

网购、网游、网上交友、网上开店、网上银行等，每一个主题都异常活跃，现代人的生活已离不开网络。我们在享受着信息化高速公路带来的高品质生活的同时，却也不时会遭遇“黑客”的攻击，如今没被“病毒”黑过的计算机已经很少。计算机被黑，是因为操作系统或运行其上的应用软件存在漏洞，此漏洞就是设计的缺陷，其中一部分是软件中存在的 bug。网络软件最常见的是存在安全性的问题，但就问题而言，其他类型的软件，如通信设备、医疗仪器、航空飞机等其中内置的嵌入式软件系统，同样存在软件漏洞。

信息交流如此发达的今天，软件可以说是无处不在，软件是由人设计的，没有 100% 完美的软件，所以说“只要有软件在，bug 就会存在”。接下来与大家一起分享几个著名的软件质量事故，它们实实在在地发生在我们生活的周围，小到影响我们的日常生活，大到影响国家安全。

【案例 1】 惠普 100 款笔记本电脑软件曝严重漏洞。

2007 年 12 月 19 日，据媒体报道，惠普日前发布了一款补丁程序，修复了 100 款笔记本电脑所预装的“惠普信息中心”软件存在的一个重大漏洞。该漏洞是由赛门铁克安全人员发现的。据安全人员称，该漏洞存在于惠普笔记本电脑(包括康柏品牌)所预装的“惠普信息中心(HP Info Center)”软件的 ActiveX 控件中。利用 HPInforDLL. dll 这个 ActiveX 控件存在的设计漏洞，黑客可以在惠普笔记本电脑上远程执行代码或远程修改注册表进行恶意攻击，这些恶意攻击包括安装恶意软件、修改注册表信息，以便对受害笔记本电脑进行更加复杂的攻击，并从受害笔记本电脑中盗取敏感数据。

为了以最快的速度控制这个漏洞的爆发，惠普公司先发布了一个补丁程序进行救急，但此补丁程序禁用了“信息中心”一键启动的快捷功能。因此只能说是一种临时的解决方案，是牺牲用户的一个功能来控制黑客的攻击，方案本身会给用户的日常使用带来不便。接下来要完成完整的解决方案即补丁程序的升级，惠普公司本身将消耗大笔的开支，最重要的是给用户带来的损失及声誉影响是不可估量的。并且在漏洞被发现之前，许多用户已经遭受的损失及后续影响也是惠普公司需要面对的。

【案例 2】 奥运门票销售系统被迫关闭。

备受国人关注的奥运门票第二阶段销售工作，虽然于 2007 年 10 月 30 日上午 9 时正式启动，但是整个过程却并没有外界预期的那样顺利。系统启动工作大概一小时之后，由于访问流量大大超出售票系统的正常负荷，3 个门票销售渠道开始无法正常处理票务信息。经过抢修，系统在当日下午 5 时恢复正常运行，但仍旧出现不稳定的情况。北京奥组委票务中心只好临时召开紧急会议，决定于当日下午 6 时关闭售票系统。

究竟是什么原因使奥运门票销售系统瘫痪而被迫停止使用？由于第二阶段的售票采用先到先得的原则，在 10 月 30 日上午 9 时刚过，也就是系统刚正式启动时，便有数以万计的抢票大军通过不同的渠道涌入奥运票务系统，抢购门票。据统计，在 9 时至 10 时，官方票务网站的访问量高达 800 万次，是系统预设每小时 100 万次访问量的 8 倍。这一时段，从 3 个渠道提交到票务系统的门票订单高达 20 万张，远远超出了系统预设的票务处理能力，从而造成了网络拥堵、售票速度慢和无法登录票务系统的情况。在众人的购票热情面前，仅有每小时 15 万张处理能力的票务系统正常运作了不到一小时，就彻底宣告瘫痪。据票务中心相关负责人介绍，从技术角度分析，整个奥运票务网络的带宽并没有出现问题，造成系统故障的主要原因是系统后台的数据库处理能力不足，无法承受大流量的访问。

为了解决此软件设计上的缺陷，奥运票务系统进行了大规模的扩容升级，并承诺系统于 12 月 10 日重新开放。与此同时，第二阶段的门票销售政策也只好进行调整，将“先到先得”的售票政策调整为“抽签得票制”。

【案例 3】 美 F-22 机群系统瘫痪，软件质量威胁国家安全。

2008 年 4 月 14 日，有媒体报道，美国空军声称，12 架“猛禽”在执行从夏威夷飞往日本的任务中，当途经国际日期变更线时，飞机上的全球定位系统纷纷失灵，多个计算机系统发生崩溃，多次重启均失败。飞行员也无法正确辨识战机的位置、飞行高度和速度，随时面临着“折戟沉沙”的厄运。他们不得不掉头返航，幸运的是，当天天气非常好，能见度很高，给“猛禽”加油的民 KC-135 型加油机也可以引导它们安全降落，最终顺利返回了夏威夷的希卡姆空军基地。

事情究竟是怎么回事呢？“猛禽”到达希卡姆机场几小时后，问题就查清楚，有人在计算机系统编码中犯了一个错误，从而引发了一系列问题。美国空军退役少将史皮尔德称，对于那些“猛禽”战斗机飞行员来说，他们很幸运，因为如果在实战中发生这一问题，他们可能会被击落。并且这个小小的软件错误，将可能成为扭转整个战局的关键点，使美国陷入短时不利的战争局面。不到 48 小时，“猛禽”的承建商洛·马公司就寄来了新的系统软件，使之后的飞行任务得以顺利完成，但此次事件还是给各国敲响了软件质量控制的“警钟”。

以上 3 个软件质量事故，从软件测试的角度分析，是软件测试工作的疏漏。无论它们属于安全性问题还是压力负载，或者系统功能等不同类型的软件缺陷，由于测试人员没有及时发现它们，所以未能避免事故的发生。

2.1.3 软件缺陷产生的原因

图 2-1 很好地分析了软件产生缺陷的原因。在测试的环节中包括四个部分：正确的功能、由错误编码带来的错误(可以由开发人员直接修改)、由错误的设计产生的错误(不能直接修改，必须修改设计)和由错误说明带来的错误(也是潜伏的不容易发现的错误，需要我们追溯需求)。

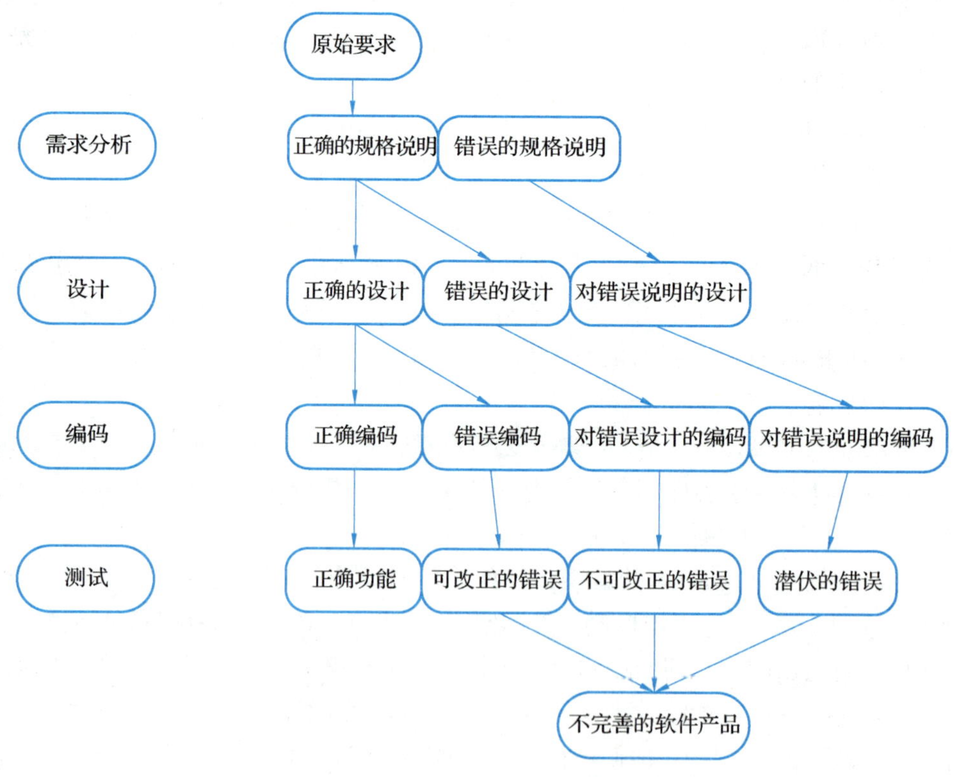

图 2-1 软件产生缺陷的原因

由此我们可以看出，软件缺陷的产生主要是由软件产品的特点和开发过程决定的。比如需求不清晰、需求频繁变更、开发人员水平有限等。归结起来，软件缺陷产生的原因主要有以下几点。

(1)需求不明确。软件需求不清晰或者开发人员对需求理解不明确，导致软件在设计时偏离客户的需求目标，造成软件功能或特征上的缺陷。此外，在开发过程中，客户频繁变更需求也会影响软件最终的质量。

(2)编码问题。在软件开发过程中，程序员水平参差不齐，再加上开发过程中缺乏有效的沟通和监督，问题累积越来越多，如果不能逐一解决这些问题，会导致最终软件中存在很多缺陷。

(3)软件结构复杂。如果软件系统结构比较复杂，很难设计出具有很好的层次结构或组件结构的框架，这就会导致软件在开发、扩充、系统维护上的困难。即使能够设计出一个很好的架构，复杂的系统在实现时也会隐藏着相互作用的难题，而导致隐藏的软件缺陷。

(4)项目期限短。现在大部分软件产品开发周期都很短，开发团队要在有限的时间内完成软件产品的开发，压力非常大，因此开发人员往往在压力大、受到干扰的状态下开发软件，在这样的状态下，开发人员对待软件问题的态度是“不严重就不解决”。

(5)使用新技术。现代社会，每种技术发展都日新月异。使用新技术进行软件开发时，如果新技术本身存在不足或开发人员对新技术掌握不精，也会影响软件产品的开发过程，导致软件存在缺陷。

2.1.4 软件缺陷的分类

软件缺陷有很多，从不同的角度可以将缺陷分为不同的种类。按照测试种类可以将软件缺陷分为界面类、功能类、性能类、安全性类、兼容性类等。按照缺陷的严重程度可以将缺陷划分为严格、一般、次要、建议。按照缺陷的优先级不同，可以将缺陷划分为立即解决、高优先级、正常排队、低优先级。按照缺陷的发生阶段不同，可以将缺陷划分为需求阶段缺陷、架构阶段缺陷、设计阶段缺陷、编码阶段缺陷、测试阶段缺陷。

2.2 软件缺陷管理

2.2.1 软件缺陷管理的目标

软件测试过程简单来说就是围绕缺陷进行的，对软件缺陷跟踪管理一般而言要达到以下目标。

(1)确保每个发现的缺陷都能够解决。这里解决的意思不一定是修正，也可能是其他处理方式(例如在下一个版本中修正或不修正)。总之，对每个发现的缺陷的处理方式必须在开发组织中达成一致。

(2)收集缺陷数据并根据缺陷趋势曲线识别测试过程的阶段。决定测试过程是否结束有很多种方式，通过缺陷趋势曲线来确定测试过程是否结束是常用并且较为有效的一种方式。

(3)收集缺陷数据并在其上进行数据分析，作为组织的过程管理财富。在对软件缺陷进行管理时，必须先对缺陷数据进行收集，然后才能了解这些缺陷，并找出预防和修复它们的方法，以及预防引入新的缺陷。

2.2.2 软件缺陷处理流程

软件测试过程中，每个公司都制定了软件缺陷的处理流程，每个公司的软件缺陷处理流程不尽相同，但是它们遵循的最基本流程是一样的，都要经过提交、分配、确认、处理、复测、关闭等环节，如图 2-2 所示。

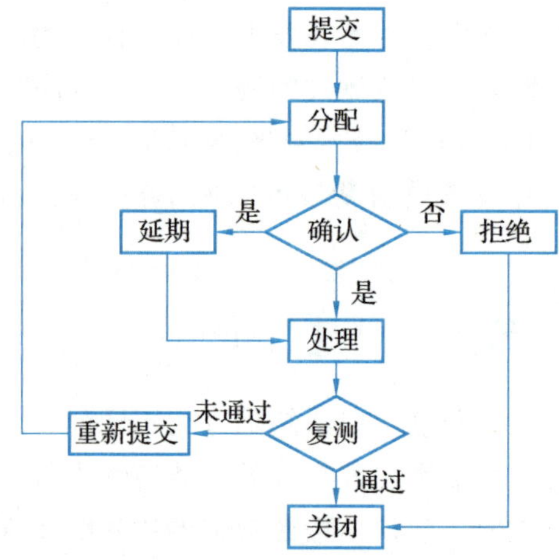

图 2-2 软件缺陷处理流程

关于图 2-2 所示的软件缺陷处理环节的具体讲解如下。

(1)提交：测试人员发现缺陷后，将缺陷提交给测试组长。

(2)分配：测试组长接收到测试人员提交的缺陷之后，将其移交给相对应的开发人员。

(3)确认：开发人员接收到缺陷之后，会与团队甚至测试人员一起商议，确定该缺陷是否是一个缺陷。

(4)拒绝或者延期：如果经过商议之后，缺陷不是一个真正的缺陷，则拒绝处理，关闭缺陷；如果经过商议之后，确定其是一个真正的缺陷，则可以根据缺陷的严重程度或优先级等选择立即处理或延期处理。

(5)处理：开发人员修改缺陷。

(6)复测：开发人员修改好缺陷之后，测试人员重新进行测试(复测)，检测缺陷是否确实已经修改。如果未被正确修改，则重新提交缺陷。

(7)关闭：测试人员重新测试之后，如果缺陷已经被正确修改，则将缺陷关闭，整个缺陷处理完成。

在实际项目中，如果不是项目人员特别多，一般是由测试人员直接分配给对应的开发人员，如果测试人员不确定给哪个开发人员，可以咨询测试组长。如果测试人员提交的缺陷开发人员不能完全理解，开发人员会与测试人员沟通。大多数情况下的缺陷是很明确的，并不需要与测试人员甚至团队一起商议，极少的缺陷确实是需要团队一起商议的。

2.2.3 缺陷报告

一个完整的缺陷报告需要包含的信息如下。

(1)缺陷编号(defect id)：缺陷的唯一标识，在实际项目中一般采用缺陷管理工具可以生成编号，整个项目组统一编号。

(2)缺陷标题(summary)：简明扼要地描述一下缺陷，方便快速浏览、管理等。

(3)缺陷的提交人(detected by)：一般是发现缺陷的测试人员或者其他人员。

(4)发现缺陷的日期(detected on date)：缺陷管理工具中一般就是当天。

(5)缺陷所属的模块(subject)：在测试程序的哪个功能模块时发现的。

(6)发现缺陷版本(detected in release)：在测试程序的哪个版本时发现的。

(7)指派给谁处理(assigned to)：一般是指派给负责开发此部分的开发人员。

(8)缺陷的状态(status)：缺陷此时所处的情况或处理的阶段，测试人员发现 bug 提交缺陷报告给开发经理时，缺陷的状态是 New；开发人员根据测试人员的描述，如果能重现此 bug，开发人员会将 bug 的状态改为 Open，表示开发人员承认此 bug，并指派给开发人员进行 bug 修复，如果不是，则把缺陷状态改为 Rejected——拒绝的 bug；开发人员修改完后把缺陷的状态改为 Fixed——解决的 bug、待返测的 bug；测试人员对修复的 bug 进行返测，如果返测成功则把缺陷的状态改为 Closed——关闭的 bug、归档的 bug、返测成功的 bug；如果返测失败则把缺陷的状态改为 Reopen——重新打开的 bug。此过程称为缺陷的处理流程或者缺陷报告处理流程、缺陷的跟踪管理过程、缺陷的生命周期：New—Open—Fixed—Closed。

(9)缺陷的严重程度(severity)：表明该 bug 有多糟糕或者对软件影响的大小，Urgent——致命的、造成系统死机、崩溃的 bug；Very High——非常严重的 bug；High——严重的 bug；Medium——中等程度的 bug；Low——小的 bug。

(10)缺陷的优先级(priority)：希望程序员在多长时间内或在程序的哪个版本中解决该 bug；优先级制定时主要考虑因素，严重程度——一般严重程度越高优先级越高；影响范围——一般影响范围越广优先级越高；参考开发组的当前任务压力——开发任务越轻优先级越高；4 解决 bug 的成本——成本越低优先级越高。

(11)缺陷描述：把发现缺陷的过程、步骤、使用的数据等记录下来，使程序员通过该描述能够再现该 bug。

注意事项如下。

(1)优先级和严重程度不是严格正比关系。

(2)严重程度确定好后一般就不再更改，而优先级确定好后可能经常修改，一般会向后推延。

(3)不是所有的 bug 在产品发布之前都能被修复，对于发布之前不能修复的 bug 要通过缺陷讨论明确解决 bug 的成本、时间以及该 bug 如果不解决会给用户造成的影响、损失。

(4)不可重复再现的 bug 也叫作随机 bug，也要报告，但要说明该 bug 不可重现，如果可能，可以对 bug 做截图。

2.3 软件缺陷管理工具

bug 管理是指对开发、测试、设计等活动过程中出现的 bug 问题给予记录、审查、跟踪、分配、修改、验证、关闭、整理、分析、汇总以及删除等一系列活动状态的管理。bug 会导致软件在运行时发生意料不到的故障，给企业带来损失，而软件测试的过程简单来说就是围绕 bug 进行的质量保证工作。为了提高测试工作效率，同时能够更高效地管理 bug、提交 bug、解决 bug，合理地使用一些 bug 管理软件是非常有必要的。

2.3.1 Excel

很多年前，国内好一点的团队会用 Excel 或者 Word 文档来记录和管理缺陷问题。当然，现在依然有团队在使用这些工具进行 bug 管理。用 Excel 或者 Word 文档来进行管理的优点是：上手容易、本地操作、速度快、便捷，但是 Office 系列办公软件在做 bug 管理时有很多严重的不足。

(1)无法协同管理。Office 本地文件是无法多人操作的，也就造成一个团队成员修改了缺陷的处理状态和信息，其他成员难以获得信息同步。当然，现在的 Office 365 已经可以进行在线协作，对这个问题有了一定的弥补。但是在字段权限、协同信息通知和操作记录上还是比较弱，不太适合多人团队共同使用管理缺陷流程。

(2)缺乏流程管理。无法在 Office 系列软件中设置处理流程，可能导致缺陷的处理操作与企业流程不符，造成管理问题。

总而言之，几个人的小团队或许依然能够使用 Excel 进行缺陷管理，但随着团队规模变大，团队的混乱会变得严重，效率将越来越低，规范化、自动化的工具就显得尤为重要。

2.3.2 Bugzilla

Bugzilla 是一个开源的缺陷跟踪系统，它可以管理软件开发中缺陷的提交、修复、关闭等整个生命周期。

Bugzilla 能够建立一个完善的 bug 跟踪体系：报告 bug、查询 bug 记录并产生报表、处理解决 bug、管理员系统初始化和设置四部分。

Bugzilla 具有如下特点。

(1) 基于 Web 方式，安装简单、运行方便快捷、管理安全。

(2) 有利于缺陷的清楚传达。本系统使用数据库进行管理，提供全面、详尽的报告输入项，产生标准化的 bug 报告。提供大量的分析选项和强大的查询匹配能力，能根据各种条件组合进行 bug 统计。当缺陷在它的生命周期中变化时，开发人员、测试人员及管理人员将及时获得动态的变化信息，允许你获取历史记录，并在检查缺陷的状态时参考这一记录。

(3) 系统灵活，有强大的可配置能力。Bugzilla 工具可以对软件产品设定不同的模块，并针对不同的模块设定开发人员和测试人员。这样可以实现提交报告时自动发给指定的责任人，并可设定不同的小组，权限也可划分。设定不同的用户对 bug 记录的操作权限不同，可有效控制进行管理。允许设定不同的严重程度和优先级。可以在缺陷的生命周期中管理缺陷，从最初的报告到最后的解决，确保了缺陷不会被忽略。同时可以使注意力集中在优先级和严重程度高的缺陷上。

(4) 自动发送 E-mail，通知相关人员。根据设定的不同责任人，自动发送最新的动态信息，有效地帮助测试人员和开发人员进行沟通，每个人收到邮件后要自觉地进行相关处理。

2.3.3　禅道

禅道是第一款国产开源项目管理软件。它的核心管理思想基于敏捷方法 Scrum，内置了产品管理和项目管理，同时又根据国内研发现状补充了测试管理、计划管理、发布管理、文档管理、事务管理等功能。在一个软件中就可以将软件研发中的需求、任务、bug、用例、计划、发布等要素有序地跟踪管理起来，完整地覆盖了项目管理的核心流程。

禅道使用自主开发的 ZenTaoPHP 框架开发，内置了完整的扩展机制，用户可以非常方便地对禅道进行彻底的二次开发。禅道还为每一个页面提供了 JSON 接口的 API，方便其他语言来调用交互。内置多语言支持、多风格支持、搜索功能、统计功能等实用功能。

2.3.4　Jira

Jira 是 Atlassian 公司开发的项目与实务跟踪工具，被广泛用于缺陷跟踪、客户实务、需求收集、流程审批、任务跟踪、项目跟踪和敏捷管理等工作领域。Jira 配置灵活、功能全面、部署简单、扩展丰富、易用性好，是目前比较流行的基于 Java 架构的管理工具。

Jira 软件有两个认可度很高的特色：第 1 个是 Atlassian 公司对该开源项目免费提供缺陷跟踪服务；第 2 个是用户在购买 Jira 软件时源代码也会被购置进来，方便做二次开发。

2.4 本章小结

本章对软件缺陷知识进行了讲解，首先介绍了软件缺陷，包括缺陷的定义、身边软件缺陷的案例，分析了软件缺陷产生的原因及软件缺陷的分类。接着介绍了软件缺陷的管理及管理流程、目前一些现成的缺陷管理工具。通过本章知识的学习，读者可以对软件测试的一项重要工作——发现并修复缺陷有更深的认识。

2.5 本章习题

一、选择题

1. 关于软件缺陷，下列说法中错误的是(　　)。

A. 软件缺陷是软件中(包括程序和文档)存在的影响软件正常运行的问题

B. 按照缺陷的优先级不同，可以将缺陷划分为立即解决、高优先级、正常排队、低优先级

C. 缺陷报告有统一的模板，该模板是 IEEE 729-1983 制定的

D. 每个缺陷都有一个唯一的编号，这是缺陷的标识

2. 下列选项中，哪一项不是软件缺陷产生的原因？(　　)

A. 软件需求模糊　　B. 软件结构复杂

C. 用户操作不当　　D. 开发人员水平有限

二、判断题

1. 软件缺陷产生的主要原因是开发人员水平有限。(　　)

2. 所有软件项目的缺陷处理流程都是一样的。(　　)

3. 软件缺陷都存在于程序代码中。(　　)

4. 软件存在缺陷是开发人员水平有限引起的，一个非常优秀的程序员可以开发出零缺陷的软件。(　　)

三、简答题

1. 什么是软件缺陷，请简述软件缺陷产生的原因。

2. 请简述软件缺陷的处理流程。

3. 请简述软件缺陷和软件漏洞的区别。

第3章

测试需求分析与测试策略制定

学习目标

(1) 了解测试需求的获取途径和方法。

(2) 掌握分析测试需求的方法。

(3) 了解测试策略的制定。

思政目标

数字信息基础设施是建设网络强国、数字中国的基石，已成为支撑全面建设社会主义现代化国家的战略性公共基础设施。学生学习本章知识，理解从多角度获取和分析软件需求制定相应的测试策略以保证质量，为国家的数字信息建设保驾护航。

国家对加快新型基础设施建设提出明确要求，强调“要加强战略布局，加快建设以5G网络、全国一体化数据中心体系、国家产业互联网等为抓手的高速泛在、天地一体、云网融合、智能敏捷、绿色低碳、安全可控的智能化综合性数字信息基础设施，打通经济社会发展的信息‘大动脉’”。

需求，毋庸置疑，是软件设计与测试的来源，但是需求除了终端用户的功能需求外，还有设计性需求、可制造性需求、可测试性需求等。而这些需求，对于测试工作而言，最后都需转化为测试需求。

本章从测试需求的介绍开始，与读者分享如何超越于需求文档之外，收集更多、更全面的需求，然后如何分析这些需求，特别是一些隐含需求的识别，从而提取方向性的顶层测试对象。接着为提取到的测试对象部署测试策略，重点介绍各种测试技术的裁剪与合理应用的方法。主要体现在以黑盒功能测试为主，适当采用白盒测试，活用灰盒测试，部分功能或模块采用自动化测试的方法。同时要着眼于专项测试，以突破某特性的测试模式，以使测试对项目软件质量在可靠性与稳定性方面做出更多的贡献。测试的计划与整个测试过程的跟踪、控制方法也是策略中需考虑的主要内容，在本章也做了介绍。最后就测试策略中需考虑但容易被忽略的其他因素进行一番介绍，以飨读者。

3.1 从测试需求开始

需求一词，对于软件行业的人员来说，已是再熟悉不过了。然而笔者对它的理解提升，却是在一次偶然的活动中。一次，在公司部门组织的一次春游活动中，导游小姐的一句服务语让我久久难忘。当时车内每人都发了1瓶水，最后还余一些。在半途中时，导游小姐热情地询问："尊敬的旅客们，我这边还余5瓶水，请问哪些贵宾尚有加水的需求？"话语一出，就听到一群人异口同声地欢呼："太专业了！"。需求在软件开发过程中有特别的含义。远离办公室，大家在令人心情放松的车上能听到如此熟悉的专业术语。大家感到特别亲切，但又隐含着新意。服务源于需求，这是再正常不过的商业规则。测试是一种服务性的商业活动，测试需求的识别是后续测试工作的基础，也是起点。测试需求主要来源于用户的业务需求，那么，该如何开始了解产品的业务，为测试任务迈开重要的一步呢？首先，要能识别测试需求，接着是分析此测试需求，最后确定并提取出测试对象。提取出测试对象后，接下来需要确定对每个对象如何进行测试，拿出具体的方法及措施，这便是测试策略制定的问题。

3.1.1 多管齐下溯需求

在实际项目开发中，测试人员一定会遭遇需求的频繁变化给后续开发、测试工作所带来的困扰，小则更改，大则原来的开发、测试工作被废弃。其中有需求管理的问题，也有市场压力问题等。总之，现实中需求就是有这种易变的特性。话又说回来，易变的需求，它是符合事物发展规律的，如果不是这样，在我们工作、生活的周围，又怎么会到处都充满着日新月异的新鲜事物？

需求，是开发工作的来源(输入)，当然也是测试工作的来源。需求，要开发实现后才能变为产品，开发出来的产品是否满足用户的需求，需要测试来验证。无论是哪方面的需求，实现后都需要测试的验证。对测试需求的识别，也就是对需求的识别。针对易变的需求，识别测试需求，对于测试工作来说至关重要。对于这些变化了的需求(需求变更)或新增需求，如何及时获取正确且全面的信息，直接关系到测试的充分性与全面性。当然这与公司的需求管理有很大关系，在没有规范的开发流程支持或执行有偏离的情况下，测试人员的主观能动性发挥着重要作用。

尽管有专门的需求文档，如产品需求或称软件需求，对要做的产品功能有集中的需求定义。但是对于测试来说，不能只关注产品的功能需求，还要关注设计需求、非功能需

求，如可靠性需求、可维护性需求等。

无论是哪一类需求，在产品研发的过程中都会一直产生变化，而这些变化常体现在专家评审的会议纪要或邮件中或聊天工具的即时讨论中等。按理来说，需求分析人员需转换需求到专门的文档中，但实际运作中，常会出现需求转换慢或根本就漏掉了的情况。但是测试不能漏掉，测试是软件质量的最后把关者。在这种情况下，我们需要把关注范围放大，以多管齐下的方式关注需求的入口，如图 3-1 所示，从各种可能的渠道及时获知需求信息，作为工作的来源，同时反推需求，要求把零散的需求文档化或纳入需求库，正式地给出测试的依据，从而使“测试尽早介入，开展测试相关工作成为事实”，并使测试影响着需求、开发成为可能(这与测试人员对系统及项目的熟悉程度，是否能给需求、开发一些合理或有建设性的建议有关)。

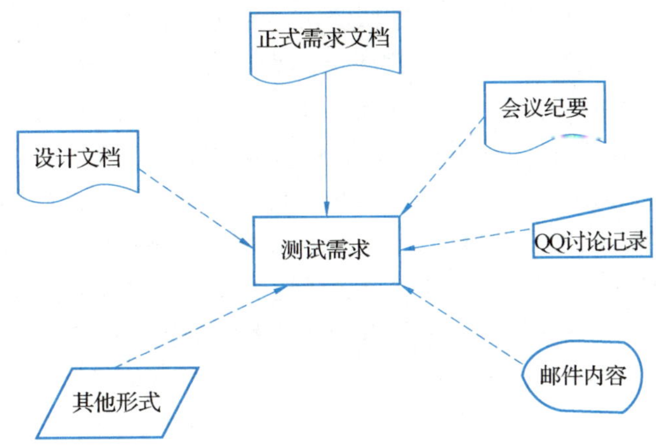

图 3-1　多管齐下的测试需求

实线表示正式需求的来源，虚线表示非正式需求来源

质疑精神是测试人员需要的，在提取测试需求、追溯需求的来源、实现背景过程中可充分发挥，这对我们是否能真正理解用户场景需求很有用，见下面的案例。有时需求分析人员未必能给出满意的回答，没关系，我们可以再往前追溯，直接与市场甚至一线用服或用户交流，直到弄明白真相为止。这也是我们突破开发内部交流，把目光放得更远的机会。

【案例】 MP4 的日历提醒事件丢失了。

某公司生产 MP4 电子产品，其中的应用软件是自主研发的，日历行程便是其中一款应用程序。小 A 是软件测试部负责此日历行程的测试工程师，在做日程提醒事件测试时，他发现如果 MP4 电力不足(不足以开机)，而这段时间正好有提醒事件发生，则在下次开机后不会再提醒，即在没电池时段内的提醒事件会丢失。而对于这种特殊情况，需求并未有明确定义(需求只定义了到达约定的时间便进行响铃提醒，并弹出事件窗口)。于是小 A 找到需求人员、开发人员讨论关于这种特殊情况的处理，开发人员认为，在电力不足的情况下，本来就不可能开机，提醒事件也就不可能弹出来，目前的处理是合理的。需求设计人员认为，如果在不能开机的情况下，提醒事件在下次开机后进行积累提醒，如果用户一个月没用此机而事务每天又多，再次开机后的消息太多了，仅关闭这些事件窗口都不是一件易事，用户未必欢迎。最后这个问题就此搁浅了。

无独有偶，当该产品上线约一年后，从市场返回一张更改申请单，上面反映：成都客户陈女士于某年某月某日购买的一款 M680 型号的高档 MP4，一天晚上，取出机子的电池在机外充电。后来由于忙于其他事情，3 天后才再次打开 MP4 使用，后发现，这 3 天内的提醒事件一个都没有，导致她把提前 3 天预订飞机票的事忘了，误了她的一桩大事，后来打电话到某公司当地办事处进行投诉。

3.1.2 考虑可测试性需求

3.1.1 节介绍的主要是用户角度业务性测试需求的提取，本节讨论站在测试角度面对可测试性需求的问题。可测试性需求需尽早发现，否则到了项目后期，就会陷入一种很被动的状态。甚至对于一些需求，由于它很重要，但由于又不可测，犹如一把悬在空中的镜，想把它拿下来，但由于悬得太高，只能“望洋兴叹”，可能给项目埋下质量隐患。

可测试性(testability)，简单地说，是指软件可以被完全有效测试的程度。这一概念的解释最早在 1990 年的 IEEE Std. 610. 12 中给出。Freedman 在 1991 年提出把可测试性定义为可控制性(domain-controllable)和可观察性(domain-observable)的集合，随着时间的推移，这一概念不断丰富、完善。目前软件可测试性要求主要包含可观察性(即可见性)、可控制性、可操作性、简单性和稳定性等。由于前二者更具代表性，下面主要介绍它们的特性与使用场景。

1. 可见性

可见性指被测软件的状态、数据输出、资源利用和其他影响能被准确地测试到，以决定测试是否通过。可见性，并不限制在 UI 界面中能看到数据或状态的输入与输出。一些软件由于工作本身服务于底层，如主机与客户端的通信、后台数据库的处理，这些数据的中间处理过程在 UI 层并不可见，此时就存在一种可测试性的问题。当然解决类似问题的方法很多，如增加日志记录就是一种常用且很好的方式。通过日志记录的内容，测试人员可以很清楚软件的中间处理过程。我们熟悉的 Windows 操作系统自带的日志记录便是一个例子(右击“我的电脑”，在弹出的快捷菜单中执行“管理”命令，打开“系统工具”文件夹，选择“事件查看器”)，图 3-2 所示是日志记录的片段。

图中的这些信息都是操作系统自动记录的，只要设置好相关条件，系统就会按要求在后台默默无闻地记录下所有相关信息。通过它可以了解系统的“喜怒哀乐”和“一言一行”，虽然都是一些流水账，但我们既可以从中品尝到成功的喜悦，也可以找到失败的原因，它实在是一个忠实的系统助手。类似地，对我们所测试的软件，同样可以提出这方面的测试需求，把需要的数据、操作记录通过日志形式记录下来，需要时进行分析，这无论对测试人员还是开发人员，无疑都是福音。

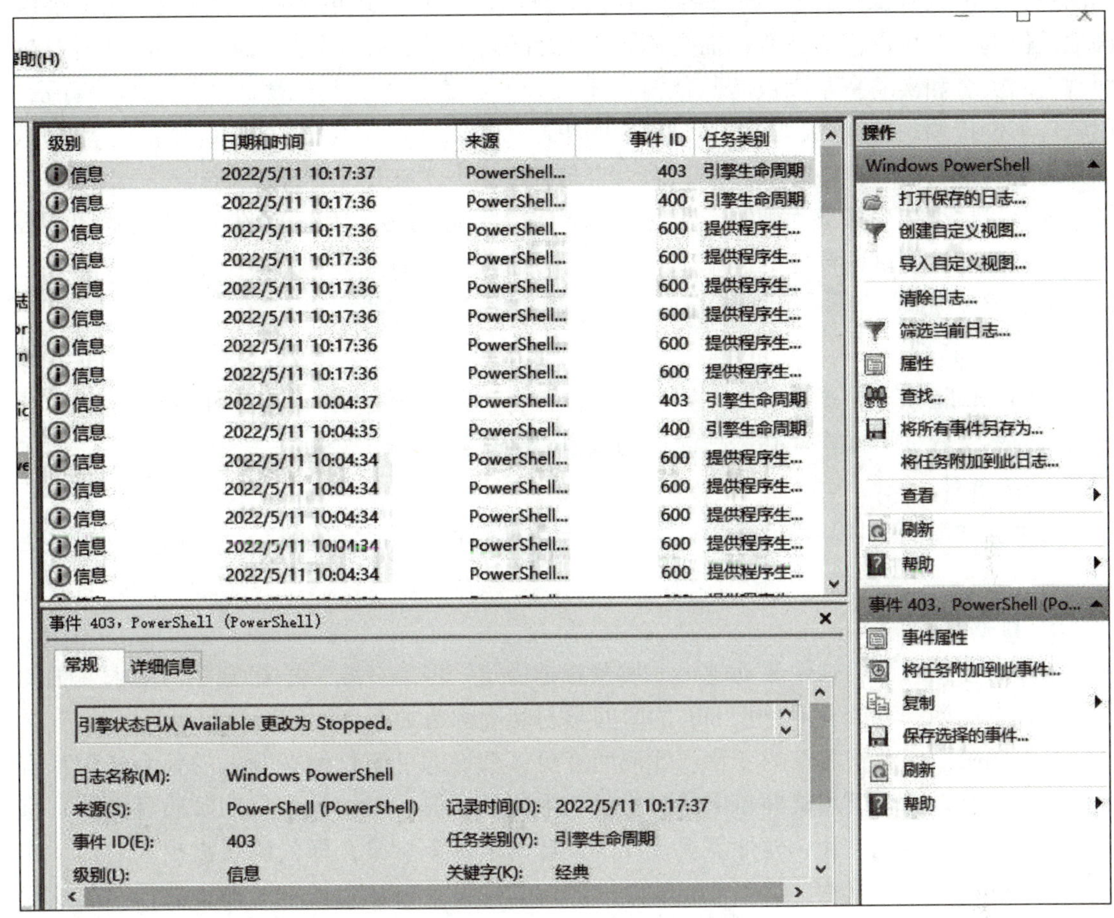

图 3-2　Windows 系统日志记录片段

2. 可控制性

可控制性指能向被测软件输入预期的数据，或修改它的状态，如一个应用程序有事件触发的阈值，能够设置和重新设置那些阈值以简化测试。在测试过程中，常会遇到一些测试环境难以模拟，但实际情况又有可能发生的场景，如运行在某特殊仪器上的监控软件，由于不同的环境温度对仪器的工作有影响，要求当仪器检测到正常工作范围外(超高温或超低温)的温度时，进行不同警戒的报警。而这种关于环境温度的用户场景，测试人员不好实际模拟，环境温度的变化也难以控制。存在一个可控制性的测试需求，需要开发一个特殊测试工具与软件接口才可解决这个问题。

关于可控制性的测试需求，在我们实际工作中会经常遇到，如模拟成千上万个用户同时访问某一网站，同时单击“登录”按钮等。在相关的压力、性能的测试上更是如此。

下面是微软的一位测试架构工程师 David Catlett 讲述他们是如何测试上百个调制解调器的案例。

【案例】 如何测试上百个调制解调器?

在测试 Microsoft Windows NT 远程访问服务器(RAS)时，我们需要利用有限的资源对调制解调器的拨号服务器进行可伸缩性测试。我们遇到了一个可测试性的问题，为了能准确地模仿真实的用户部署，我们需要测试上百台调制解调器同时连接拨号服务器的情况，而现有的资金和实验室基础设施只能测试十几个调制解调器。测试团队想出了一个办法，用软件来模拟调制解调器，并将其与以太网相连，我们称它为 RASETHER。使用这个测试工具最终被证明是一个很好的办法。因为它是人们第一次在一个网络里创建另一个专有网络。如今，这个技术被称为虚拟专用网络或者 VPN。起初为了 Windows NT 调制解调器服务器的可伸缩性测试而设计的测试工具变成了一个巨大的商业成功，并且成为用户进入公司网络的重要工具。

3. 可操作性

可操作性指软件易操作、贴近用户。在软件上市前，进行用户体验测试是一个不错的做法。当然，软件可操作性高，被测试的效率也会更高。

4. 简单性

简单性指提交测试的模块或组件和应用程序越简单，测试起来越容易(测试成本也更低)。

5. 稳定性

一般而言，测试的软件改动越小，质量就越稳定。但是，软件的稳定性与需求变更的控制、开发周期、测试发现严重 bug 的时间早与晚等都有关系。

在研发阶段，由于需求的变化、代码的变更，软件的可测试性在开发的整个过程都有可能发生，所以发现可测试性需求的时机是无限制的。但下面的几个早期阶段显得特别重要，分别是产品需求设计、软件需求设计、设计需求评审阶段，即代码还没出来之前。测试人员要认识到可测试性，需要他们清楚地了解软件设计，评审现有的设计文档和阅读代码，但测试人员经常因为害怕他们的请求会被拒绝而不愿意提出可测试性需求。

软件的可测试性被提出以后，一方面它可以逐步成为软件度量的重要标准，成为衡量软件产品质量优劣的一个重要尺度；另一方面，软件的设计人员也可通过新的设计方法，逐步将这一标准应用于从软件分析开始的一系列软件过程，提高软件质量。不论是哪一方面，合理并有效的可测试性分析对软件的开发过程都起着重要的作用。而且这种分析在软件生产过程中开始得越早，越能节省软件开发投入，并提高效能。

3.2 识别庐山真面目——分析需求

测试需求的获取，是测试工作迈开的第一步，这在 3.1 节做了介绍，在有了需求后，如何理解它并分析透彻，成了问题的关键。也只有解决了这个问题，才能提取出具体的可操作的测试对象出来。

3.2.1　快速理解需求的捷径：需求宣讲

软件需求是软件项目开发的依据，代表着用户的需求，是软件设计及软件测试工作的入口，在整个软件项目开发过程中起着举足轻重的作用。对需求的理解是否到位，在很大程度上影响着开发过程的效率。曾经有个小项目(整个项目时间约为两个月)，需求不多，在进行需求评审时，开发人员及测试人员都认为理解了需求，但在后来的版本测试中才发现，有一个重要需求点，开发人员与测试人员的理解完全不一样，到底谁的理解才是对的呢？双方找来需求设计人员讨论，恰恰需求设计人员对这一块的理解也讲不太清楚，写在文档中的描述就更不用说了。也就为此一点，开发人员整改设计及编码，测试人员整改测试方案及用例，最后版本的发布推迟了两周。俗话说“吃一堑，长一智”，通过这样的项目事例，我们需反思整个开发过程做得不好的环节，就“开发过程中如何更好地理解软件需求”有以下几方面的最佳实践。

需求宣讲的组织：需求基线一旦形成(即需求完成第一版后)，启动内审，通知项目组相关人员事先预审，给出问题反馈的截止时间与内审时间。

介绍需求的背景：需求编写人宣讲需求，介绍需求的用户背景。这点很重要，让开发人员及测试人员能清楚地知道用户的用途，实现后的软件是用来做什么的、能满足用户哪些要求、能给公司创造什么样的价值等，使开发人员及测试人员的工作目标很明确，处处从用户立场考虑。

需求宣讲内容：需求宣讲是否需把所有内容都讲一遍？回答是肯定的。正如前面所述，需求是至关重要的，如果需求内容多，可分开多次宣讲。当然，讲解时，也要分开重难点，对于大家容易理解的需求(如之前项目做过或众所周知的需求)可以几句话带过。

辅助答疑式宣讲：在需求宣讲时，对项目组成员收集到的问题，一一进行解释，回答提问者疑问的同时，也分享给其他同事。

有一个事实我们不得不承认，需求不可能详细到面面俱到，总会存在着隐含需求，这种隐含需求的理解会体现出你对需求的掌握程度。对于这种情况怎么办呢？无论对于开发人员还是测试人员，如果自己意识到了，但不能确认，就把问题记录下来，与需求设计人员确认，并要求需求设计人员补充明确。

需求的设计也不可能是完美无缺的，在测试活动的整个过程中，特别是在设计用例的过程中，测试人员会发现不少由需求定义阶段产生的 bug，此时把它录入缺陷库，作为一个缺陷来跟踪管理是一个不错的方法。俗语说“好记性不如烂笔头”，事实证明，只在口头上说的事，需求人员容易忘记更改需求，使最后测试用例与需求对应不上，且给后续加入项目人员的工作增添麻烦，后面常会发生“这个地方的需求与实现不同，是以需求为准还是以实现为准”的局面。

3.2.2　需求定义也会错并不是谎言

需求定义是否存在二义性，一直以来是衡量需求是否明确的一个标准。尽管需求设计人员采用了图、表等图文并茂的方式来表达，但面对有着不同背景的读者群，同样一段话，理解的结果就不一样。特别是对于一些需要有一定背景知识的需求，不是理解不到位，就是理解错误，这也就有了显式需求与隐式需求的叫法。显式需求指有明确定义的一系列约束软件实现的要求，可以是有给定具体值的数据字典，或有序的业务流程图，或一段介绍业务功能的需求描述等。隐式需求并不是需求设计人员特意隐藏的，更多的是由理解人员对某方面专业知识，或对产品的业务了解程度有限导致的。例如，某软件需求中有一句这样的定义“对用户产生的数据，需每天定时备份(默认为每天晚上 12：00，用户可设置)，并可按需生成书面报告，报告中的数据不存在法规风险”。那么，这句话中的“法规风险”具体是指什么呢？这正是需求背后的需求，也就是隐式需求。

隐式需求的识别要求较高，分析需求时，测试人员能否过滤到，直接影响着后续测试工作的有效性与全面性。另外，对显式需求中存在的错误是否能及时发现或意识到也同样重要。下面是一个需求定义中存在缺陷未及时发现的案例。

【案例】需求定义隐含缺陷。

问题现象：软件版本国际化后，输入限制变小了？

问题背景：某软件有可输入用户信息的功能，需求是这样定义的，姓名可输入 16 个中文、32 个英文，即最多输入 32 字节字符。于是软件开发在实现此输入功能时，“姓名”字段的长度限制为 32B。但是有一天，软件需进行国际化实现，以支持法语、俄语、西班牙语等。于是开发人员在字符的编码格式上把原来的 GBK 换成了 UTF-8。这样一来，对于每个字符的编码是不固定的(英文除外)，测试人员发现原来中文可输入 16 个汉字，现在只能输入 10 个汉字了，于是提了一个 bug 给开发人员。而开发人员认为是需求定义考虑不全面的问题，需求后来改为能输入 32 个字符，这个字符无论是什么符号(中、英、俄等语言)都一样。

问题分析：初看“姓名可输入 16 个中文、32 个英文，即最多输入 32 字节字符”这句需求，是明确的，不存在二义性。当软件只支持中、英两种语言时，它也是没问题的。但是产品进入国际化市场是必然趋势，需求设计人员当初定义此条需求时，是否考虑了这一点呢？如果考虑到这一点，是否又能意识到目前定义的局限性？这让笔者领悟到“需求设计人员要有软件设计相关知识的重要性”。从开发人员的角度分析，在编码格式转变后，表面上软件是被国际化了，但是否对原有功能造成了影响，并未及时提出。从测试人员角度分析，在分析需求，同时也在对需求进行测试时，同样并未关注到这个问题。

思考：类似这种需求定义不合理问题，测试人员该如何在早期发现，这正是需要我们解决的问题。可能有不少测试人员会觉得诧异，笔者也曾多次听一些开发或测试人员提到“怎么需求也会错?”，需求定义错误的原因很多，如需求定义者并没有真正理解用户的需求，文字表达上引起的歧义，需求写过头了，如把对设计的要求写进去等。案例中需求定义“即最多输入 32 字节字符”便是一个例子，“32 字节字符”是一种开发语言，而不是用户需求。另外，采用需求评审、需求宣讲、需求测试的方式对挖掘隐式需求都是有帮助的。

3.2.3　不可忽视：从设计需求中提取测试需求

软件需求是软件测试需求的主要来源，但不是全部来源，软件设计需求、软件概要设计、详细设计也都是测试需求的分析对象，是对测试需求的一种有力的补充。对于黑盒功能测试，几乎 98%的需求都是来源于需求说明书，但有一小部分需求来自设计需求或概要设计、详细设计。但是这小部分需求，如果我们没有意识到，就会给用户带来隐患。下面便是一个与设计需求相关的典型案例。

【案例】设计需求转换为测试需求失败。

引言：软件开发环境这一软件设计需求，对于产品需求来说，它只会说需要什么，而不会关心这个东西用什么开发语言、什么开发环境去实现。但对于测试来说，需要掌握这些，因为测试的环境是测试必须考虑的要素之一，而测试环境与开发环境有关。

问题现象：待测软件在 Vista Home Basic 32 系统下安装失败。

问题背景：周五下午将近下班了，测试陈经理收到生产装机线上的信息，说昨天发布的软件，在 Vista Home Basic 32 下安装失败。

问题分析：测试人员在总结中提到“软件一直在各种宣称的支持平台上运行得很好，在不同的平台之间进行安装测试不下 100 次，仅最后一个版本开发人员更改了安装程序，来不及在每个平台上铺开进行用户场景的测试，而问题却恰恰就出现在没测试的平台上”。

或许这种总结是我们日常工作中经常看到的。聪明的读者朋友也许已注意到了这个是表象，根本不是问题发生的原因。测试要及时发现此问题，难道每次对发布的版本都只能通过在各种操作系统环境下重新再测试一遍的穷举方式来网罗未知的问题吗？

所测试的软件是用 C#(Dot NET)开发的，而 Dot NET 开发出的软件运行与操作系统自身是否安装了 Dot NET Framework 有关，且与版本有关。在进行安装测试时，测试人员并没有分析这些影响因素。此 bug 是因为软件在安装过程中发现当前操作系统自带了 Dot NET Framework 3.0 组件，且版本比发布软件包中自带的高。安装程序遇到这种情况不会安装自带的 Dot NET Framework 2.0 SP1 补丁包，于是终止了安装过程，并提示安装失败。这里面包含着两方面的问题：一方面，安装程序遇到这种情况，不应该失败退出，应该继续往下安装；另一方面，操作系统 Vista Home Basic 自带的 Dot NET Framework 3.0 是否向下兼容。

为了清楚它们之间的兼容性，相关人员汇总了 Dot NET Framework 各版本之间的兼容性及与操作系统的集成关系，如表 3-1 所示。

表 3-1　Dot NET Framework 各版本之间兼容性及与操作系统的集成关系汇总表

Dot NET Framework 版本	兼容性	与操作系统的集成
Dot NET Framework 1.0 Service Pack1，2，3	支持向后兼容	无

续表

Dot NET Framework 版本	兼容性	与操作系统的集成
Dot NET Framework 1.1 Service Pack1	支持向前兼容，也支持向后兼容	无
Dot NET Framework 2.0 Service Pack1	支持向前兼容	无
Dot NET Framework 3.0 Service Pack1	支持向前兼容	Vista Home Basic Dot NET Framework 3.0
Dot NET Framework 3.5 Service Pack1	支持向前兼容	

注：向后兼容，指使用 Dot NET Framework 的较早版本创建的应用程序可以在更高版本上运行，例如使用 Dot NET Framework 1.0 版创建的应用程序可以在 1.1 版上运行；向前兼容，指使用 Dot NET Framework 的更高版本创建的应用程序可以在较低版本上运行，例如使用 Dot NET Framework 1.1 版创建的应用程序可以在 1.0 版上运行。

表 3-1 这些测试环境相关信息，并不是一定出了问题之后才补充，在分析设计需求、提取测试需求时就应该做，但测试人员在之前并没有意识到，成了测试的盲点。这也是笔者想讲述的核心，如何有效地把设计需求转换成测试需求。面对安装程序，测试人员是否理解了为什么要这样做，而不那样做？当不知道为什么要这样做时，就意味着实现的背后仍可能隐藏着测试的盲区，就是那些没有触及的黑暗地方。例如，对于安装程序安装完成之后的预期输出，有不少测试人员看到界面上提示“安装成功！”就以为大功告成。或许，这个提示骗骗用户还可以，对于专业的测试人员，除界面提示外，更重要的是要把眼光放在软件安装过程中在操作系统上做了哪些事情，输出是否和预期一样。如果做到了这一点，就再也不会为“软件在未安装 Dot NET Framework 2.0 的计算机上安装 Dot NET Framework 3.0，同时自动安装 .NET Framework 2.0”而感到诧异。由于 Dot NET Framework 1.0、1.1、2.0 版，各版本之间是完全独立的，无论计算机上是否存在其他版本，这 3 个版本中的任何一个版本都可以存在于计算机上。

对于基于 Dot NET Framework 开发的软件，其相关的专业知识，如工作原理、各版本之间的区别、兼容性等，对于测试人员来说，并不一定要精通，但要熟悉，才能占主动地位，把待测试软件验证充分。

在一些测试专业网上，总有不少测试新手在问：“测试是否要懂编程？”，或许上面的案例就是一个很好的回答。有一句话说得好，“不怕做不到，就怕想不到”，这其中的“想”，就是主动意识的体现。在工作中，类似需求背后的需求还有很多，一些可能与产品业务知识相关，一些与技术背景有关。业务知识也好，技术背景也罢，要提高我们分析需求的能力，设计出高效的测试用例，软件 bug 的尽早发现，关键在于两个字：学习（放大一点理解，工作的过程也是学习的过程）。

3.3 确定顶层方向性测试类别

3.2 节通过两个典型案例介绍了需求分析过程中遇到的问题，案例是笔者在工作实践中曾发生过的实际场景，相信对读者会有启发。需求要如何分析，在网上可找到一些资料，如先准备好需求审核检查列表是一个通用的方法，但是对需求的理解(或分析)是一个复杂的脑力思维过程，与分析人员的经验、技术等关系密切。需求分析的目的是提取测试对象，正如需求可分为不同的层级一样，测试对象也可从粗到细，逐步细分。

提取测试架构设计模型中的测试对象，需要确定顶层方向性的测试对象，也可理解为测试业务涉及的测试类别，以使测试人员能针对不同的测试类别考虑对应的测试策略。不同的测试类别需要不同的测试方法，会涉及不同的测试资源，这在项目开始之初，需在测试计划中规划好。如图 3-3 所示是常见的一些测试类别，图中的比例仅作为示意，不同行业的软件可能会有不同的比例。

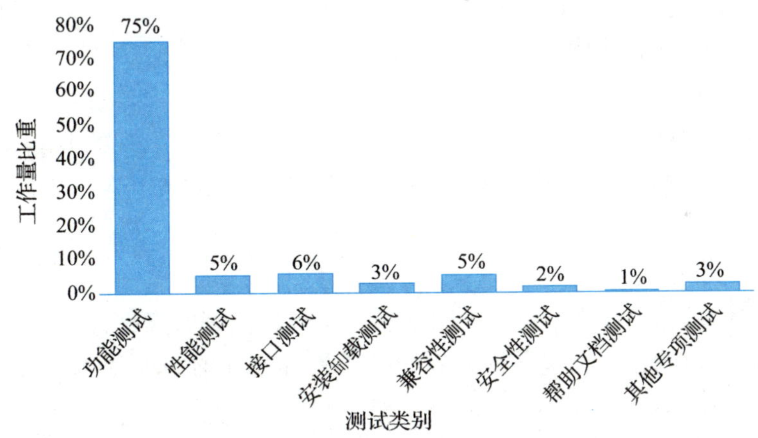

图 3-3　测试类别及其测试工作量示意图

各种测试类别在第 1 章软件测试的分类中已经做了说明，这里不再赘述。

3.4 部署测试策略

对于一个测试项目，在 3.3 节确定了方向性的测试类别后，这些测试对象该用到哪些测试方法、这些方法之间该如何取舍，这便是测试策略部署的问题，本节接下来将进行介绍。

测试策略的部署可以这样理解，指完成一个测试项目需要的测试技术与方法、测试过程的管理与控制、一个测试团队的安排与培养等。

测试架构师(有很多公司可能没有这个岗位，但会有这个角色，尽管这个角色是由某个测试经理或主管或工程师承担着)根据设计工程师的分析，决策项目使用的测试技术。架构师需结合项目的商业目标，如项目成本、测试人力成本所需设备或工具的花费等，再决策采用哪些测试技术以及开展哪些测试活动、这些测试活动如何跟踪控制等。这一点也说明了测试设计是一种有目的的、有计划的商业活动。

尽管在不同的行业、不同的公司，采用的开发技术、管理模式千差万别，但软件测试的工程思想、测试策略部署的方向性方面是存在共性的。测试策略需考虑的要素有以下几方面。

1. 测试设计优先

避免没有用例进行的随机测试。不可否认，随机测试能发现一些问题，但它的特点是测试人员想到什么就测试什么，导致有些功能点重复测试，而有些业务根本就没测试到，测试盲区无法控制，整个测试工作陷入一团糟。测试是否达到结束的条件，无法量化。最后在用户端暴露出问题后，有些测试人员还在争辩，说这个地方他清楚地记得测试过了，但又拿不出测试记录。这种情况最好不要在工作中出现，可以定义一个原则：测试用例没有设计好之前，不允许启动测试。

2. 保留清晰的测试记录

测试记录包括测试版本、测试人、测试时间、测试结果、发现的 bug 等最基本的测试执行信息。如果用工具管理测试过程，这一点就不用人工参与，从工具中导出所需数据即可。

3. 模块独立化

能独立出来测试的模块应尽量独立出来，这里包括测试方案设计、用例设计、用例执行和缺陷管理全过程的独立。这样做的好处是质量容易评估，且专注于某一模块单元后，可测试的更加深入。

4. 子系统集成

在开发过程中，业务子系统不断迭代集成，测试需持续关注各模块接口的测试。需要时特别安排专门测试人员介入模块或子系统接口测试，如软硬件接口的驱动测试。

5. 系统级测试

任何时候，都不能忘记站在用户角度的系统级测试。系统级测试中发现的问题，有可能不是软件本身的问题，而是硬件或其他方面的问题，这种情况是很正常的。另外，关于测试管理方面的相关要素，需依托在项目测试中进行考虑。

6. 人员培养

人员的培养，或许有人会说，这是管理线上测试经理的事。这话没错，但是培养人才需要平台，这些平台来自项目的支撑。结合领域的技术发展方向，用哪些技术来解决当前项目的测试需求，是测试设计师的任务。根据公司项目需求，需要哪些方面的人才，或需

培养哪些方面的人才，测试设计专家更有权威。

7. 团队成长

俗话说“一方水土养一方人”，一个优秀的项目常能培育一支优秀的团队。项目测试中，团队成员除了完成工作任务外，还可以借助项目这个平台提高自己、完善自己。作为项目测试负责人，面对的团队成员能力可能参差不齐，有些是有经验的老员工，有些可能是刚毕业的学生，该如何凝聚他们的力量为项目服务，也是策略中需考虑的重要事情。结合项目的测试需求，推出一系列的培训计划，就是一种推动新人成长的有效措施。

3.5 本章小结

本章对测试需求分析与测试策略制定的知识进行了讲解，首先介绍了软件需求，不管是开发人员还是测试人员，清楚软件的需求永远是最重要的。在实际项目中，我们会发现需求永远是不够清晰的，但还是要用各种方式去尽量理清需求，知道测试的边界在哪里。通过详尽的需求分析，我们考虑测试策略的制定，最后介绍了测试策略制定时要考虑的要素。

3.6 本章习题

一、判断题

1. 软件需求要明确才可以开发和测试。(　　)
2. 软件开发中一定要有需求分析说明书。(　　)
3. 清楚需求后依据项目实际情况制定测试策略。(　　)

二、选择题

获取软件系统需求不包括以下哪个来源？(　　)

A. 系统相关领域的法律法规　　B. 系统的质量控制团队
C. 系统的业务流程描述　　D. 其他类似系统产品

三、简答题

1. 高质量的需求过程给软件带来哪些好处？优秀需求具有哪些特性？
2. 常规的需求获取方法有哪些？(列举三个就可以)
3. 需求获取一般面临哪些挑战或困难？
4. 软件测试的策略是什么？

第 4 章

测试用例

学习目标

(1)掌握测试用例的定义、组成要素和设计原则。
(2)了解测试用例的设计方法和思路。
(3)熟悉测试用例的复用。
(4)熟悉测试用例的重构。

思政目标

顺应数字化、网络化、智能化、绿色化发展趋势，我国正在从互联网时代的“后来者”努力成为新一轮信息革命的“引领者”，通过适度超前布局建设数字信息基础设施，加快提升传统基础设施智能化水平，持续推动新型基础设施节能降耗，实现绿色高质量发展。通过本章的学习，学生理解测试用例的设计思维，更好支撑经济社会数字转型、智能升级、融合创新。

4.1 测试用例概述

测试用例(test case)是为某个特殊目标而编制的一组数据，在特定的环境下，由明确的输入与输出等一系列测试元素组成的集合，是为执行一个测试行为而准备的数据组合。测试用例元素包括但不限于这些元素：测试目的、测试标题、测试环境、输入数据、操作步骤、预期输出。

测试用例的设计是测试人员的基本功，要打好测试之战，基本功要过硬。用例设计的方法有很多，如第 5 章黑盒测试介绍的等价类划分、边界值分析、因果图法、正交实验法等是一些常用的设计方法。有了用例设计的方法，还要具备对用例的正确认识，包括对有效、无效用例的正确认识，以及用例给我们带来的价值。用例是测试人员心中的世界，如同代码是开发人员的灵魂，用例的复用、重构是值得我们思考的事情。

4.1.1　测试用例的重要性

漏测，这个词是测试人员最不想听到的一个词。尽管不太可能把软件中所有的 bug 都找出来，就像开发人员不太可能开发出零 bug 的软件，但他们对测试人员提交给自己的 bug 常耿耿于怀。另外，漏测与否一直以来是很多公司衡量一个测试人员工作质量的重要考核点。

漏测指测试人员测试通过的软件在后来被他人或自行发现仍存在 bug 的现象。由于软件的特殊性，漏测现象经常发生，每发现存在漏测 bug，相关测试与开发人员需要进行漏测分析，分析此 bug 的严重性、发生的概率、测试用例是否存在缺失、开发人员更改代码后的影响分析是否存在不足等。重要的是找出漏测的根源，提出改进的措施，避免同类问题反复出现。

【案例】一天早晨，老板一反常态地在他的办公室里与电话中的对方大声争吵，最后非常生气地把电话挂掉了。接着，开发与测试主管被叫到他的办公室，办公室的门被关上了，他们在悄悄地商量着什么。后来才知道我们已发布的软件，在法语版本上，有一个提示界面仍用英文显示着。测试漏测了，而这个点在用户试用现场被发现了。我们听后都不敢相信这个事实，因为这个提示信息在常规操作中就能出现。问题已出来了，怀疑无济于事，开发与测试相关同事立即动手检查分析，最后开发人员定位到是由于有一个地方的处理用 HardCopy(硬拷贝)，把英文字符串直接写在代码中了(据负责的工程师说，当时是为了调试方便，后来在把字符串提取出来作为独立的资源文件时，漏了此字符串。而在对字符串资源进行本地化翻译时，也没有意识到此问题的存在)。

对于测试来说，漏了这条用例，是用例设计的遗漏。查出问题的原因后，软件很快进行了更改，测试人员复测，补丁版本当天就可以重新发布。然而，事情影响的严重性却超乎我们的意料。老板跟我们说，那家客户因为与其他代理商合同的原因，已不能接受我们的产品了，一个 158 万元的订单就此泡汤。一个订单是小事，但由它带来的负面影响是很难用短期的金钱来衡量的。这也许就是老板如此生气的主要原因吧。后来负责此模块的开发、测试人员受到通报批评，并扣除本季度全部奖金，但与公司的损失相比，却也算不了什么。

第二天，老板把所有测试人员叫到他的办公室，问及我们漏测的原因是否找出来了，对日后如何进行防范是否有什么措施。反思的结果是问题与我们现在的测试模式密切相关，我们没有用例，是在看着简单描述的需求来测试，时间长了，连需求都不看了(自认为需求记住了，看懂了)。平时测试完全是一种随机测试(目前很多人把它叫作 Ad hoc 测试)，无系统可言，如图 4-1 所示。

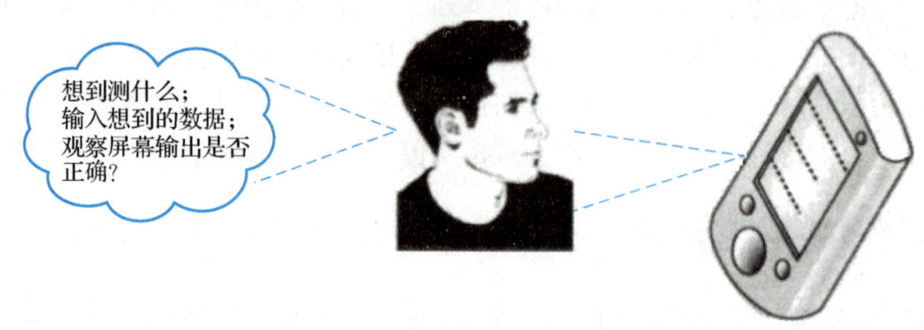

图 4-1　手工随机测试

这种工作方式下，测试者的想法及操作没有留下任何记录，俗话说“好记性不如烂笔头”，一段时间后，哪些路径测试过，哪些没有覆盖到，无从说起。最后导致一些业务流程被测试 *N* 遍，而有些用户场景却一次都没有遍历到，也是顺理成章的事。

在《微软的软件测试之道》中，阿伦·培智提到“缺陷与测试用例是测试人员的中心世界”，笔者当时看到后，颇有同感，相信很多测试朋友也一样。如果把测试工作的每一项输出当成一个工件，用例集无疑是砝码最重的工件。

对于测试人员来说，用例犹如开发人员设计的代码，从这一点就可知它在测试人员心中的位置。然而用例与代码不同，用例并不属于软件的一部分，而是为软件提供的一种服务。也正因为如此，有不少测试人员认为用例一旦执行完成，便没有多大的价值。由于用例设计本身及日后的维护需花费很多时间，于是有些人提出没有必要设计详细的测试用例，用测试的检查清单列表即可。在用例的使用价值方面，业界人士也存在不同的看法，但以下几个方面所体现的价值是显而易见的。

1. 测试用例是测试者工作的依据

依据测试方案中测试对象分析得到的测试点与测试方法，将这些测试点细化为一条条具体的可执行用例，从而形成规模或大或小的测试用例集。随着软件版本的不断迭代，测试执行的不断循环，用例集也面临着不断地被修改、补充的局面，同时也推动着测试方案的不断更新。用例集是测试执行过程的中心，是执行人员工作的依据，如果没有这些事先设计好的粒粒食粮，必将陷入巧妇难为无米之炊的境地。

2. 使测试工作可重复，为自动化测试提供了基础

一条合格的用例有明确的输入及预期输出，可操作，不同的人的执行结果是一样的。由于软件更改影响的复杂性，有可能在前面版本运行得很正常的软件，几个版本后却不正常了。使前几个版本测试通过的用例，现在为失败了，所以用例常常被一遍又一遍地执行。这种情况下人们很自然会想到用自动化来执行，这是很好的思路。需要人工反反复复执行的用例，应交给自动化测试来做，此时，业务功能用例为自动化测试提供了基础。另外，用例集的存在，可以使测试执行与测试设计工作相互独立，由不同的角色充当，并行前进，对项目的进度与质量都有帮助。

3. 评估需求覆盖率

每一个需求点是否已实现、实现是否符合需求，需要验证与确认(verification and validation，V&V)。验证可以理解为我们在研发阶段的测试过程，确认是质量审核的一种手段，可以通过建立一张需求追溯表来进行确认，以表明需求与验证的对应关系。为了保护消费者的利益，软件作为产品进入市场销售前，不同行业会有不同的行业认证标准。如在食品药品医疗器械行业，产品在进入美国市场前，必须通过美国食品药品监督管理局(FDA)的认证。而 FDA 认证要求必须出具需求与测试用例的追溯表，在官方网站(http://www.faa.gov/)可查到。即使没有行业标准的要求，为了确保对需求的覆盖率，测试本身也需要建立这样一张追溯矩阵表，以证明用例对需求覆盖的全面性。

4. 用例的复用

代码复用，在软件界是一个最常用的实用工程方法。测试用例作为软件开发过程的一种资产，同样可以复用，使测试人员从大量的重复设计工作中解放出来，大大提高测试的效率。用例库是用例复用的一种很好的形式，在新项目的测试中可以复用用例库中的用例，加快测试的过程。如何建设可复用的用例，将在后续章节与大家一起分享。

5. 提供测试数据，推动开发与测试过程的改进

测试用例描述了测试活动的具体进行过程；用例执行过程中记录了测试软件的软件版本号，记录了通过的、失败的、被阻塞的用例情况。通过这些数据，测试管理人员可及时掌握测试法的进展及软件质量的情况。通过分析用例执行产生的这些数据，可以发现测试或开发过程中存在的问题，为解决存在的问题提供了有力的数据支持。总之，通过用例的执行，可以推动开发与测试过程的改进。

4.1.2　测试用例的特性

测试用例需满足以下特性。

(1)有效性：测试用例能够被使用，且被不同人员使用的测试结果一致。

(2)可复用性：良好的测试用例具有重复使用的功能。

(3)易组织性：好的测试用例会分门别类地提供给测试人员参考和使用。

(4)可评估性：从测试管理的角度，测试用例的通过率和软件缺陷的数目是软件产品质量好坏的测试标准。

(5)可管理性：测试用例可以作为检验测试人员进度、工作量以及跟踪、管理测试人员工作效率的因素，可以对测试人员进行工作量和绩效考核。

4.1.3　测试用例的组成要素

组成测试用例的八大要素如下。

(1)测试编号：每个测试用例都有唯一的标识号，用以区别其他测试用例。

例：系统测试用例的编号这样定义规则，即 PROJECT1-ST-001，命名规则是“项目名称+测试阶段类型(系统测试阶段)+编号”。

(2)测试模块：指明并简单描述本测试用例用来测试哪些项目、子项目或软件特性。

例：购物模块。

(3)测试标题：对测试用例的描述，测试用例标题应该清楚表达测试用例的用途。

例：测试用户登录时输入错误密码时，软件的响应情况。

(4)测试级别：定义测试用例的优先级别，可以粗略地分为“高”和“低”两个级别。

例：核心功能 ——高；

界面风格 ——低。

(5)测试环境：描述执行测试用例所需要的具体测试环境，包括硬件环境和软件环境。

例：硬件 ——计算机的具体配置，见测试计划；

软件——操作系统(Linux)、数据库 (MySQL)、中间件(WebLogic)。

(6)测试输入：用来执行测试用例的输入要求，这些输入可能是数据、文件或具体操作。

例：数据(12)、文件(D:\ baidu\ 文件 couture)、动作(单击，在键盘做按键处理)。

(7)测试步骤：执行本测试用例所需的每一步操作。

例：求和运算，输入加数(12)、输入被加数(24)、点击(加法按钮)。

(8)预期结果：描述被测项目或被测特性所希望或要求达到的输出或指标。

例：加法器(12+24)、预期结果(36)。

4.1.4 测试用例的设计原则

(1)测试用例的明确性：测试人员要尽量避免测试用例存在含糊的因素，在测试过程中，测试用例的测试结果是唯一的。

例：明确清晰的描述为通过、没通过或未进行测试；

不确定的描述为用户正确操作，系统正常运行；用户进行非法操作，系统不能正常运行。

(2)测试用例有代表性：尽量将具有相似功能的测试用例抽象合并。

例：测试 1~100 的两个整数的和，用例 1+2=3 和 2+4=6 这样功能相似的用例要合并(第 5 章黑盒测试中会介绍等价类划分法)。

(3)测试用例的简洁性：测试用例简洁，可读性良好，测试过程目的明确，测试结果唯一。

例：测试用例要用陈述性语句，一句话直指问题的核心，加法器输入框的输入是非数字时，应弹出提示“请输入数字”。

4.2 测试用例设计的方法

通过以上的案例，相信读者已充分理解在测试执行之前，事先设计好测试用例的重要性与必要性了。如果公司有着比较规范的开发流程，正常情况下按照常规体系，在测试方案设计完成后，根据在测试对象分析中找出的测试点，结合详细需求、详细设计等文档，用例的输入与输出明确、详细的用例设计可顺利完成。但是当我们在实际工作中着手用例设计时，常会遇到“愿望是美好的，现实却是残酷的”的尴尬局面，尤其是如今很多项目都是敏捷开发模式，项目迭代周期短、轻文档、需求变更快等，如何设计高效的用例对于测试人员是一项挑战。高效用例指对需求的覆盖率高、不冗余、揭露 bug 能力强。对于用例的高效与否，测试用例的设计方法很重要，用例的好坏将直接影响到软件的质量。常见的功能测试用例设计方法包括等价类、边界值分析、错误推测、因果图、正交组合法。这些方法在第 5 章黑盒测试中有详细的介绍。

在具体的项目测试中，这些方法都有用，但能否结合实践场景灵活应用，即学以致用才是关键。也只有在学以致用的基础上，通过反反复复的实践、总结，才有可能对这些设计方法做进一步升华、创新，形成独具一格的用例设计方法。由于每一个项目的唯一性、独特性，并没有一套统一的用例设计方法对所有项目都适用。除第 5 章要介绍的用例设计方法，笔者还想分享一下反常规操作法和倒推法。

4.2.1 反常规操作法

反常规操作法，指在按规格正常执行某业务功能流程的过程中，突然改变方向(如半路折回、突然中断等情况)，中途结束流程，或进入另一业务流程。正如人走路一样，正朝一个方向走的时候，突然去做一些其他的事情。反常规操作法有点像动态的白盒测试，因为我们在执行程序的过程中，对应的操作步骤正好是白盒测试中的某条路径，所以无形之中我们也在进行着某条路径的测试。反常规操作法，也是逆向思维测试方式的一种体现，用这种方法测试往往能出人意料地揭露程序的错误，甚至是系统设计方面的错误。

反常规操作法的测试原则：无论测试何种应用程序及其哪一方面的功能，都可采用基于逆反思维方式的反常规操作法，以验证该程序的功能正确性、易用性、健壮性，利用此方法测试时，首先要熟悉规格要求和程序功能运转情况(方法实际上是一种工具，应用哪一种工具，前提都是一样的，需要熟悉需求与程序设计原理，这样才能把工具应用到最佳境地)，然后按照上面讲述的思想，以某一数据为驱动，在执行某一功能的过程中尽可能地执行不同的动作或不同的操作步骤，有时甚至可做些不合法的操作来验证程序本身的健壮性。

反常规操作法的应用案例如下。

背景描述：某终端设备中含有具有响铃功能的应用程序，要求用户设定闹铃提醒时间，并可选择性地输入事件详细内容及提醒方式等，到达设置的时间时，会准时提醒用户做某件事情。此处，只谈论采用反常规操作法对响铃功能进行的影响测试。根据反常规操作法的思想和原则，可设计如表 4-1 所示的有代表性的测试用例片段。

表 4-1 有代表性的测试用例片段

编号	测试思路	测试动作描述
1	用户正在使用终端设备，已设定好的响铃事件是否能正常产生	正在编辑事件时突然发生了响铃事件
2	测试闹铃产生是否对终端设备与外界通信产生影响	正在与其他终端设备进行通信时闹铃产生，通信与闹铃事件是否正常
3	已设定好的响铃事件，时间上已固定，改变系统时间，只是响铃的快慢受影响。只要系统时间与它的时间一致，还是会产生响铃的	调整系统时间后，闹铃是否正常
4	关机时，系统因提供有备份电池。即使是关机情况，响铃也应不受影响	设置好一次响铃事件，关机，响铃事件触发时是否能自动开机
5	已设定好的响铃事件，系统已作为一份资料保存起来。即使以后做修改，但在还未保存它之前，即使修改它都不应受影响	正在修改下一分钟要响铃的资料，响铃时间到后，闹铃是否如期响起

4.2.2 倒推法

让我们一起来分享一位小学老师在课堂上讲述的如何运用倒推法求解数学应用题的案例。

【案例】在一堂小学三年级的数学课上，张老师给学生出了一道题：一次数学考试后，小林问小高数学考试得多少分。小高说："用我得的分数减去 8 加上 10，再除以 7，最后乘以 4 得 56。"老师问："小高得多少分呢？"

张老师看着一个个可爱的孩子都皱起了眉头，知道他们遇到困难了。于是提示说，这道题如果顺推思考，比较麻烦，很难理出头绪来，大家不妨用倒推法进行分析，就像剥卷心菜一样层层深入，直到解决问题。

几分钟后，老师给学生做了这样的转述：如果把小高的叙述过程编成一道文字题，一个数减去 8，加上 10，再除以 7，乘以 4，结果是 56，那么求这个数是多少？

学生通过分组活动，把未知结果用□来表示，根据题目已知条件可得到这样的等式：

[(□-8+10)÷7]×4=56

如何求出□中的数呢？老师又引导学生从结果 56 出发倒推回去。因为 56 是乘以 4 后得到的，而乘以 4 之前是 56÷4=14，则 14 是除以 7 后得到的，除以 7 之前是 14×7=98，而 98 是加 10 后得到的，加 10 以前是 98-10=88，而 88 是减 8 以后得到的，减 8 以前是

88+8=96，这样倒推使问题得到解决。

解：[(□-8+10)]÷7×4=56

(□-8+10)÷7=56÷4=14

□-8+10=14×7=98

□-8=98-10=88

□=88+8=96

最后，老师还提醒学生注意，用倒推法解题时，从结果出发，逐步向前一步一步推理，在向前推理的过程中，每一步运算都是原来运算的逆运算。这样，同学们便轻松地掌握了运用倒推法来解题的方法。

读者也许会问："这与测试用例的设计有什么关系吗？"问得很好。是的，倒推法，我们并不陌生。或许我们也曾学过像上面的案例中的方法，并用它来解题。而当我们长大后参加工作，在工作中遇到的一些问题，是否也可以运用这种方法呢？

倒推法是一种常用的解决问题的方法，正如其名，它是从事情发生的结果出发，利用已知的条件一步一步倒着分析、推理，直到解决问题。这种方法不止可以解决学习上的一些问题，在工作中就测试人员关心的用例的设计上也可大显身手。

有一个事实，业界的测试实践者都很清楚，bug 是找不完的，或者说找出所有的 bug 是不现实的(项目有允许的时间与成本控制)。也正基于此事实，无论用例设计得多严密，对需求的覆盖率有多高，也会存在某些 bug，它不是事先设计了用例就能发现的。且有些问题，远远超出用已知需求来设计用例的思维空间范围，让人百思不得其解。这正是我们接下来要介绍的用倒推法来设计用例的来源。

依据最佳实践，有 10%~20%的 bug 并不是事先设计好的用例发现的。遇到不是由用例发现的 bug，需进行分析，并找出原因。主要原因有两个，一是对需求的理解不到位，设计的用例存在错误或不足；二是超出了已知的用例设计视野，bug 的发现正好显现了测试用例的空白区，需要重新设计新的用例以覆盖需求空白区。一旦发现某个出乎意料的 bug，而事先也并没有这方面的用例，通常不是补充几条用例就能把问题解决的。对测试人员来说，这是一件既悲又喜的事，悲是因为用例片段性或某一区域代表性用例的缺失；喜是因为终于有幸发现了这些深藏不露的 bug，突破了既有的测试空间，为填补测试的盲区提供了方向性的指引。

下面就是一个典型的例子。

【案例】 bug 会自己出来吗？

问题：PC 上的仪器监控软件正在运行，中午时分，测试人员都离开自己的位置享受工作餐及午休了。当下午上班时，PC 的主人小 A 来后，发现 PC 上原来正常运行的软件现在不工作了。软件会自己停止工作，出现宕机吗？

报告问题：小 A 把问题的现象如实向开发人员报告，开发人员开始着手分析这个问题，并要求小 A 重现此问题。

重现问题：小 A 重新启动软件后，按原来的路径重新操作，并放置不动，让 PC 休息，但问题并没有像想象那样如期出来。

分析结果：开发人员分析了两天后，发现原来是一个消息阻塞所带来的死循环问题。由于当时监控软件正在启动后台数据备份线程，而此时正好软件定时休眠的时间到了，需做黑屏处理。自动备份的提示进度正在显示，且不允许被其他消息打断，而黑屏处理由于优先级高，打断了备份线程的工作，于是出现退出黑屏后，软件宕机的现象。实际上是备份线程一直在等备份结束的消息，却始终没等到的缘故。知道了问题的原因后，小 A 很快重现了该问题。任何 bug 都有它的必然路径，只是这个必然性的概率有高低之分。

案例中提到的正是用倒推法设计用例的精髓，即从已有的 bug 分析着手，找出原因，补充设计用例。

此法应用时的注意事项如下。

(1)用这种方法设计用例时，一定要搞清楚问题发生的根源，思路清楚。否则补充的用例会让他人觉得摸不着头脑，为什么要这样操作，而不是那样？因为这种方法补充的用例大部分情况下并不是在需求中能直接找到依据的。

(2)正常情况下，大部分 bug 都是由事先设计好的用例发现的，对于少部分不是由用例发现的 bug，用倒推法分析后，可补充设计用例。

(3)在版本发布前，把缺陷库中曾经出现的 bug 全部回归一遍(如果量非常大，需做分类考虑，如严重级别以上的 bug 才回归)，是一个不错的做法。据多个项目中的实践者言，全部回归每次都有收获，有重新打开的 bug(即曾经在某个内部版本上解决了，但后来在不断地更改版本中，此 bug 又复生了，重新打开率与项目整体质量稳定度有关)，还有回归 bug 时发现的新问题，主要是能解决周边不彻底的问题。

4.2.3 用例设计的综合策略

用例设计的方法很多，前面介绍的反常规操作法是从正向思维的角度出发，即依据需求进行用例的设计。而倒推法刚好相反，是从发现的 bug 出发，倒推用例的设计，是明显以输出为起点的用例设计方法。它的依据是 bug，通过倒推分析，最后确定是需求定义还是软件设计的缺失，再或者是其他什么原因，最后得出测试人员如何进行防范的措施，从而设计出对应的具体用例。

倒推法分析的结果，不仅可以改进测试用例的设计思路，由于 bug 的产生与需求定义及软件的设计有直接的关系，所以对改进整个开发流程也有积极意义。

4.2.2 节介绍了用例设计的诸多基础方法，结合笔者实践的总结，有如下综合策略。

(1)客户就是上帝，永远可以用用户场景分析法来设计用例，并且把它放在第一位来考虑。

(2)在任何情况下都必须使用边界值分析方法，经验表明，用这种方法设计出的测试用例发现程序错误的能力较强。

(3)用例并不是越多越好，用等价类划分的方法来减少冗余的用例。

(4)任何测试阶段，都可以使用错误推测法追加一些测试用例。

(5) 对于存在多个条件组合输入的用例，最好采用正交矩阵表部署用例。

(6) 业务流程复杂的系统，采用业务流程图及状态变迁相结合的方法设计用例，以使流程中的每个节点都能测试充分。在深度上可以以业务主线为线索，而流程节点之间的状态变迁以及每个节点的状态，可以成就业务的广度测试。

(7) 对照程序逻辑，检查已设计出的测试用例的逻辑覆盖程度，如果没有达到要求的覆盖标准，应当再补充足够的测试用例（使用这种方法需要代码路径覆盖分析工具加以辅助）。

(8) 以 bug 为出发点，用倒推法来补充测试用例，常常可以收到意想不到的结果。这种结果可能不仅仅是发现更多的 bug 或补充了更多的用例，还可能改进、创新测试流程，甚至影响到需求或开发的设计方法。

4.3 对测试用例有效、无效的正确认识

常听一些测试人员抱怨：“今天执行完成多条用例，但没有发现一个 bug，软件真就那么好吗？真怀疑这些用例的有效性。”难道没有发现 bug 的用例，就不是成功的用例，而是无效的用例吗？通常大部分用例执行后与预期是一致的，即证明程序是符合需求的。如果说能发现 bug 的用例才是有效的用例，那么有效用例未免太少了。特别是软件开发后期，在版本稳定的情况下，能发现 bug 的用例更加少，这些用例都是无效的吗？显然不是。接下来就如何评价用例的好坏，概括如下。

(1) 用例表达清楚，无二义性。当测试设计人员与测试人员不是同一个人时，可以减少理解错误的可能。

(2) 用例可操作性强。测试中常会遇到这种情况，执行一条用例，需耗费长时间准备测试环境，或用例太粗，操作描述模棱两可，测试执行人员很难顺利地往下执行。

(3) 用例的输入与输出明确。一条用例只有一个预期结果，如果一个用例有 n 个不同的预期结果，一方面容易使测试人员遗漏观察点，另一方面会造成测试统计不准确。

(4) 用例的可维护性好。用例的结构、表达遵循用例的设计规范，犹如开发的编码规范，共同工作的团队有一个统一的风格，方便相互之间的交流。

(5) 用例对需求的覆盖率高。这一点很重要，可建立一个需求与用例的追溯表来保证每个需求都有对应的用例。

(6) 暴露程序 bug 的能力强。G. J. Myers 曾提出“成功的测试是发现了至今为止尚未发现的错误的测试”，而一次成功的测试需要能高效地暴露 bug 的用例来支撑。但是是不是用例执行的失败率越高（发现 bug 多），用例就越好？反过来，是否用例执行的通过率越高，软件就越稳定？这并不是仅回答是与否的问题，它与软件本身的复杂度、测试环境等因素有关。

下面是好的用例和不好的用例的范例。

【案例】数码相机拍照测试用例。

用例元素：标题，测试思路、预设条件、步骤，预期输出。

1. 存在歧义的用例

标题：单拍。

预设条件：闪光强制关闭，电池充足。

步骤：

(1)镜头对着拍摄对象，按下“快门”键；

(2)按向下翻页键，浏览刚拍的照片。

预期输出：可见刚拍下的照片，照片正常。

2. 明确、清楚的好用例

标题：单张拍照。

测试思路：检查从按下“快门”键到拍照结束整个过程的处理是否符合要求，包括拍照指示灯的状态、照片存储过程中屏幕的显示、拍完后照片的正确性检查。

预设条件：闪光强制关闭，电池充足。

步骤：

(1)用相机镜头瞄准拍摄对象，准备好后，按下“快门”键；

(2)注意听按下“快门”键后的咔嚓声；

(3)检查拍照过程中，指示灯的状态变化；

(4)照片保存过程中，观察相机屏幕显示的变化；

(5)照片保存的正确性检查。

预期输出：

(1)按下“快门”键后，1s 内听到两次连续的“咔嚓”声；

(2)拍照过程中，拍照指示灯连续以绿灯闪烁 3 次；

(3)照片保存过程中，相机屏幕为黑色，并伴随出现一个沙漏状光标在屏幕中间运动，约 3s 后屏幕恢复为照相模式，照片为即见即所得。

4.4 设计可复用的测试用例

对于不同项目类似功能的业务测试，用例能像代码一样复用吗？关于这个话题，在业界存在颇多争议。

测试用例的设计是测试工作的难点也是重点，用例的好坏直接影响着测试的质量。当

做了多个项目后，如果各项目的功能有很大一部分相同或类似，那么可以设计可重用的用例，以减少后续项目设计用例的时间，但这不是一件轻松的事。

不同的项目各有其特性，即使完全相同的功能，其操作步骤也并不一定相同，有些可能还相差较大，从这点出发，重用用例不能包括详细的操作步骤。用例名称(用例标题)、操作步骤及预期输出可以说是用例的3个核心要素，不同的操作步骤与数据会有不同的输出，所以就具体业务功能用例，特别是与UI界面密切相关的用例，很难做到完全重用。但集合了一个或多个用例设计思想的测试思路是可以重用的，它就像解决问题的一种方法。有一种软件，它位于系统的中间或底层，如数学运算库、一些特殊算法库、底层硬件驱动程序等。当它们应用在一个新项目中时，不做任何更改或只做很小的更改即可移植成功。对应地，我们的测试用例代码也可完全复用或大部分复用。图4-2所示的就是一种公共模块或函数的用例重用场景示意图。

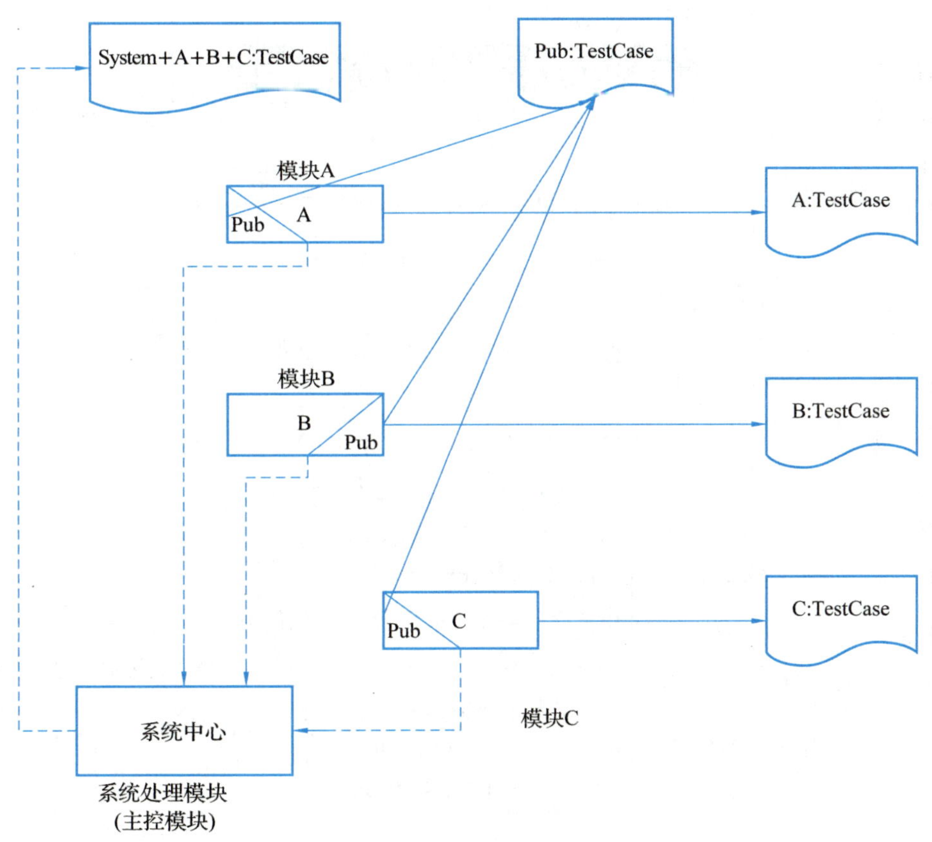

图4-2 模块用例重用场景示意图

图4-2中，Pub表示一系列的共用函数，它可能是一个动态库或是一些文件，它们被同一系统中的多个模块调用，还可能被其他项目移植使用。对应地，它们也有可重用的公共测试用例集，如图4-2中的“Pub:TestCase”。用例能复用，隐含着需求、代码都存在复用性，即在需求、代码实现不变的情况下，用例是完全可复用的。

接下来，向大家介绍一个用例重用设计思路的例子，希望能帮助读者更好地理解用例的重用性及其在实际工作中的开展。

【案例】用户登录可重用用例设计。

需求背景：某软件有用户登录系统的功能，登录界面如图 4-3 所示。“用户名”编辑框支持英文、数字、汉字、特殊字符的输入，最大 20 个字符；“密码”编辑框支持英文、数字、特殊字符的输入，最大 20 个字符；如果输入无效，提示“用户名无效!”或“密码无效!”，若两者都正确则进入系统。

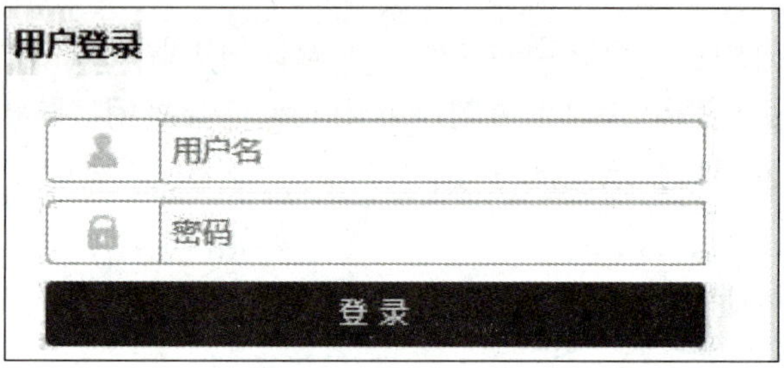

用户登录

用户名

密码

登 录

图 4-3 登录界面

根据上面的需求，一般情况下大部分人会采用如表 4-2 所示的方式设计用例。

表 4-2 登录页面用例设计

用例 ID	测试标题	操作步骤描述	预期输出	测试结果
DL_1	用户名正确	输入正确的用户名，密码为空，单击“登录”按钮	弹出“密码无效!”提示	
DL_2	密码正确	输入正确的密码，但用户名为空，单击“登录”按钮	弹出“用户名无效!”提示	
DL_3	用户名和密码都正确	输入正确的用户名与密码，单击“登录”按钮	进入系统	
DL_4	空登录	用户名、密码为空，单击“登录”按钮	弹出“用户名及密码无效!”提示	
DL_5	用户名/密码编辑	用户名及密码输满由数字、英文、特殊字符组成的混合字符，单击“登录”按钮	弹出“用户名及密码无效!”提示	

那么，表 4-2 中的用例是否可复用呢?

首先我们来分析，根据软件的特点，用例不同点主要是输入数据的不同，描述性文字较多，易读性不好。为了达到重用的目的，用例的结构框架很重要，现提取公共的地方。

输入用户名或密码后，单击“登录”按钮，如表 4-3 所示是测试数据具体化后的用例。

表 4-3 具有代表性输入数据的测试用例

ID	测试标题	用户名	密码	预期输出	测试结果
DL_1	用户名与密码不匹配—密码为空	john	空	密码无效	
DL_2	用户名与密码不匹配—用户名为空	空	0home	用户名无效	
DL_3	用户名与密码匹配	john	0home	进入系统	
DL_4	无效用户名与密码	空	空	用户名或密码无效	
DL_5	用户名密码编辑	123456789!@#¥%……	123456789!@#¥%……	用户名或密码无效	

同样的需求，用例设计采用的表现形式不同，易理解程度就不同，后者明显比前者简洁，突出了输入数据，如果有遗漏很容易发现。用例的预期输出是明确且唯一的，可重用，也很容易转化为自动化测试用例。但也因为太具体，明确的数据定义限制了其他数据的输入，如果测试数据不具有代表性或不全面，会造成测试遗漏。

针对输入数据过于局限的问题，有一种改进的思路，就是扩展出专门的用例数据池，即使是同一等价类的数据，也可存储多组输入数据，由测试执行时选择。

4.5 测试用例重构

在测试工作中，用例设计者与用例执行者不是同一个人是常有的事，如在交叉测试阶段，彼此需交换用例集来执行测试。另外，有些公司的测试设计与测试执行在岗位上就是分开的。在这些情况下，用例的可读性、可操作性、预期是否唯一，将直接影响着执行人员的工作效率。我们经常听到的一个声音就是："用例难看懂，测试执行过程中常要与设计人员反复确认，沟通成本太高。"更糟糕的是，遇到用例设计者已离职的情况，连沟通清楚的机会都没有。于是，有的人凭着经验揣摩用例想表达的意思，有的人则"翻箱倒柜"，以找出相关需求进行确认，有时甚至需求找到了，但还是不清楚设计者的用意是什么。

有一句话说得好"这个世界唯一不变的就是变化"，当软件版本上线后，随着用户的深入使用、市场需求的变化，对软件进行在线升级是再正常不过的事了。当需求变化后，测试人员需要在原来用例集的基础上增加或更改用例。此时，又会出现新的问题，不同设计人员的思维不一样，用例设计的组织框架也就不一样。有些用例还因为年代久远，当初可能合适的用例组织结构，现在已不合适了，所以重构的需求异常强烈。

谈到重构，在软件工程学中，是指代码的重构，关于用例的重构，还鲜为人所提及。

代码重构通常是指在不改变代码的外部行为情况下而修改源代码，以增加可读性或者简化结构而不影响输出结果。较之前面介绍的用例存在的问题，以及重构用例想解决的问题，笔者认为它们之间存在异曲同工之处，重构的本质是一样的，仅是表现形式不同而已。下面是一个功能测试用例重构的例子。

【案例】 原来的需求：排队自动叫号管理软件(银行、医院排队挂号时常用到)，起始编号默认从 1 开始，用的过程中可以随时复位为 1，也可以设置为从其他编号开始。前一编号的服务完成后，服务人员单击“下一位”按钮后，软件将自动进行加 1 并叫号。编号最大可输入 10 位数字，当抵达最大位数后，将自动回到 1，编号为 0 无效。根据此需求，有测试工程师 A 设计了如表 4-4 所示的原需求对应用例。

表 4-4 原需求对应用例

用例编号	操作步骤描述	预期输出	备注
TC-No-101	新安装软件，检查当前编号	当前编号默认为 1	
TC-No-102	输入数字 9 单击“下一位”按钮	叫号 10	
TC-No-103	输入数字 99 单击“下一位”按钮	叫号 100	
TC-No-104	输入数字 999 单击“下一位”按钮	叫号 1000	
TC-No-105	输入数字 9999 单击“下一位”按钮	叫号 10000	
TC-No-106	输入数字 99999 单击“下一位”按钮	叫号 100000	
TC-No-107	输入数字 999999 单击“下一位”按钮	叫号 1000000	
TC-No-108	输入数字 9999999 单击“下一位”按钮	叫号 10000000	
TC-No-109	输入数字 99999999 单击“下一位”按钮	叫号 100000000	
TC-No-110	输入数字 999999999 单击“下一位”按钮	叫号 1000000000	
TC-No-111	输入数字 9999999999 单击“下一位”按钮	叫号 10000000000	
TC-No-112	输入数字 10000000000 单击“下一位”按钮	叫号 1	
TC-No-113	设置当前编号为非 1，单击“下一位”按钮	在原有编号基础上加 1	
TC-No-114	输入当前编号为 0，单击“保存”按钮	提示无效编号	

此软件自销售一年多后，客户提出，他们需要编号能输入字母，以标识他们的不同客户群。于是用户需求转化成可实现需求为“除最后一位外，编号可允许输入任何字符，允许输入的位数扩展到 15 位”。需求变更后的测试任务分派给了测试工程师 B。于是，B 找到如表 4-4 所示用例，读了用例后，列出以下几点疑问。

(1)用例中的编号为什么只输入全是 9 的编号呢？是必须还是冗余？

(2)数字的位数较多时，用相同的数字描述，看起来使眼睛疲劳，如 5 个 9 同时出现时，必须一个个数，再往下就更不容易看了(表达上存在问题)，预期输出的数字表达存在同样的问题。

(3)没有标明测试点，需要读者猜测。

(4)就原来的需求而言，还可以补充一些必要的检查点，如编号的复位。

最让 B 头痛的是，面对新增的需求，已有的用例结构已不适合现在用例设计的要求，如果在其上面增加，只能是越加越乱。一番挣扎后，B 决定重构用例，新增需求对应的用例也一起考虑。重构后的用例片段如表 4-5 所示。

表 4-5　重构后的用例

用例编号	测试标题	预设条件	操作步骤描述	预期输出	测试结果
测试思路：以用户使用场景为出发点，验证编号递增功能与自动叫号的正确性，还包括默认值、特殊值、最大最小边界值的处理是否符合需求定义； 测试点：纯数字编号的变化与叫号管理					
TC-NO-1. 1	相同位数的递增，1 位	当前编号为 1	单击“下一位”按钮	显示当前编号为“2”，并自动叫此号	
TC-NO-1. 2	相同位数的递增，多位	当前编号为多位数，如为三位数的 109	单击“下一位”按钮	显示当前编号为“110”，并自动叫此号	
TC-NO-1. 3	不同位数的递增：2 位跳到 3 位	当前编号为 99,	单击“下一位”按钮	显示当前编号为“100”，并自动叫此号	
TC-NO-1. 4	刚好小于最大编号		设置当前编号为此最大编号小 1 的数，单击“下一步”按钮	显示最大编号(15 个 9)，并自动叫此号	
TC-NO-1. 5	等于最大编号	当前编号为系统用许的最大编号(15 个 9)	单击“下一位”按钮	当前编号显示为 1，并自动叫此号	
TC-NO-1. 6	默认值	安装软件后，第一次登录	检查当前编号	当前编号为“1”	
TC-NO-1. 7	重启软件后检查当前编号	假设前一天编号已到 568	退出软件，重新登录后检查当前编号	当前编号为昨天的最后编号“568”	
测试点：字符+数字编号的变化与叫号管理					
TC-NO-2. 1	…	…	…	…	

测试工程师 B 根据原用例中存在的问题，重构了用例，并留下了增加新需求后需设计新用例的接口。

下面介绍一下重构的用例特点：调整了用例结构，增加了“测试标题”与“预设条件”。读者从“测试标题”中便可知每一条用例测试的目的；“预设条件”也清楚地告知测试执行人员在执行用例的“操作步骤”之前需要准备什么，这无疑提高了用例的可操作性。

增加了“测试思路”的描述，清晰地说明了用例的设计思路，拉近了用例设计者与执行人员在用例设计理解上的距离。用例的内容之间有层次之分，分别用不同的“测试点”来标识，方便日后的维护与扩展。

功能测试用例可以重构，当这些用例转化为自动化测试用例后，由于自动化测试用例已参数化，相对而言，更容易重构，从而达到简化、高效的目的。

从上面的案例中，我们可以看到，用例重构与代码的重构本质是一样的，就是指在不改变用例原有功能的情况下，为了改善用例的结构，提高清晰性、可读性、扩展性和可重用性而对用例进行的改造。简而言之，重构就是改进已经写好的用例设计。

4.6 本章小结

本章介绍了测试用例，首先介绍了用例的重要性、特性、组成要素、设计原则。除第5章黑盒测试、第6章白盒测试介绍的测试用例方法外，本章还介绍了三种用例设计的思维方法，分别是反常规操作法、倒推法和用例设计的综合策略。接着介绍了用例的有效和无效性。之后又说明了在设计用例时尽量设计可复用的用例。最后介绍了用例的重构。

4.7 本章习题

一、问答题

1. 什么是测试用例？
2. 设计用例的好处是什么？
3. 用例必备的四个方面是什么？
4. 测试用例的设计理念是什么？
5. 测试用例有哪些设计方法？
6. 何时开始设计测试用例？
7. 用例写完，我们要先做什么？
8. 什么时候写测试点，什么时候写用例？
9. 什么时候需要更新测试用例？更新测试用例需要注意什么？
10. 如何保证用例的覆盖度？

二、测试用例场景设计题

1. 给扫码支付功能设计测试用例。

【习题解析】

1) 功能测试用例

(1)卡的类型(一类户：借记卡、信用卡；二类户：虚拟账户如微信里的零钱账户、支付宝的余额宝、电子账户二维码的商户类型(微信、支付宝、汇宜、银联)。

(2)支付限额(单笔限额、累计限额、日累计、月累计、支付笔数)。

(3)退款(退款入口、退款进度、退款结果)。

(4)对账。

(5)资金流动(我方扣款数额正确，对方收款数额正确)数额及时效。

(6)支付结果展示、交易明细。

(7)连续扫码支付，每天的扫码支付次数限制及数额限制。

(8)二维码有效期。

(9)有无相机权限。

(10)前后置摄像头。

(11)像素低端的手机能否扫码成功。

2)兼容性

兼容性(不同手机厂商自带相机功能实现不一致)。

3)安全性

(1)是否有超时超次限制。

(2)测试用户操作时相关信息是否写入了日志文件、是否可追踪等。

(3)如果使用了安全套接字，需要测试加密是否正确，加密前后信息的完整性、正确性。

4)性能

(1)用户操作的响应时间。

(2)系统的吞吐量(TPS)。

(3)系统的硬件资源情况(CPU、硬盘、磁盘)。

(4)网络资源占用情况等。

5)异常场景

异常情况(卡异常、余额不足)。

2. 给微信发红包功能设计测试用例。

【习题解析】

1)功能测试

(1)在红包钱数和红包个数的输入框中只能输入数字。

(2)红包最多、最少的输入钱数 200、0.01。

(3)拼手气红包最多可以发多少个红包。

(4)超过最大拼手气红包是否有提醒。

(5)当红包钱数超过最大范围是否有提醒。

(6)余额不足时，红包发送失败，或者会不会匹配切换支付方式。

(7)红包描述里是否可以输入表情、汉字、英文、数字等。

(8)红包描述里最多有多少个字符。

(9)发送的红包别人是否能正常领取。

(10)发送的红包自己可不可以领取。

(11)24h 后别人没有领取的红包是否可以退回原来的账户，或者是否还可以领取。

(12)用户是否可以多次抢一个红包。

(13)用户在多人群里发红包是否可以抢自己的红包。

(14)红包金额里的小数位是否有限制。

(15)返回键可以正常取消发红包吗。

(16)断网时，是否可以抢红包。

(17)收发红包界面是否有自己以前收发红包的记录，以及和自己实际收发红包是否匹配。

(18)支付时密码支付和指纹支付是否正常。

(19)支付成功后是否正常返回聊天界面。

(20)是否可以连续发红包。

2)性能测试

(1)网络环境差，发红包的时间。

(2)不同网速时抢红包的时间。

(3)收发红包后跳转时间。

(4)收发红包的耗电量。

(5)退款到账的时间。

3)兼容测试

(1)苹果、安卓系统。

(2)笔记本电脑端和平板上是否可以抢红包。

4)界面测试

(1)发红包界面有没有错别字。

(2)抢完红包界面有没有错别字。

(3)收发红包界面排版美观合理。

(4)界面颜色搭配好。

5)安全测试

(1)发送红包、领取红包后对应相关的金额是否会变化。

(2)发送失败，银行卡或者余额会不会变。

(3)发送成功后是否会收到微信支付的通知。

6)易用测试

(1)支持指纹、人脸识别支付吗?

(2)红包描述可以通过语音输入吗?

第 5 章

黑盒测试

学习目标

(1) 理解黑盒测试的基本概念。
(2) 掌握等价类划分法。
(3) 掌握边界值分析法。
(4) 掌握因果图与决策表法。
(5) 掌握正交实验设计法。

思政目标

通过本章的学习，学生培养黑盒测试思维，明白黑盒测试在软件测试中的重要性。同时培养学生刻苦耐劳、坚韧不拔的性格和精益求精的工匠精神，在潜移默化中提高综合职业素养，树立社会主义职业精神。

当前，我国已经成为世界第二大经济体，过去那种主要依靠资源要素投入推动经济增长的方式显然是行不通的。伴随信息技术加速创新，数字经济发展速度之快、辐射范围之广、影响程度之深前所未有，正在成为重组全球要素资源、重塑全球经济结构、改变全球竞争格局的关键力量。

新常态要有新发展，新发展要有新动能。中国的数字经济呈现出蓬勃的活力和无限的潜能，未来可期，大有可为。

十年来，我国网民规模从 5.64 亿增加到 10.32 亿，互联网普及率从 42.1%提升至 73.0%，连续 13 年居世界第一，形成了世界上最大的数字社会。随着我国数字经济产业不断壮大，发展韧性显著增强，数字经济规模连续数年位居世界第二。我国网络支付用户规模超 9 亿，移动支付、无现金生活在中国随处可见。人们的生活离不开软件，软件的质量非常重要，一个软件最基本功能应该是能正常工作的，那就需要黑盒测试。

黑盒测试又叫功能测试，把程序看成一个黑盒子，完全不考虑程序的内部结构和处理过程，根据规格说明书，通过操作软件验证程序的功能是否与规格说明书规定的一致。黑盒测试通常有两种测试结果：测试通过和测试失败。黑盒测试通常用来发现以下几类错误。

(1)界面是否有错误。

(2)是否有遗漏的功能或者是否有未实现的功能。

(3)性能是否满足要求。

(4)初始化错误或终止错误。

(5)数据结构或者外部数据库访问错误。

(6)在接口上是否能够正确接收输入数据，是否能产生正确的输出信息等。

如果希望用黑盒测试方法检查软件中的所有故障，则需要采用穷举法，即把所有可能的输入全部作为测试用例进行测试的方法。像这样穷尽输入测试可行吗？显然，这样是不现实的，穷尽输入测试会耗费大量的人力和时间。这就需要我们选择测试方法，使用尽可能少的测试用例去发现尽可能多的软件故障，以提高测试效率，降低软件风险。简言之，就是在最短的时间内，以最少的人力发现最多、最严重的缺陷。这就要求测试是精确的，针对性强，也要求测试是完备的，覆盖面广，无漏洞，可以覆盖用户所有的需求；同时需要测试无冗余，测试方法简单易行，还要求测试易于调试，缺陷定位难度小。

常用的黑盒测试方法主要有边界值分析法、等价类划分法、因果图法等，每种方法各有所长，需要我们根据软件系统的特点选择合适的测试方法，有效地解决软件开发中的测试问题。

5.1 等价类划分法

等价类划分法是一种常用的黑盒测试方法，它主张从大量的数据中选择一部分数据用于测试，即尽可能使用最少的测试用例覆盖最多的数据，以发现更多的软件缺陷。本节将针对等价类划分法的概念及使用进行详细的讲解。

5.1.1 等价类划分法概述

一个程序可以有多个输入，等价类划分就是将这些输入数据按照输入需求进行分类，将它们划分为若干个子集，这些子集即为等价类，在每个等价类中选择有代表性的数据设计测试用例。这种方法类似于学生站队，男生站左边，女生站右边，老师站中间，这样就把师生群体划分成了三个等价类。

使用等价类划分法测试程序需要经过划分等价类和设计测试用例两个步骤，具体介绍

如下。

1. 划分等价类

等价类可分为有效等价类与无效等价类，其含义如下。

(1) 有效等价类：有效等价类就是有效值的集合，它们是符合程序要求、合理且有意义的输入数据。

(2) 无效等价类：无效等价类就是无效值的集合，它们是不符合程序要求、不合理或无意义的输入数据。

了解了有效等价类与无效等价类，那么如何划分等价类呢？一般在划分等价类时需要遵守以下原则。

(1) 如果程序要求输入值是一个有限区间的值，则可以将输入数据划分为 1 个有效等价类和两个无效等价类，有效等价类为指定的取值区间。两个无效等价类分别为有限区间两边的值。例如，某程序要求输入值 x 的范围为[1，100]，则有效等价类为 $1\leqslant x\leqslant 100$，无效等价类为 $x<1$ 和 $x>100$。

(2) 如果程序要求输入的值是一个“必须成立”的情况，则可以将输入数据划分为 1 个有效等价类和 1 个无效等价类。例如，某程序要求密码正确，则正确的密码为有效等价类，错误的密码为无效等价类。

(3) 如果程序要求输入数据是一组可能的值，或者要求输入值必须符合某个条件，则可以将输入数据划分为 1 个有效等价类和 1 个无效等价类。例如，某程序要求输入数据必须是以数字开头的字符串，则以数字开头的字符串是有效等价类，不以数字开头的字符串是无效等价类。

(4) 如果在某一个等价类中，每个输入数据在程序中的处理方式都不相同，则应将该等价类划分成更小的等价类，并建立等价表。

同一个等价类中的数据发现程序缺陷的能力是相同的，如果使用等价类中的一个数据不能捕获缺陷，那么使用等价类中的其他数据也不能捕获缺陷；同样，如果等价类中的一个数据能够捕获缺陷，那么该等价类中的其他数据也能捕获缺陷，即等价类中的所有输入数据都是等效的。

正确地划分等价类可以极大地降低测试用例的数量，测试会更准确、有效。划分等价类时不但要考虑有效等价类，还要考虑无效等价类，对于等价类要认真分析、审查划分，过于粗略的划分可能会漏掉软件缺陷，如果错误地将两个不同的等价类当作一个等价类，则会遗漏测试情况。例如，某程序要求输入取值范围为 1~100 的整数，若一个测试用例输入了数据 0.6，则在测试中很可能只检测出非整数错误，而检测不出取值范围的错误。

2. 设计测试用例

确立了等价类之后，需要建立等价类表，列出所有划分出的等价类，用以设计测试用例。基于等价类划分法的测试用例设计步骤如下所示。

(1) 确定测试对象，保证非测试对象的正确性。

(2) 为每个等价类规定一个唯一编号。

(3) 设计有效等价类的测试用例，使其尽可能多地覆盖尚未被覆盖的有效等价类，直到测试用例覆盖了所有的有效等价类。

(4) 设计无效等价类的测试用例，使其覆盖所有的无效等价类。

5.1.2 实例：三角形问题的等价类划分

三角形问题是测试中广泛使用的一个经典案例，它要求输入 3 个正数 a、b、c 作为三角形的 3 条边，判断这 3 个数构成的是一般三角形、等边三角形、等腰三角形，还是无法构成三角形。如果使用等价类划分法设计三角形程序的测试用例，首先需要将所有输入数据划分为不同的等价类。

对该案例进行分析，程序要求输入 3 个数，并且是正数，在输入 3 个正数的基础上判断这 3 个数能否构成三角形，如果能构成三角形，再判断它构成的三角形是一般三角形、等腰三角形还是等边三角形。按照下列步骤将输入情况划分为不同的等价类。

(1) 判断是否输入了 3 个数，可以将输入情况划分成 1 个有效等价类、4 个无效等价类，具体如下。

①有效等价类：输入 3 个数。

②无效等价类：输入 0 个数。

③无效等价类：只输入 1 个数。

④无效等价类：只输入 2 个数。

⑤无效等价类：输入超过 3 个数。

(2) 在输入 3 个数的基础上，判断 3 个数是否是正数，可以将输入情况划分为 1 个有效等价类、3 个无效等价类，具体如下。

①有效等价类：3 个数都是正数。

②无效等价类：有 1 个数小于等于 0。

③无效等价类：有 2 个数小于等于 0。

④无效等价类：3 个数都小于等于 0。

(3) 在输入 3 个正数的基础上，判断 3 个数是否能构成三角形，可以将输入情况划分为 1 个有效等价类和 1 个无效等价类，具体如下。

①有效等价类：任意 2 个数之和大于第 3 个数，$a+b>c$、$a+c>b$、$b+c>a$。

②无效等价类：其中 2 个数之和小于等于第 3 个数。

(4) 在 3 个数构成三角形的基础上，判断 3 个数是否能构成等腰三角形，可以将输入情况划分成 1 个有效等价类和 1 个无效等价类，具体如下。

①有效等价类：其中有 2 个数相等，$a=b$ 或者 $a=c$ 或者 $b=c$。

②无效等价类：3 个数均不相等。

(5) 在构成等腰三角形的基础上，判断这 3 个数能否构成等边三角形，可以将输入情况划分为 1 个有效等价类和 1 个无效等价类，具体如下。

①有效等价类：3 个数相等，$a=b=c$。

②无效等价类：3 个数不相等。

上述分析一共将三角形输入划分为 15 个等价类，给这些等价类确定编号，并建立等价类表，如表 5-1 所示。

表 5-1 三角形输入等价表

需求	有效等价类	编号	无效等价类	编号
输入 3 个数	输入 3 个数	1	输入 0 个数	2
			只输入 1 个数	3
			只输入 2 个数	4
			输入超过 3 个数	5
3 个数是否都是正数	3 个数都是正数	6	有 1 个数小于等于 0	7
			有 2 个数小于等于 0	8
			3 个数都小于等于 0	9
3 个数是否能构成三角形	任意 2 个数之和大于第 3 个数	10	其中 2 个数之和小于等于第 3 个数	11
3 个数是否能构成等腰三角形	其中 2 个数相等：$a=b \mid \mid a=c \mid \mid b=c$	12	3 个数均不相等	13
3 个数是否能构成等边三角形	3 个数相等，$a=b=c$	14	3 个数不相等	15

建立了等价类表，接下来设计测试用例覆盖等价类，设计测试用例的原则是，尽可能使用最少的测试用例覆盖最多的等价类。首先设计覆盖有效等价类的测试用例，在设计时，既要考虑测试输入情况的全面性，又要考虑对有效等价类的覆盖情况。根据表 5-1 中的有效等价类设计测试用例，如表 5-2 所示。

表 5-2 有效等价类的测试用例

测试用例	输入 3 个数	覆盖有效等价类的编号
test1	1 2 3	1 6
test2	3 4 5	1 6 10
test3	6 6 8	1 6 10 12
test8	6 6 6	1 6 10 12 14

表 5-2 设计了 4 个测试用例，覆盖了全部的有效等价类。无效等价类测试用例的设计

原则与有效等价类的测试用例相同，无效等价类的测试用例如表 5-3 所示。

表 5-3　无效等价类的测试用例

测试用例	输入 3 个数	覆盖无效等价类的编号
test5	-1　-1　-1	9
test6	-1　-1　5	8
test7	-1　4　5	7
test8	输入 0 个数据	2
test9	1	3
test10	1　2	4
test11	1　3　4	11
test12	1　2　3　4	5
test13	3　4　5	13
test14	3　3　5	15

由表 5-3 可知，设计了 10 个测试用例，覆盖了全部的无效等价类。用户在测试三角形程序时，使用上述测试用例可最大限度地检测出程序中的缺陷和不足。

5.1.3　实例：注册邮箱

如图 5-1 所示，邮箱名要求 6~18 个字符，可使用字母、数字、下划线，需以字母开头。

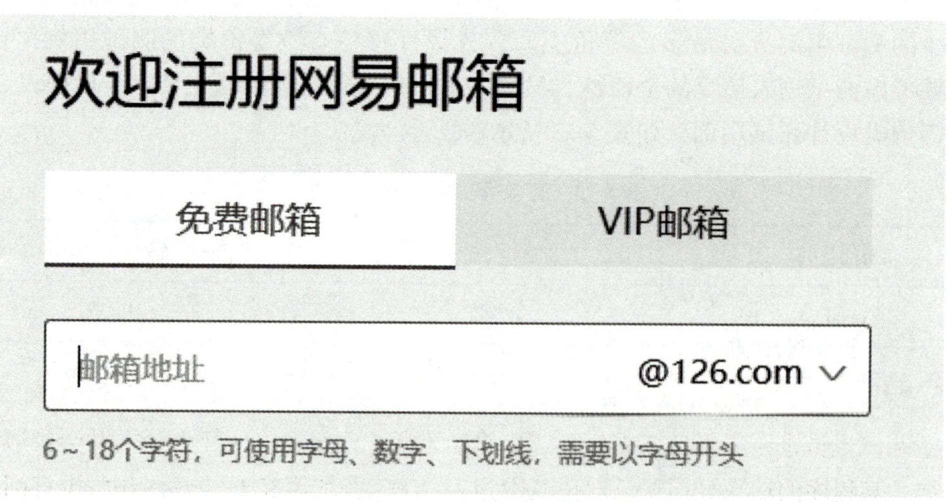

图 5-1　邮箱注册页面

依据本章介绍的等价类划分法，划分出邮箱功能的等价类表，如表 5-4 所示。

表 5-4 邮箱功能的等价类表

功能	有效等价类	编号	无效等价类	编号
邮箱名	6～18 个字符	1	少于 6 个字符	2
			多于 18 个字符	3
			空	4
	包含字母、数字、下划线	5	除字母、数字、下划线的特殊字符	6
			非打印字符	7
			特殊字符	8
	以字母开头	9	以数字或下划线开头	10

依据表 5-4 划分的等价类设计相应的测试用例，如表 5-5 所示。

表 5-5 邮箱功能的测试用例

用例编号	输入数据	覆盖有效等价类编号	预期输出
1	Xiaoming_123	1，5，9	合法输入
2	xiao	2	不合法输入
3	xiaomingxiaomingxiaoming	3	不合法输入
4	空	4	不合法输入
5	Xiaoming&&＊＊12	6	不合法输入
6	Xiaoming 123	7	不合法输入
7	Xiaoming 邮箱	8	不合法输入
8	_xiaoming123	9	不合法输入
9	123xiaoming	9	不合法输入

5.2 边界值分析法

对于测试人员来说，测试工作做得越多越会发现，程序的一些错误往往发生在边界处理上，例如，某程序的输入数据要求取值范围为 1～100，当取值在 1～100 内部时没有问题，然而取边界值 1 或 100 时会发生错误，这就是程序开发时对边界问题没有做好处理。边界值分析法就是对边界值进行测试的一种方法，本节将针对边界值分析法进行详细讲解。

5.2.1 边界值分析法概述

边界值分析法是对软件的输入或输出边界进行测试的一种方法，它通常作为等价类划分法的一种补充测试。对于软件来说，错误经常发生在输入或输出值的关键点，即从符合需求到不符合需求的关键点，因此边界值分析法是在等价类的边界上执行软件测试工作，它的所有测试用例都是在等价类的边界处设计。

在等价类划分法中，无论输入等价类还是输出等价类，都会有多个边界，而边界值分析法就是在这些边界附近寻找某些点作为测试数据，而不是在等价类内部选择测试数据。

在等价类中选择边界值时，如果输入条件规定了取值范围或值的个数，则在选取边界值时可选取 5 个测试值或 7 个测试值。如果选取 5 个测试值，则在两个边界值内选取 5 个测试数据：最小值、略大于最小值、正常值、略小于最大值、最大值。例如，输入条件规定取值范围为 1~100，则可以选取 1、1.1、50、99.9、100 这 5 个值作为测试数据。如果选取 7 个测试值，则在取值范围外再各选取一个测试数据，分别是略小于最小值、最小值、略大于最小值、正常值、略小于最大值、最大值、略大于最大值。对于上述输入条件，可选取 0.9、1、1.1、50、99.9、100、100.1 这 7 个值作为测试数据。这两种取值方案如表 5-6 所示。

表 5-6 1~100 边界值选取

<table>
<tr><th>选取方案</th><th colspan="7">选取数据</th></tr>
<tr><td>选取 5 个值</td><td colspan="2">1</td><td colspan="2">1.1</td><td>50</td><td>99.9</td><td>100</td></tr>
<tr><td>选取 7 个值</td><td>0.9</td><td>1</td><td>1.1</td><td>50</td><td>99.9</td><td>100</td><td>100.1</td></tr>
</table>

如果软件要求输入或输出是一组有序集合，如数组、链表等，则可选取第一个和最后一个元素作为测试数据。如果被测试程序中有循环，则可选取第 0 次、第 1 次与最后两次循环作为测试数据。除了上述讲解到的边界值选取之外，软件还有其他边界值的选取情况，在对软件进行测试时，要仔细分析软件规格需求，找出其可能的边界条件。

边界值分析法作为一种单独的软件测试方法，它只在边界取值上考虑测试的有效性，相对于等价类划分法来说，它的执行更加简单易行，但缺乏充分性，不能整体、全面地测试软件，因此它只能作为等价类划分法的补充测试。

5.2.2 实例：三角形问题的边界值分析

在 5.1.2 节，我们学习了三角形问题的等价类划分，在等价类划分中，除了要求输入数据为 3 个正数之外，没有给出其他限制条件，如果要求三角形的边长取值范围为 1~100，则可以使用边界值分析法对三角形边界边长进行测试。在设计测试用例时，分别选取 1、2、50、99、100 这 5 个值作为测试数据，则三角形边界值分析测试用例如表 5-7 所示。

表 5-7　三角形边界值分析测试用例

测试用例	输入 3 个数	被测边界	预期输出
test1	50　50　1	1	等腰三角形
test2	50　50　2		等腰三角形
test3	50　50　50	无	等边三角形
test4	50　50　99	100	等腰三角形
test5	50　50　100		不构成三角形

在表 5-7 中，test1 中的边长 1 是最小临界值，test2 中的边长 2 是略大于最小值的数据，test3 中的 50 是 1~100 范围内的任意值，test4 中的边长 99 是略小于最大值的数据，test5 中边长 100 是最大临界值，使用这几组测试用例基本可以检测出三角形边界存在的缺陷。

5.2.3　实例：微信发红包

微信发私人红包最多发 200 元，200 元这个金额就是发红包功能的一个边界。如果再细分一点，我们可以认为 200 元是发红包金额的上边界，实质上还有一个隐含的下边界，即金额要大于 0。依据本章介绍的边界值分析法设计微信私人红包功能的测试用例，如表 5-8 所示。

表 5-8　微信私人红包边界值分析测试用例

用例编号	输入	被测边界	预期输出
1	-0.01	0	不合法
2	0.01	0	合法
3	0.00	0	不合法
4	100	中间值	合法
5	199.99	200	合法
6	200	200	合法
7	200.01	200	不合法

5.3　因果图与决策表法

等价类划分法与边界值分析法主要侧重于输入条件，却没有考虑这些输入之间的关系，如组合、约束等。如果程序输入之间有作用关系，等价类划分法与边界值分析法很难描述这些输入之间的作用关系，就无法保证测试效果。因此，需要学习一种新的方法来描述多个输入之间的制约关系，这就是因果图法。

5.3.1 因果图设计法

因果图法是一种利用图解法分析输入的各种组合情况的测试方法，它考虑了输入条件的各种组合及输入条件之间的相互制约关系，并考虑输出情况。例如，某一软件要求输入地址，具体到市区，如“北京→昌平区”“天津→南开区”，其中第 2 个输入受到第 1 个输入的约束，输入的地区只能在输入的城市中选择，否则地址就是无效的。像这样多个输入之间有相互约束关系的情况，就无法使用等价类划分法和边界值分析法设计测试用例。因果图法就是为了解决多个输入之间的作用关系而产生的测试用例设计方法。

下面介绍如何使用因果图展示多个输入和输出之间的关系，并且学习如何通过因果图设计测试用例。

1. 因果图

因果图需要处理输入之间的作用关系，还要考虑输出情况，因此它包含了复杂的逻辑关系，这些复杂的逻辑关系通常用图示来展现，这些图示就是因果图。

因果图使用一些简单的逻辑符号和直线将程序的因(输入)与果(输出)连接起来，一般原因用 c_i 表示，结果用 e_i 表示，c_i 和 e_i 可以取值“0”或“1”，其中“0”表示状态不出现，“1”表示状态出现。

c_i 与 e_i 之间有恒等、非(~)、或(∨)、与(∧)4 种关系，如图 5-2 所示。

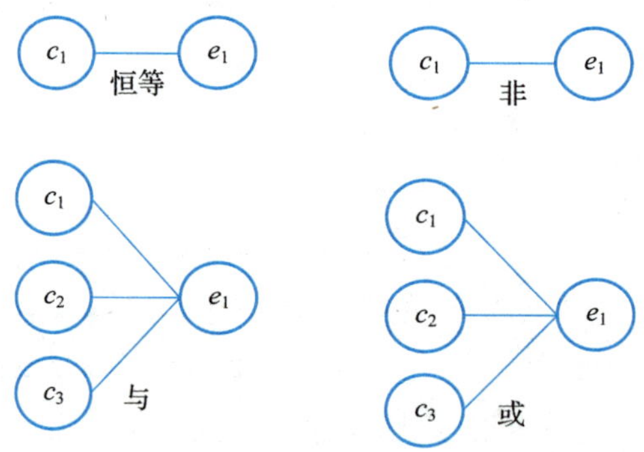

图 5-2　因果图

图 5-2 展示了因果图的 4 种关系，每种关系的具体含义如下所示。

(1)恒等：在恒等关系中，要求程序有 1 个输入和 1 个输出，输出与输入保持一致。若 c_1 为 1，则 e_1 也为 1；若 c_1 为 0，则 e_1 也为 0。

(2)非：非使用符号“~”表示，在这种关系中，要求程序有 1 个输入和 1 个输出，输出是输入的取反。若 c_1 为 1，则 e_1 为 0；若 c_1 为 0，则 e_1 为 1。

(3)或：或使用符号“∨”表示，或关系可以有任意个输入，只要这些输入中有一个为 1，则输出为 1，否则输出为 0。

(4) 与：与使用符号“∧”表示，与关系也可以有任意个输入，但只有这些输入全部为 1，输出才能为 1，否则输出为 0。

在软件测试中，如果程序有多个输入，那么除了输入与输出之间的作用关系之外，这些输入之间往往也会存在某些依赖关系，某些输入条件本身不能同时出现，某一种输入可能会影响其他输入。例如，某一软件用于统计体检信息，在输入个人信息时，性别只能输入“男”或“女”，这两种输入不能同时存在，而且如果输入性别为女，那么体检项就会受到限制。这些依赖关系在软件测试中称为“约束”，约束的类别可分为 4 种：E(exclusive，异)、I(at least one，或)、O(one and only one，唯一)、R(requires，要求)，在因果图中，用特定的符号表明这些约束关系，如图 5-3 所示。

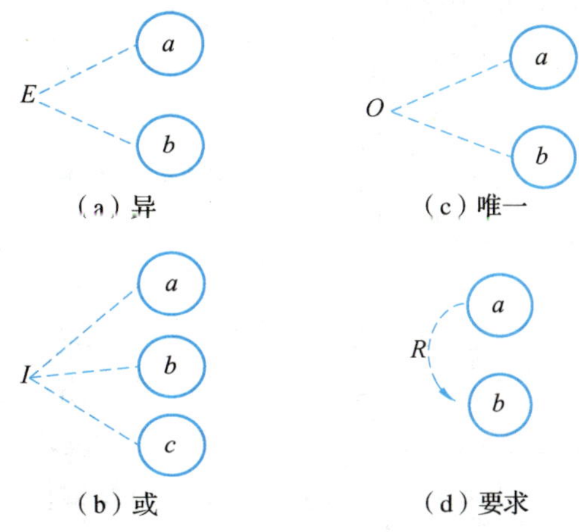

图 5-3　多个输入之间的约束符号

图 5-3 展示了多个输入之间的约束符号，这些约束关系的含义具体如下所示。

(1) E(异)：a 和 b 中最多只能有一个为 1，即 a 和 b 不能同时为 1。

(2) I(或)：a、b 和 c 中至少有一个必须是 1，即 a、b、c 不能同时为 0。

(3) O(唯一)：a 和 b 有且仅有一个为 1。

(4) R(要求)：a 和 b 必须保持一致，即 a 为 1 时，b 也必须为 1；a 为 0 时，b 也必须为 0。

上面这 4 种都是关于输入条件的约束。除了输入条件，输出条件也会相互约束，输出条件的约束只有一种：M(mask，强制)，在因果图中，使用特定的符号表示输出条件之间的强制约束关系，如图 5-4 所示。

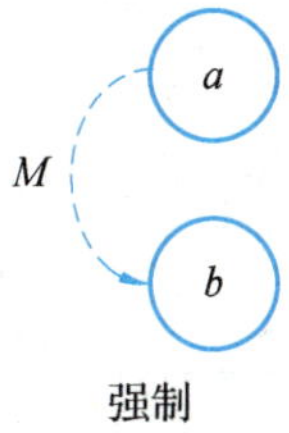

M　a　b

强制

图 5-4　输出条件之间的强制约束关系

在输出条件的强制约束关系中，如果 a 为 1，则 b 强制为 0；如果 a 为 0，则 b 强制为 1。

2. 因果图设计测试用例的步骤

使用因果图法设计测试用例需要经过以下几个步骤。

(1) 分析程序规格说明书描述的内容，确定程序的输入与输出，即确定“原因”和“结果”。

(2)分析得出输入与输入之间、输入与输出之间的对应关系，将这些输入与输出之间的关系使用因果图表示出来。

(3)由于语法与环境的限制，有些输入与输入之间、输入与输出之间的组合情况是不可能出现的，对于这种情况，使用符号标记它们之间的限制或约束关系。

(4)将因果图转换为决策表。决策表将在 5.3.2 节介绍。

(5)根据决策表设计测试用例。

因果图法考虑了输入情况的各种组合以及各种输入情况之间的相互制约关系，可以帮助测试人员按照一定的步骤高效率地开发测试用例。此外，因果图是由自然语言规格说明转化成形式语言规格说明的一种严格方法，它能够发现规格说明书中存在的不完整性和二义性，帮助开发人员完善产品的规格说明。

5.3.2 决策表

在实际测试中，如果输入条件较多，再加上各种输入与输出之间的相互作用关系，画出的因果图会比较复杂，容易使人混乱。为了避免这种情况，人们往往使用决策表法代替因果图法。

决策表也称为判定表，其实质就是一种逻辑表。在程序设计发展初期，判定表就已经被当作程序开发的辅助工具，帮助开发人员整理开发模式和流程，因为它可以把复杂的逻辑关系和多种条件组合的情况表达得既具体又明确。利用决策表，可以设计出完整的测试用例集合。

为了让读者明白什么是决策表，下面通过一个“图书阅读指南”来制作一个决策表。图书阅读指南指明了图书阅读过程中可能出现的状况，以及针对各种情况给读者的建议。在图书阅读过程中可能会出现 3 种情况：是否疲倦、是否对内容感兴趣、对书中的内容是否感到糊涂。如果回答是肯定的，则使用“Y”标记；如果回答是否定的，则使用“N”标记。那么这 3 种情况可以有 $2^3=8$ 种组合，针对这 8 种组合，阅读指南给读者提供了 4 条建议：回到本章开头重读、继续读下去、跳到下一章去读、停止阅读并休息，据此制作的图书阅读指南决策表如表 5-9 所示。

表 5-9 图书阅读指南决策表

问题与建议		1	2	3	4	5	6	7	8
问题	是否疲倦	Y	Y	Y	Y	N	N	N	N
	是否对内容感兴趣	Y	Y	N	N	N	Y	Y	N
	对书中内容是否感到糊涂	Y	N	N	Y	Y	Y	N	N
建议	回到本章开头重读						√		
	继续读下去							√	
	跳到下一章去读					√			√
	停止阅读并休息	√	√	√	√				

表 5-9 就是一个决策表，根据这个决策表阅读图书，对各种情况的处理一目了然，简洁高效。

决策表通常由 4 个部分组成，具体如下。

(1) 条件桩：列出问题的所有条件，除了某些问题对条件的先后次序有要求之外，通常决策表中所列条件的先后次序都无关紧要。

(2) 条件项：条件桩的所有可能取值。

(3) 动作桩：问题可能采取的操作，这些操作一般没有先后次序之分。

(4) 动作项：指出在条件项的各组取值情况下应采取的动作。

这 4 个组成部分对应到表 5-9 中，条件桩包括是否疲倦、是否对内容感兴趣、对书中内容是否感到糊涂；条件项包括“Y”与“N”；动作桩包括回到本章开头重读、继续读下去、跳到下一章去读、停止阅读并休息；动作项是指在问题综合情况下所采取的具体动作，动作项与条件项紧密相关，它的值取决于条件项的各组取值情况。

在决策表中，任何一个条件组合的特定取值及其相应要执行的操作称为一条规则，即决策表中的每一列就是一条规则，每一列都可以设计一个测试用例，根据决策表设计测试用例就不会有所遗漏。

在实际测试中，条件桩往往很多，而且每个条件桩都有真、假两个条件项，有 n 个条件桩的决策表就会有 2^n 条规则，如果每条规则都设计一个测试用例，不仅工作量大，而且有些工作量可能是重复且无意义的，例如，在表 5-9 中，第 1、2 条规则，第 1 条规则取值为 Y、Y、Y，执行结果为“停止阅读并休息”；第 2 条规则取值为 Y、Y、N，执行结果也为“停止阅读并休息”。对于这两条规则来说，前两个问题的取值相同，执行结果一样，因此第 3 个问题的取值对结果并无影响，这个问题就称为无关条件项，使用“-”表示。忽略无关条件项，可以将这两条规则进行合并，如图 5-5 所示。

由图 5-5 可知，规则 1 与规则 2 合并成了一条规则。由于合并之后的无关条件项(-)包含其他条件项取值，因此具有相同动作的规则还可进一步合并，如图 5-6 所示。

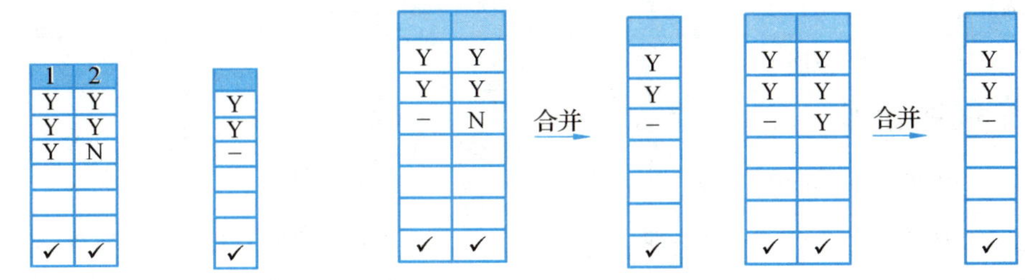

图 5-5 合并规则 1 与规则 2　　图 5-6 进一步合并规则

由图 5-6 可知，包含无关条件项“-”的规则还可以与其他规则合并。注意：图 5-6 中只是演示合并后的规则，还可以与其他规则进一步合并，但规则 1 与规则 2 合并之后就不再存在于决策表中了。

将规则进行合并，可以减少重复的规则，相应地减少测试用例的设计，这样可以大大减少软件测试的工作量。图书阅读指南决策表最初有 8 条规则，进行合并之后，只剩下 5 条规则，简化后的图书阅读指南决策表如表 5-10 所示。

表 5-10 简化后的图书阅读指南决策表

问题与建议		1	2	3	4	5
问题	是否疲倦	Y	Y	N	N	N
	是否对内容感兴趣	Y	N	N	Y	Y
	对书中内容是否感到糊涂	-	-	-	Y	N
建议	回到本章开头重读				√	
	继续读下去					√
	跳到下一章去读			√		
	停止阅读并休息	√	√			

表 5-10 是简化后的图书阅读指南决策表，相比于表 5-9，它简洁了很多，在测试时只需要设计 5 个测试用例即可覆盖所有的情况。

相比于因果图，决策表能够把复杂的问题按各种可能的情况一一列举，简明而易于理解，也避免遗漏，因此在多逻辑条件下执行不同操作的情况下，决策表使用得更多。

5.3.3 实例：三角形决策表

在测试用例中，三角形问题是一个永盛不衰的经典案例，这里继续使用三角形讲解决策表的构建与测试用例的设计。三角形的三条边是否能构成三角形？如果能构成三角形，那么是构成一般三角形、等腰三角形还是等边三角形？据此分析，三角形问题有 4 个原因：是否构成三角形？$a=b$？$b=c$？$c=a$？有 5 个结果：不构成三角形、一般三角形、等腰三角形、等边三角形、不符合逻辑，具体如表 5-11 所示。

表 5-11 三角形的原因与结果

原因		结果	
是否构成三角形？	c_1	不构成三角形	e_1
$a=b$?	c_2	一般三角形	e_2
$b=c$?	c_3	等腰三角形	e_3
$a=c$?	c_4	等边三角形	e_4
		不符合逻辑	e_5

在表 5-11 中，有 4 个原因，每个原因可取值“Y”和“N”，因此共有 $2^4=16$ 条规则，如表 5-12 所示。

表 5-12　三角形决策表

规则		1	2	3	4	5	6	7	8	9	10	11	12	13	14	15	16
原因	c_1	Y	Y	Y	Y	Y	Y	Y	Y	N	N	N	N	N	N	N	N
	c_2	Y	N	Y	N	N	Y	Y	N	Y	N	Y	Y	N	Y	N	N
	c_3	Y	N	N	Y	N	Y	N	Y	Y	Y	N	Y	N	N	Y	N
	c_4	Y	N	N	N	Y	N	Y	Y	Y	Y	Y	N	Y	N	N	N
结果	e_1									√	√	√	√	√	√	√	√
	e_2		√														
	e_3			√	√	√											
	e_4	√															
	e_5						√	√	√								

在表 5-12 中，由规则 9 到规则 16 可知，只要 c_1 为 N，则无论 c_2、c_3、c_4 取何值，结果都是 e_1，因此 c_2、c_3、c_4 为无关条件项，可以将规则 9 到规则 16 合并成一条规则，而剩余其他规则无法合并简化，因此简化后的决策表如表 5-13 所示。

表 5-13　简化后的三角形决策表

规则		1	2	3	4	5	6	7	8	9
原因	c_1	Y	Y	Y	Y	Y	Y	Y	Y	N
	c_2	Y	N	Y	N	N	Y	Y	N	-
	c_3	Y	N	N	Y	N	Y	N	Y	-
	c_4	Y	N	N	N	Y	N	Y	Y	-
结果	e_1									√
	e_2		√							
	e_3			√	√	√				
	e_4	√								
	e_5						√	√	√	

根据表 5-13 可设计 9 个测试用例用于测试三角形，如表 5-14 所示。

表 5-14　三角形测试用例

测试用例	a	b	c	预期结果
test1	3	3	3	等边三角形
test2	3	4	5	一般三角形
test3	3	3	4	等腰三角形
test4	4	3	3	等腰三角形
test5	3	4	3	等腰三角形
test6	?	?	?	不符合逻辑
test7	?	?	?	不符合逻辑
test8	?	?	?	不符合逻辑
test9	1	2	3	不构成三角形

5.3.4　实例：工资发放决策表

某公司的薪资管理制度如下：员工工资分为年薪制和月薪制两种，员工的错误定位包括普通错误与严重错误两种，如果是年薪制的员工，犯普通错误扣款 2%，犯严重错误扣款 4%；如果是月薪制的员工，犯普通错误扣款 4%，犯严重错误扣款 8%。该公司编写了一款软件用于员工工资计算发放，现在要对该软件进行测试。

对公司员工工资管理进行分析，可得出员工工资由 4 个因素决定：年薪、月薪、普通错误、严重错误，其中年薪与月薪不可能并存，但普通错误和严重错误可以并存；而员工最终扣款结果有 7 种：未扣款、扣款 2%、扣款 4%、扣款 6%(2%+4%)、扣款 4%、扣款 8%、扣款 12%(4%+8%)，由此总结出该软件测试的原因与结果，如表 5-15 所示。

表 5-15　员工工资原因与结果

原因	年薪	c_1
	月薪	c_2
	普通错误	c_3
	严重错误	c_4
结果	未扣款	e_1
	扣款 2%	e_2
	扣款 4%	e_3
	扣款 6%	e_4
	扣款 4%	e_5
	扣款 8%	e_6
	扣款 12%	e_7

在表 5-15 中，有 4 个原因，假设每个原因有“Y”和“N”两个取值，理论上可以组成 $2^4=16$ 种规则，但是 c_1 与 c_2 不能同时并存，因此有 $2^3=8$ 种规则，如表 5-16 所示。

表 5-16 员工工资决策表

规则		1	2	3	4	5	6	7	8
原因	c_1	Y	Y	Y	Y				
	c_2					Y	Y	Y	Y
	c_3	N	Y	N	Y	N	Y	N	Y
	c_4	N	N	Y	Y	N	N	Y	Y
结果	e_1	√				√			
	e_2		√						
	e_3			√					
	e_4				√				
	e_5						√		
	e_6							√	
	e_7								√

分析该员工工资决策表，并没有可以合并的规则，因此在测试时需要设计 8 个测试用例。根据公司的薪资情况可设计测试用例如表 5-17 所示。

表 5-17 员工工资测试用例

测试用例	薪资制度	薪资/元	错误程度	扣款/元
test1	年薪制	200000	无	0
test2		250000	普通	5000
test3		300000	严重	12000
test4		350000	普通+严重	21000
test5	月薪制	8000	无	0
test6		10000	普通	400
test7		15000	严重	1200
test8		8000	普通+严重	960

5.4 正交实验设计法

在实际的软件测试中，软件往往会很复杂，很难从软件的规格说明中得出一一对应的输入和输出关系，基本无法划分出等价类，而使用因果图法，画出的因果图也会很庞大。为了合理、有效地进行测试，可以利用正交实验设计法设计测试用例。

5.4.1 正交实验设计法概述

正交实验设计(orthogonal experimental design)法是指从大量的实验点中挑选出适量的、有代表性的点，依据 Glois 理论导出“正交表”，从而合理地安排实验的一种实验设计方法。

正交实验设计法是研究多因素、多水平的一种实验方法，生物学中经常会用这种方法研究植物的生长状况，一株植物的生长状况会受到多种因素的影响，包括种子质量等内部因素，还包括阳光、空气、水分、土壤等外部因素。在软件测试中，如果软件比较复杂，也可以利用正交实验设计法设计测试用例对软件进行测试。

正交实验设计法包含 3 个关键因素，具体如下。

(1)指标：判断实验结果优劣的标准。

(2)因子：因子也称为因素，是指所有影响实验指标的条件。

(3)因子的状态：因子的状态也叫因子的水平，它指的是因子变量的取值。

利用正交实验设计法设计测试用例时，可以按照如下步骤进行。

1)提取因子，构造因子状态表

分析软件的规格需求说明得到影响软件功能的因子，确定因子可以有哪些取值，即确定因子的状态。例如，某一软件的运行受到操作系统和数据库的影响，因此影响其运行成功的因子有操作系统和数据库两个，而操作系统有 Windows、Linux、Mac 三个取值，数据库有 MySQL、MongoDB、Oracle 三个取值，因此操作系统的因子状态为 3，数据库因子状态为 3。

据此构造该软件运行功能的因子-状态表，如表 5-18 所示。

表 5-18 因子-状态表

因子	因子的状态		
操作系统	Windows	Linux	Mac
数据库	MySQL	MongoDB	Oracle

2)加权筛选，简化因子-状态表

在实际软件测试中，软件的因子及因子的状态会有很多，每个因子及其状态对软件的作用也大不相同，如果把这些因子及状态都划分到因子-状态表中，最后生成的测试用例会相当庞大，从而影响软件测试的效率。因此需要根据因子及状态的重要程度进行加权筛选，选出重要的因子与状态，简化因子-状态表。

加权筛选就是根据因子或状态的重要程度、出现频率等因素计算因子和状态的权值，权值越大，表明因子或状态越重要，而权值越小，表明因子或状态的重要性越小。加权筛选之后，可以去掉一部分权值较小的因子或状态，使最后生成的测试用例集缩减到允许的范围。

3) 构建正交表，设计测试用例

正交表的表示形式为 $L_n(t^c)$。

(1) L 表示正交表。

(2) n 为正交表的行数，正交表的每一行可以设计一个测试用例，因此行数 n 也表示可以设计的测试用例的数目。

(3) c 表示正交实验的因子数目，即正交表的列数，因此正交表是一个 n 行 c 列的表。

(4) t 称为水平数，表示每个因子能够取得的最大值，即因子有多少个状态。

例如，$L_4(2^3)$ 是最简单的正交表，它表示该实验有 3 个因子，每个因子有两个状态，可以做 4 次实验，如果用 0 和 1 表示每个因子的两种状态，则该正交表就是一个 4 行 3 列的表，如表 5-19 所示。

表 5-19　$L_4(2^3)$ 正交表

行	列		
	1	2	3
1	1	1	1
2	1	0	0
3	0	1	0
4	0	0	1

假设表 5-19 中的 3 个因子为登录用户名、密码和验证码，用户名、密码和验证码有正确(用 1 表示)和错误(用 0 表示)两种状态，正常需要设计 $2^3=8$ 个测试用例，而使用正交表只需要设计 4 个测试用例就可以达到同样的测试效果。因此，正交实验设计法是一种高效、快速、经济的实验设计方法。

在表 5-19 中，3 个因子的状态都有两种，这样的正交实验比较容易设计正交表，但在实际软件测试中，大多数情况下，软件有多个因子，每个因子的状态数目都不相同，即各列水平数不等，这样的正交表称为混合正交表，如 $L_8(2^4\times4^1)$，这个正交表表示有 4 个因子有 2 种状态，有 1 个因子有 4 种状态。混合正交表往往难以确定测试用例的数目，即 n 的值，这种情况下，读者可以登录正交表的一些权威网站，查询 n 值，例如，图 5-7 展示的是一个正交表查询网站的主页。

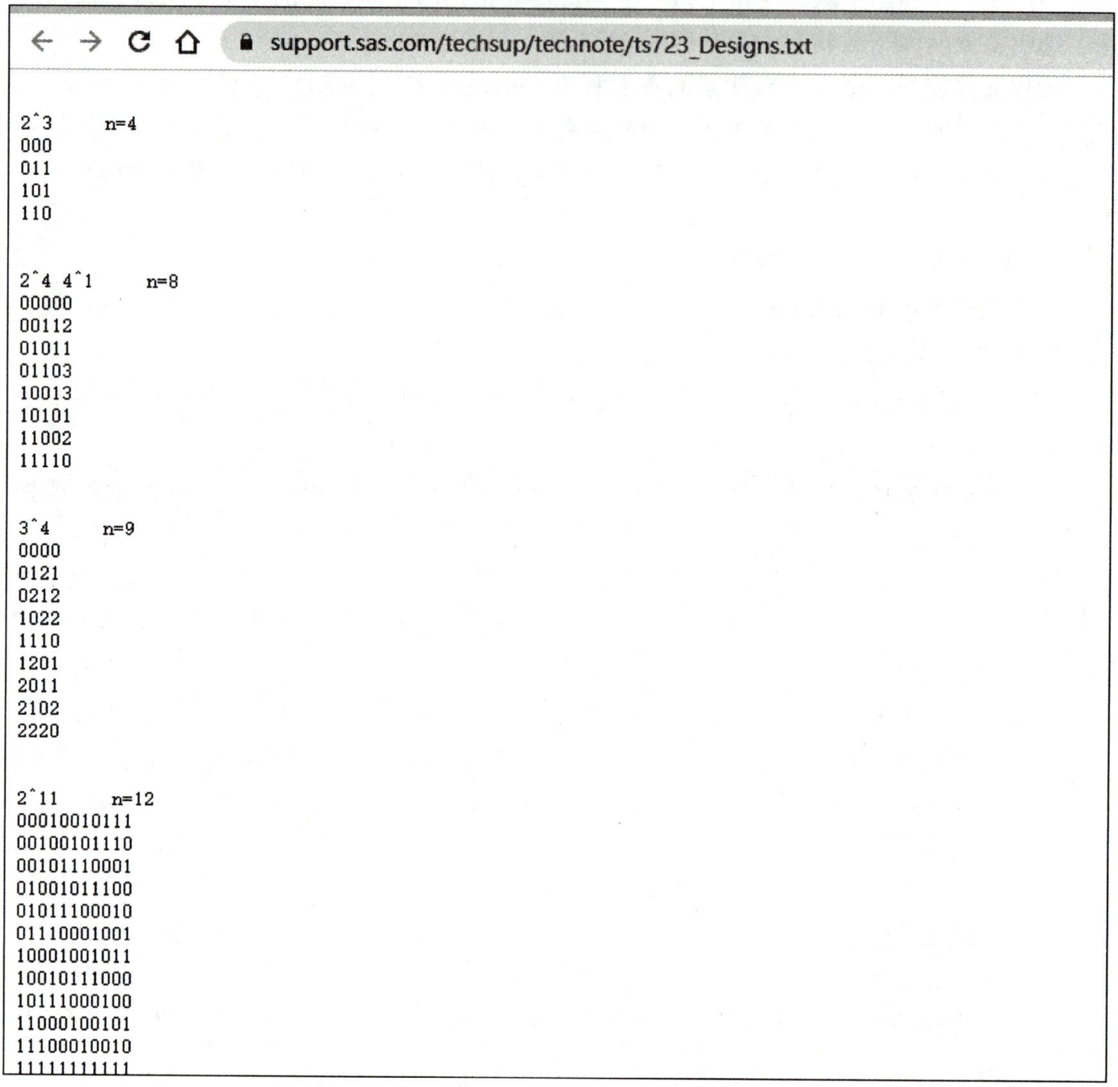

support.sas.com/techsup/technote/ts723_Designs.txt

```
2^3      n=4
000
011
101
110

2^4 4^1      n=8
00000
00112
01011
01103
10013
10101
11002
11110

3^4      n=9
0000
0121
0212
1022
1110
1201
2011
2102
2220

2^11      n=12
00010010111
00100101110
00101110001
01001011100
01011100010
01110001001
10001001011
10010111000
10111000100
11000100101
11100010010
11111111111
```

图 5-7 正交表查询网站

在这里，读者可以查询到不同因子数、不同水平数的正交表的 n 值。在该网站查找到 $2^4 \times 4^1$ 的正交表 n 值为 8，其正交表设计如表 5-20 所示。

表 5-20 $L_8(2^4 \times 4^1)$ 正交表

行	列				
	1	2	3	4	5
1	0	0	0	0	0
2	0	0	1	1	2
3	0	1	0	1	1

续表

行	列				
	1	2	3	4	5
4	0	1	1	0	3
5	1	0	0	1	3
6	1	0	1	0	1
7	1	1	0	0	2
8	1	1	1	1	0

由表 5-20 可知，第 1~4 列有 0 和 1 两种状态，第 5 列有 4 种状态，正符合“有 4 个因子有 2 种状态，有 1 个因子有 4 种状态”。

正交表最大的特点是取点均匀分散、齐整可比，每一列中每种数字出现的次数都相等，即每种状态的取值次数相等。例如，在表 5-19 中，每一列都是取 2 个 0 和 2 个 1；在表 5-20 中，第 1~4 列中，0 和 1 的取值次数都是 4，在第 5 列中，0、1、2、3 的取值次数均为 2。此外，任意两列组成的对数出现的次数相等，例如，在表 5-19 中，第 1~2 列共组成 4 对数据：(1，1)、(1，0)、(0，1)、(0，0)，这 4 对数据各出现一次，其他任意两列也如此；在表 5-20 中，第 1~2 列组成的数据对有 4 个：(0，0)、(0，1)、(1，0)、(1，1)，这 4 对数据出现的次数各为 2 次。在正交表中，每个因子的每个水平与另一个因子的各水平都“交互”一次，这就是正交性，它保证了实验点均匀分散在因子与水平的组合之中，因此具有很强的代表性。

对于受多因素、多水平影响的软件，正交实验设计法可以高效、适量地生成测试用例，减少测试工作量，并且利用正交实验法得到的测试用例具有一定的覆盖度，检错率可达 50%以上。正交实验设计法虽然好用，但在选择正交表时要注意首先要确定实验因子、状态及它们之间的交互作用，选择合适的正交表，同时还要考虑实验的精度要求、费用、时长等因素。

5.4.2 实例：微信 Web 页面运行环境正交实验设计

微信是一款手机 App 软件，但它也有 Web 版微信可以登录，如果要测试微信 Web 页面的运行环境，需要考虑多种因素。在众多的因素中，我们可以选出几个影响比较大的因素，如服务器、操作系统、插件和浏览器。对于选取出的 4 个影响因素，每个因素又有不同的取值，同样，在每个因素的多个值中，可以选出几个比较重要的值，具体如下。

服务器：IIS、Apache、Jetty。

操作系统：Windows 7、Windows 10、Linux。

插件：无、小程序、微信插件。

浏览器：IE11、Chrome、Firefox。

对于多因素、多水平的测试可以选择正交实验设计法，正交实验设计法的第一步就是提取有效因子。

由上述分析可知，微信 Web 版运行环境正交实验中有 4 个因子：服务器、操作系统、插件、浏览器，每个因子又有 3 个水平，因此该正交表是一个 4 因子 3 水平正交表，在正交表查询网站查询可得其 n 值为 9，即该正交表是一个 9 行 4 列的正交表。如果按照上述所列顺序，从左至右为每个水平编号 0、1、2，则生成的正交表如表 5-21 所示。

表 5-21 $L_9(3^4)$ 正交表

行	列			
	1	2	3	4
1	0	0	0	0
2	0	1	2	1
3	0	2	1	2
4	1	0	2	2
5	1	1	1	0
6	1	2	0	1
7	2	0	1	1
8	2	1	0	2
9	2	2	2	0

表 5-21 中的水平编号分别代表因子的不同取值，将因子、状态映射到正交表，可生成具体的测试用例，如表 5-22 所示。

表 5-22 微信 Web 页面运行环境测试用例

行	列			
	服务器	操作系统	插件	浏览器
1	IIS	Windows 7	无	IE11
2	IIS	Windows 10	微信插件	Chrome
3	IIS	Linux	小程序	Firefox
4	Apache	Windows 7	微信插件	Firefox
5	Apache	Windows 7	小程序	IE11
6	Apache	Linux	无	Chrome
7	Jetty	Windows 7	小程序	Chrome
8	Jetty	Windows 7	无	Firefox
9	Jetty	Linux	微信插件	IE11

表 5-22 中每一行都是一个测试用例，即微信 Web 页面的一个运行环境。对于该测试

案例，如果使用因果图法，要设计 $3^4=81$ 个测试用例，而使用正交实验设计法，只需要 9 个测试用例就可以完成测试。

正交实验设计法虽然高效，但并不是每种软件测试都适用，在实际测试中，正交实验设计法其实使用比较少，但读者要理解这种测试用例的设计模式及思维方式。

5.5 黑盒测试的意义

一般而言，任何一个测试项都不会不用黑盒测试，其中的原因有技术原因也有非技术原因，包括以下几个方面。

(1) 黑盒测试是站在用户使用场景中进行的测试，在贴近用户使用的同时，能验证实现是否满足需求的定义。

(2) 入门容易，对测试人员技术要求起点并不高，在研发的成本与质量及市场供求关系上能较快地找到一个平衡点，这也是很多创业初期的公司只要求进行黑盒功能测试的原因。黑盒测试虽然入门容易(门槛低)，但并不意味着黑盒测试没有技术含量。目前业界很多测试朋友，特别是一些新人，存在这种认识误区。黑盒测试并不等同于手工测试，同样可用写测试代码，或脚本运行程序，或监控程序的运行，或获取程序的后台数据等方式来完成某项测试任务。

(3) 在某些情况下，手工黑盒测试效率更高，可以很快地发现 bug，如当软件不稳定时，以及测试特性方面时，如 UI 布局的效果、易用性测试等。还有一些情况只能用黑盒测试，如用户体验测试。美国软件测试大师 James Bach 在他的《软件测试经验与教训》一书中曾提到“手工黑盒测试可以发现 85% 的软件缺陷”。项目实践证明，事实确实如此，所以在部署测试策略时，黑盒测试是首先要考虑的测试方法，且投入比重比其他测试投入要大，这里主要指人力的投入。

综上可知，黑盒测试有其显而易见的优点，但在项目的实际测试过程中，如果只用单纯的黑盒测试方法，经常会导致过度测试部分业务功能，而另一部分却测试不足，甚至一直存在某部分测试盲区的情况。因此适当采用白盒测试作为补充，是制定测试策略中需考虑的。

5.6 本章小结

本章主要讲解了黑盒测试常用的技术方法，包括等价类划分法、边界值分析法、因果图与决策表、正交实验设计法。最后介绍了黑盒测试不等于手工测试。学生要掌握每种测试方法的原理与测试用例的设计方法，这对后续章节学习实际软件测试会很有帮助。

5.7 本章习题

一、填空题

1. 等价类划分就是将输入数据按照输入需求划分为若干个子集，这些子集称为________。

2. 等价类划分法可将输入数据划分为________和________。

3. ________通常作为等价类划分法的补充。

4. 因果图中的________关系要求程序有 1 个输入和 1 个输出，输出与输入保持一致。

5. 因果图的多个输入之间的约束包括________、________、________、________ 4 种。

6. 决策表通常由________、________、________、________ 4 部分组成。

二、判断题

1. 有效等价类可以捕获程序中的缺陷，而无效等价类不能捕获缺陷。(　　)

2. 如果程序要求输入值是一个有限区间的值，可以划分为 1 个有效等价类(取值范围)和 1 个无效等价类(取值范围之外)。(　　)

3. 使用边界值方法测试时，只取边界两个值即可完成边界测试。(　　)

4. 因果图考虑了程序输入、输出之间的各种组合情况。(　　)

5. 决策表法是由因果图演变而来的。(　　)

6. 正交实验设计法比较适合复杂的大型项目。(　　)

三、单选题

1. 下列选项中，哪一项不是因果图输入与输入之间的关系？(　　)

A. 恒等　　B. 或　　C. 要求　　D. 唯一

2. 下列选项中，哪一项是因果图输出之间的约束关系？(　　)

A. 异　　B. 或　　C. 强制　　D. 要求

3. 下列选项中，哪一项不是正交实验设计法的关键因素？(　　)

A、指标　　B. 因子　　C. 因子状态　　D. 正交表

四、简答题

1. 请简述等价类划分法的原则。

2. 请简述决策表条件项的合并规则。

3. 请简述正交实验设计法测试用例的设计步骤。

4. 利用本章知识，为 QQ 登录界面设计测试用例。

第 6 章

白盒测试

学习目标

(1)熟悉白盒测试的概念。
(2)掌握语句覆盖法。
(3)掌握判定覆盖法。
(4)掌握条件覆盖法。
(5)掌握判定–条件覆盖法。
(6)掌握条件组合覆盖法。
(7)掌握目标代码插桩法。
(8)掌握源代码插桩法。
(9)掌握代码检查法。

思政目标

近年来我国数字产业化和产业数字化成效显著。通过本章的学习，进一步培养学生的软件测试思维，为国家产业数字化建设添砖加瓦。

近年来，我国积极实施“互联网+”行动计划、国家大数据战略，促进数字技术和实体经济深度融合，推动数字化、绿色化协同转型发展，数字产业化和产业数字化成效显著。不断优化数字经济发展环境，强化互联网领域反垄断和防止资本无序扩张，规范引导互联网企业健康有序地发展。

白盒测试又称结构测试、透明盒测试、逻辑驱动测试或基于代码的测试。白盒测试是一种测试用例设计方法，盒子指的是被测试的软件，白盒指的是盒子是可视的，测试者清楚盒子内部的东西以及里面是如何运作的。白盒法全面了解程序内部的逻辑结构、对所有逻辑路径进行测试。白盒法是穷举路径测试，在使用这一方案时，测试者必须检查程序的内部结构，从检查程序的逻辑着手，得出测试数据。

白盒测试的目的是通过检查软件内部的逻辑结构，对软件中的逻辑路径进行覆盖测试；在程序不同地方设立检查点，检查程序的状态，以确定实际运行状态与预期状态是否一致。

6.1 逻辑覆盖法

逻辑覆盖法是白盒测试最常用的测试方法，它包括语句覆盖、判定覆盖、条件覆盖、判定-条件覆盖、条件组合覆盖 5 种，本节将对这 5 种逻辑覆盖法进行详细介绍。

6.1.1 语句覆盖

语句覆盖(statement coverage)又称行覆盖、段覆盖、基本块覆盖，它是最常见的覆盖方式。

语句覆盖的目的是测试程序中的代码是否被执行，它只测试代码中的执行语句，这里的执行语句不包括头文件、注释、空行等。语句覆盖在多分支的程序中，只能覆盖某一条路径，使该路径中的每一个语句至少被执行一次，但不会考虑各种分支组合情况。

为了让读者更深刻地理解语句覆盖，下面结合一段小程序介绍语句覆盖方法的执行，程序伪代码如下所示：

```
1  IF  x>0 AND y<0      //条件1
2  z=z-(x-y)
3  IF  x>2 OR  z>0      //条件2
4  z=z+(x+y)
```

在上述代码中，AND 表示逻辑运算 &&，OR 表示逻辑运算 | |，第 1~2 行代码表示如果 $x>0$ 成立并且 $y<0$ 成立，则执行 $z=z-(x-y)$ 语句；第 3~4 行代码表示如果 $x>2$ 成立或者 $z>0$ 成立，则执行 $z=z+(x+y)$ 语句。该段程序的流程图如图 6-1 所示。

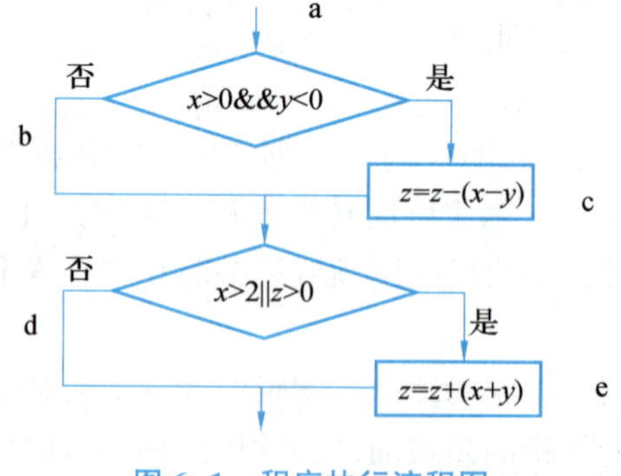

图 6-1　程序执行流程图

在图 6-1 中，a、b、c、d、e 表示程序执行分支，在语句覆盖测试用例中，使程序中每个可执行语句至少被执行一次。根据图 6-1 的程序流程图中标示的语句执行路径设计测试用例，具体如下：

```
test1: x=3  y=-1  z=2
```

执行上述测试用例，程序运行路径为 ace。可以看出程序中 acd 路径上的每个语句都能被执行，但是语句覆盖对多分支的逻辑无法全面反映，仅仅执行一次不能进行全面覆盖，因此，语句覆盖是弱覆盖方法。

语句覆盖虽然可以测试执行语句是否被执行到，但却无法测试程序中存在的逻辑错误，例如，如果上述程序中的逻辑判断符号"AND"误写成了"OR"，使用测试用例 test1 同样可以覆盖 acd 路径上的全部执行语句，但却无法发现错误。同样，如果将 $x>0$ 误写成 $x>=0$，使用同样的测试用例 test1 也可以执行 acd 路径上的全部执行语句，但却无法发现 x >=0 的错误。

语句覆盖无须详细考虑每个判断表达式，可以直观地从源程序中有效测试执行语句是否全部被覆盖，由于程序在设计时，语句之间存在许多内部逻辑关系，而语句覆盖不能发现其中存在的缺陷，因此语句覆盖并不能满足白盒测试的测试所有逻辑语句的基本需求。

6.1.2　判定覆盖

判定覆盖(decision coverage)又称为分支覆盖，其原则是设计足够多的测试用例，在测试过程中保证每个判定至少有一次为真值，有一次为假值。判定覆盖的作用是使真假分支均被执行，虽然判定覆盖比语句覆盖的测试能力强，但仍然具有和语句覆盖一样的单一性。

以图 6-1 及其程序为例，设计判定覆盖测试用例，如表 6-1 所示。

表 6-1　判定覆盖测试用例

测试用例	x	y	z	执行语句路径
test1	2	-1	1	acd
test2	-3	1	-1	abd
test3	3	-1	5	ace
test4	3	1	-1	abe

由表 6-1 可以看出，这 4 个测试用例覆盖了 acd、abd、ace、abe 4 条路径，使每个判定语句的取值都满足了各有一次"真"与"假"。相比于语句覆盖，判定覆盖的覆盖范围更广泛。判定覆盖虽然保证了每个判定至少有一次为真值，有一次为假值，但是却没有考虑到程序内部的取值情况，例如，测试用例 test4，没有将 $x>2$ 作为条件进行判断，仅仅判断了 $z>0$ 的条件。

判定覆盖语句一般是由多个逻辑条件组成的，如果仅仅判断测试程序执行的最终结果而忽略每个条件的取值，必然会遗漏部分测试路径，因此，判定覆盖也属于弱覆盖。

6.1.3 条件覆盖

条件覆盖(condition coverage)指的是设计足够多的测试用例，使判定语句中的每个逻辑条件取真值与取假值至少出现一次，例如，判定语句 IF(a>1 OR c<0)中存在 a>1、c<0 两个逻辑条件，设计条件覆盖测试用例时，要保证 a>l、c<0 的“真”“假”值至少出现一次。

下面以图 6-1 及其程序为例，设计条件覆盖测试用例，在该程序中，有两个判定语句，每个判定语句有两个逻辑条件，共有 4 个逻辑条件，使用标识符标识各个逻辑条件取真值与取假值的情况，如表 6-2 所示。

表 6-2 条件覆盖判定条件

条件 1	条件标记	条件 2	条件标记
x>0	S1	x>2	S3
x≤0	-S1	x≤2	-S3
y<0	S2	z>0	S4
y≥0	-S2	z≤0	-S4

在表 6-2 中，使用 S1 标记 x>0 取真值(即 x>0 成立)的情况，-S1 标记 x>0 取假值(即 x>0 不成立)的情况。同理，使用 S2、S3、S4 标记 y<0、x>2、z>0 取真值的情况，使用-S2、-S3、-S4 标记 y<0、x>2、z>0 取假值的情况，最后得到执行条件判断语句的 8 种状态，设计测试用例时，要保证每种状态都至少出现一次。设计测试用例的原则是尽量以最少的测试用例达到最大的覆盖率，则 6.1.1 节中该段程序的条件覆盖测试用例如表 6-3 所示。

表 6-3 条件覆盖测试用例

测试用例	x	y	z	条件标记	执行路径
test1	3	1	5	S1、-S2、S3、S4	abe
test2	-3	1	-1	-S1、-S2、-S3、-S4	abd
test3	3	-1	1	S1、S2、S3、-S4	ace

6.1.4 判定-条件覆盖

判定-条件覆盖(decision/condition coverage)要求设计足够多的测试用例，使判定语句中所有条件的可能取值至少出现一次。同时，所有判定语句的可能结果也至少出现一次。例如，对于判定语句 IF(a>1 AND c<1)，该判定语句有 a>1、c<1 两个条件，则在设计测试用例时，要保证 a>1、c<1 两个条件取“真”“假”值至少一次，同时，判定语句 IF(a>1 AND c<1)取“真”“假”值也至少出现一次。这就是判定-条件覆盖，它弥补了判定覆盖和

条件覆盖的不足之处。

根据判定-条件覆盖原则，以图 6-1 及其程序为例设计判定-条件覆盖测试用例，如表 6-4 所示。

表 6-4　判定-条件覆盖测试用例

测试用例	x	y	z	条件标记	条件 1	条件 2	执行路径
test1	3	1	5	S1、-S2、S3、S4	0	1	abe
test2	-3	1	-1	-S1、-S2、-S3、-S4	0	0	abd
test3	3	-1	1	S1、S2、S3、-S4	1	1	ace

在表 6-4 中，条件 1 是指判定语句“IF $x>0$　AND　$y<0$”，条件 2 是指判定语句“IF $x>2$ OR　$z>0$”，条件判断的值 0 表示“假”，1 表示“真”。表 6-4 中的 3 个测试用例满足了所有条件可能取值至少出现一次，以及所有判定语句可能结果也至少出现一次的要求。

相比于条件覆盖、判定覆盖，判定-条件覆盖弥补了两者的不足之处，但是由于判定-条件覆盖没有考虑判定语句与条件判断的组合情况，其覆盖范围并没有比条件覆盖更全面，判定-条件覆盖也没有覆盖 acd 路径，因此判定-条件覆盖仍旧存在遗漏测试的情况。

6.1.5　条件组合覆盖

条件组合覆盖(multiple condition coverage)指的是设计足够多的测试用例，使判定语句中每个条件的所有可能至少出现一次，并且每个判定语句本身的判定结果也至少出现一次，它与判定-条件覆盖的差别是，条件组合覆盖不是简单地要求每个条件都出现“真”与“假”两种结果，而是要求让这些结果的所有可能组合都至少出现一次。

以图 6-1 及其程序为例，该程序中共有 4 个条件：$x>0$、$y<0$、$x>2$、$z>0$，我们依然用 S1、S2、S3、S4 标记这 4 个条件成立，用-S1、-S2、-S3、-S4 标记这些条件不成立。由于这 4 个条件中，每个条件都有取“真”“假”两个值，因此所有条件结果的组合有 $2^4=16$ 种，如表 6-5 所示。

表 6-5　条件组合所有结果

序号	组合	含义
1	S1、S2、S3、S4	$x>0$ 成立，$y<0$ 成立；$x>2$ 成立，$z>0$ 成立
2	-S1、S2、S3、S4	$x>0$ 不成立，$y<0$ 成立；$x>2$ 成立，$z>0$ 成立
3	S1、-S2、S3、S4	$x>0$ 成立，$y<0$ 不成立；$x>2$ 成立，$z>0$ 成立
4	S1、S2、-S3、S4	$x>0$ 成立，$y<0$ 成立；$x>2$ 不成立，$z>0$ 成立
5	S1、S2、S3、-S4	$x>0$ 成立，$y<0$ 成立；$x>2$ 成立，$z>0$ 不成立
6	-S1、-S2、S3、S4	$x>0$ 不成立，$y<0$ 不成立；$x>2$ 成立，$z>0$ 成立

续表

序号	组合	含义
7	-S1、S2、-S3、S4	x>0 不成立，y<0 成立；x>2 不成立，z>0 成立
8	-S1、S2、S3、-S4	x>0 不成立，y<0 成立；x>2 成立，z>0 不成立
9	S1、-S2、-S3、S4	x>0 成立，y<0 不成立；x>2 不成立，z>0 成立
10	S1、S2、-S3、-S4	x>0 成立，y<0 成立；x>2 不成立，z>0 不成立
11	S1、-S2、S3、-S4	x>0 成立，y<0 不成立；x>2 成立，z>0 不成立
12	-S1、-S2、-S3、S4	x>0 不成立，y<0 不成立；x>2 不成立，z>0 成立
13	-S1、-S2、S3、-S4	x>0 不成立，y<0 不成立；x>2 成立，z>0 不成立
14	S1、-S2、-S3、-S4	x>0 成立，y<0 不成立；x>2 不成立，z>0 不成立
15	-S1、S2、-S3、-S4	x>0 不成立，y<0 成立；x>2 不成立，z>0 不成立
16	-S1、-S2、-S3、-S4	x>0 不成立，y<0 不成立；x>2 不成立，z>0 不成立

表 6-5 列出了 4 个条件所有结果的组合情况，经过分析可以发现，第 2、6、8、13 这 4 种情况是不存在的，这几种情况要求 x>0 不成立，x>2 成立，这两种结果相悖，因此最终图 6-1 的所有条件组合情况有 12 种。根据这 12 种情况设计测试用例，具体如表 6-6 所示。

表 6-6　条件组合覆盖测试用例

序号	组合	测试用例			条件 1	条件 2	覆盖
		x	y	z			
test1	S1、S2、S3、S4	3	-1	5	1	1	ace
test2	S1、-S2、S3、S4	3	1	5	0	1	abe
test3	S1、S2、-S3、S4	1	-1	3	1	1	ace
test4	S1、S2、S3、-S4	3	-1	1	1	1	ace
test5	-S1、S2、-S3、S4	-5	-2	1	0	1	abe
test6	S1、-S2、-S3、S4	1	1	1	0	1	abe
test7	S1、S2、-S3、-S4	1	-1	1	1	0	acd
test8	S1、-S2、S3、-S4	6	1	-2	0	1	abe
test9	-S1、-S2、-S3、S4	-1	1	1	0	1	abe
test10	S1、-S2、-S3、-S4	1	1	-2	0	0	abd
test11	-S1、S2、-S3、-S4	-2	-1	-3	0	0	abd
test12	-S1、-S2、-S3、-S4	-3	1	-1	0	0	abd

表 6-6 有 12 个测试用例，这 12 个测试用例覆盖了 4 个条件结果的所有组合，与判

定-条件覆盖相比，条件组合覆盖包括了所有判定-条件覆盖，因此它的覆盖范围更广。但是当程序中条件比较多时，条件组合的数量会呈指数级增长，组合情况非常多，要设计的测试用例也会增加，这样反而会使测试效率降低。

6.2 程序插桩法

程序插桩法是一种被广泛使用的软件测试技术，由 J. C. Huang 教授提出。简单来说，程序插桩就是往被测试程序中插入测试代码以达到测试目的的方法，插入的测试代码称为探针。根据测试代码插入的时间可以将程序插桩法分为目标代码插桩和源代码插桩，本节将对这两种插桩方法进行详细介绍。

6.2.1 目标代码插桩

目标代码插桩是指向目标代码(二进制代码)插入测试代码，获取程序运行信息的测试方法，也称为动态程序分析方法。在进行目标代码插桩之前，测试人员要对目标代码逻辑结构进行分析，从而确认需要插桩的位置。

目标代码插桩对程序运行时的内存监控、指令跟踪、错误检测等有着重要意义。相比于逻辑覆盖法，目标代码插桩在测试过程中不需要代码重新编译或链接程序，并且目标代码的格式和具体的编程语言无关，主要和操作系统相关，因此目标代码插桩有着广泛的应用。

1. 目标代码插桩的原理

目标代码插桩的原理是在程序运行平台和底层操作系统之间建立中间层，通过中间层检查执行程序、修改指令，开发人员、软件分析工程师等对运行的程序进行观察，判断程序是否被恶意攻击或者出现异常行为，从而提高程序的整体质量。

2. 目标代码插桩法的执行模式

由于目标代码是可执行的二进制程序，因此目标代码插桩可分为两种情况：一种是对未运行的目标代码插桩，从头到尾插入测试代码，然后执行程序，这种方式适用于需要实现完整系统或仿真时进行的代码覆盖测试；另一种是向正在运行的程序插入测试代码，用来检测程序在特定时间的运行状态信息。目标代码插桩具有以下 3 种执行模式。

(1)即时模式(just-in-time mode)：原始的二进制或可执行文件没有被修改或执行，将修改部分的二进制代码生成文件副本存储在新的内存区域中，在测试时仅执行修改部分的目标代码。

(2)解释模式(interpretation mode)：在解释模式中目标代码被视为数据，测试人员插入的测试代码作为目标代码指令的解释语言，当执行一条目标代码指令，程序就会在测试代码中查找并执行相应的替代指令，测试通过替代指令的执行信息就可以获取程序的运行信息。

(3)探测模式(probe mode)：探测模式使用新指令覆盖旧指令进行测试，这种模式在某些体系结构中比较好用。

3. 目标代码插桩工具

由于目标程序是可执行的二进制文件，人工插入代码是无法实现的，因此目标代码插桩一般通过相应的插桩工具实现，插桩工具提供的 API 可以为用户提供访问指令。常见的目标代码插桩工具主要有以下两种。

1)Pin-Dynamic Binary Instrumentation Tools(简称 Pin)

Pin 是由 Intel 公司开发的免费框架，它可以用于二进制代码检测与源代码检测。Pin 支持 IA-32、x86-64、MIC 体系，可以运行在 Linux、Windows 和 Android 平台。Pin 具有基本块分析器、缓存模拟器、指令跟踪生成器等模块，使用该工具可以创建程序分析工具、监视程序运行的状态信息等。Pin 非常稳定可靠，常用于大型程序测试，如 Office 办公软件、虚拟现实引擎等。

2)DynamoRIO

DynamoRIO 是一个许可的动态二进制代码检测框架，作为应用程序和操作系统的中间平台，它可以在程序执行时实现程序任何部分的代码转换。DynamoRIO 支持 IA-32、AMD64、Arch64 体系，可以运行在 Linux、Windows 和 Android 平台。DynamoRIO 包含内存调试工具、内存跟踪工具、指令跟踪工具等。

6.2.2 源代码插桩

源代码插桩是指对源文件进行完整的词法、语法分析后，确认插桩的位置，植入探针代码。相比于目标代码插桩，源代码插桩具有针对性和精确性。源代码插桩模型如图 6-2 所示。

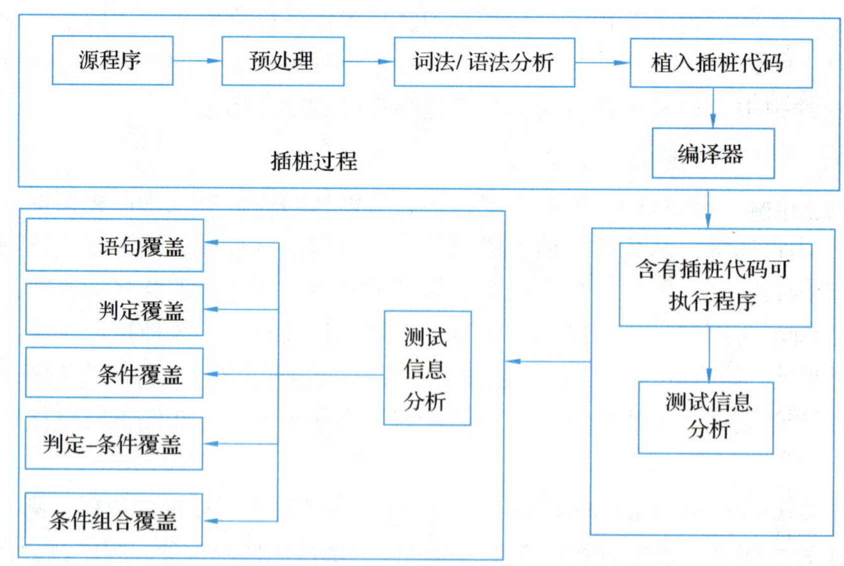

图 6-2 源代码插桩模型

从图6-2可以看出，源代码插桩是在程序执行之前完成的，因此源代码插桩在程序运行过程中会产生探针代码的开销。相比于目标代码插桩，源代码插桩实现的复杂程度低。源代码插桩是源代码级别的测试技术，探针代码程序具有较好的通用性，使用同一种编程语言编写的程序可以使用一个探针代码程序来完成测试。

上面讲解了源代码插桩的概念与模型，为了让读者理解源代码插桩的使用，下面通过一个小案例来讲解源代码插桩。该案例是一个除法运算，代码如下所示。

```
#include<stdio.h>
#define ASSERT(y)   if(y){  printf("出错文件:% s\n",__FILE__);\
                    printf("在第% d行:\n",__LINE__\);
                    printf("提示:除数不能为0!\n");\
                  }        //定义 ASSERT(y)
Int main()
{
        int x,y;
        printf("请输入被除数:");
        scanf("% d",&x);
        printf("请输入除数:");
        scanf("% d",&y);
        ASSERT(y==0);   //插入的桩(即探针代码)
        printf("% d",x/y);
        return 0;
}
```

为了监视除法运算中的除数输入是否正确，在代码第13行插入宏函数ASSERT(y)，当除数为0时打印错误原因、出错文件、出错行数等信息提示。宏函数ASSERT(y)中使用了C语言标准库的宏定义“__FILE__”提示出错文件、“__LINE__”提示文件出错位置。

程序运行后，提示输入被除数和除数，在输入除数后，程序宏函数ASSERT(y)判断除数是否为0，若除数为0则打印错误信息，程序运行结束；若除数不为0，则进行除法运算并打印计算结果。根据除法运算规则设计测试用例，如表6-7所示。

表6-7　除法运算测试用例

测试用例	数据输入	预期输出结果
test1	1，1	1
test2	1，-1	-1
test3	-1，-1	1
test4	-1，1	-1
test5	1，0	错误
test6	-1，0	错误
test7	0，0	错误
test8	0，1	0
test9	0，-1	0

对插桩后的C语言源程序进行编译、链接，生成可执行文件并运行，然后输入表6-7中的测试用例数据，读者可观察测试用例的实际执行结果与预期结果是否一致。

程序插桩测试方法有效地提高了代码测试覆盖率，但是插桩测试方法会带来代码膨胀、执行效率低下和Heisenbugs，在一般情况下插桩后的代码膨胀率为20%~40%，甚至能达到100%，导致插桩测试失败。

小提示：Heisenbugs即海森堡bug，它是一种软件缺陷，这种缺陷的重现率很低，当人们试图研究时bug会消失或改变行为。实际开发软件的测试中，这种缺陷也比较常见，例如，测试人员测试到一个缺陷提交给开发人员后，开发人员执行缺陷并重现步骤却得不到报告的缺陷，因为缺陷已经消失或者出现了其他缺陷。

6.3 代码检查法

代码检查法是静态测试的主要方法，包括代码走查、桌面检查、流程图审查等。代码检查法更容易发现与架构以及时序相关等较难发现的问题，还可以帮助团队成员统一编程风格、提高编程技能等。代码检查法被认为是一种提升代码质量的有效手段。

6.3.1 代码检查的概念

代码检查法主要用来检查代码和设计意图的一致性、代码结构的合理性、代码编写的标准性和可读性、代码逻辑表达的正确性等方面。代码检查法用来发现违背程序编写标准的问题；检查程序中不安全、不明确和模糊的部分；找出程序中不可移植的部分；检查违背程序编程风格的问题，如变量的检查、命名和类型审查，程序逻辑审查，程序语法检查和程序结构检查等内容。

采用代码检查法的目的主要有以下几个。

(1)检查程序是不是按照某种编码标准或规范编写的。

(2)检查代码是不是符合流程图要求。

(3)发现程序缺陷和程序产生的错误。

(4)检查有没有遗漏的项目。

(5)检查代码是否易于移植。

(6)使代码易于阅读、理解和维护。

6.3.2 代码检查的方式

代码检查的方式主要有桌面检查、代码走查和代码审查。

1. 桌面检查

桌面检查是一种传统的检查方法，在程序通过编译之后，由程序员自己检查编写的程序，包括对源程序代码进行分析、检查等，并对相关文档进行补充，以发现程序中的错误。程序员作为开发者，极其熟悉自己编写的程序及其设计风格，进行桌面检查可以节省很多时间，但由于是“自写自查”，所以极易具有主观片面性。

2. 代码走查

代码走查通过对代码的阅读来发现程序中的问题。代码走查是由走查小组进行的，走查小组由若干程序员和测试人员以及一个负责人组成。在进行代码走查时，负责人先把设计规格说明书、控制流图、程序文本及相关要求和规范等材料发给每个成员，让他们认真研究程序，然后开会讨论。开会前，测试组成员为所测程序准备一些具有代表性的测试用例，提交给走查小组。开会时，每个参与者都充当“计算机”的角色，即使用测试组成员所准备的测试用例，将程序运行一遍，并记录程序的踪迹，然后分析讨论，通过这种方式可以发现 30%～70%的逻辑设计和编码错误。

代码走查的优点：能在代码中对错误进行精确定位，降低调试成本；可以发现成批的错误，便于一同修正。而动态测试通常只能暴露错误的某个表征，且错误是逐个发现并纠正的。

3. 代码审查

随着软件技术的飞速发展，软件规模不断扩大，软件复杂性越来越高，软件质量也越来越难以保证。这一方面源于软件系统固有的复杂性；另一方面源于软件代码缺少良好的风格，难以阅读、分析、理解、测试和维护。因此，必须对代码进行审查。代码审查是在不执行软件的条件下，有条理地仔细审查软件代码，从而找出软件的缺陷。

代码审查的目的是在程序开发的早期发现和定位源程序代码中可能存在的错误，如果有就纠正错误，以降低测试和维护的代价。

代码审查是由审查小组进行的，审查小组由若干程序员和测试人员组成，通过阅读、讨论和争议，对程序进行静态分析。审查小组有一个小组负责人。

代码审查过程为小组负责人提前将设计规格说明书、控制流程图、程序文本及其相关要求和规范等发给小组成员，并分配代码审查任务，确定软件代码的审查重点，小组成员需要充分阅读这些材料。小组成员详细阅读材料后，召开程序审查会。会议首先由程序员逐句讲解程序的逻辑，在讲解过程中，小组成员可以提出问题并展开讨论，在讨论的过程中可以发现很多以前没有发现的错误，这大大改善了软件的质量。

为了提高代码审查的效率，通常在会前会给审查小组的成员提供一份常见的错误清单，这个清单也称为代码检查表。代码检查表是将程序中可能发现的各种错误进行分类，并将每类列举出的典型错误制成表格，供再次审查时使用。

代码审查工作结束后，项目负责人进行总结，编写测试报告，对软件代码质量进行评估，并给出合理的建议。详细记录代码审查时成员提出的所有问题以供其他代码审查人员借鉴。

代码检查表包括一系列规程式的步骤，并要求检查人员严格按照这些步骤执行。如果想发现和改正程序中的每一个缺陷，就必须遵照精确的规程，而检查表可以确保遵循这个规程。代码检查表可以帮助我们查找程序中的缺陷，并且能够发现以前程序中曾经引起大多数问题的缺陷。通过使用代码检查表，就能够知道如何进行代码复查。代码检查表中定义了代码复查的每个步骤、细节。

代码检查时需要注意：是否所有功能都已经编码实现；根据编码标准复查代码时，有没有漏掉关键的注释；有没有使用不正确的格式；使用代码检查表时，通常只能找到一些已知的可能的缺陷；要从系统或用户的角度进行全面检查(检查业务的合理性等)。

使用代码检查表时：

(1)要了解每一项的说明，并按照这些步骤去执行；

(2)每检查一项，就在后面的表格中记录相关的数据，直至检查完整个表格。

建立一个属于自己的代码检查表，步骤如下。

(1)在建立个人检查表前，先检查缺陷数据并找出引起大部分问题的缺陷类型，根据软件开发过程中每个阶段发现的缺陷类型和数目制作一张表。

(2)按缺陷类型排列在编译和测试阶段发现各种类型缺陷的数目(数目大的在上面)。

(3)对于有多数缺陷的那些类型，看看是由什么原因引起的。

(4)一般根据自身的情况、所用语言、经常发现的或漏过的缺陷类型来设计检查表。开始时可以参考别人的检查表。对于个人检查表，应该是一张持续改进的表。

(5)定期复查缺陷数据，重新审核检查表，保留有效的步骤，删除无效的步骤，从而不断更改个人检查表。

(6)检查表是个人经验的总结，可以帮助我们按照总结出来的步骤来查找和修复缺陷，提高软件质量。

6.3.3 代码检查项目

进行代码检查时，一般要检查以下项目。

(1)验证调用及其位置是否正确，确认每次所调用的子程序、宏、函数是否存在，调用方式与参数顺序、个数、类型是否一致。

(2)检查数制、数据类型是否一致，检查引用时的取值、数制、数据类型是否一致。

(3)检查条件判断语句、循环语句是否正确。

(4)检查代码注释是否正确。

(5)桌面检查。

(6)检查目录文件与程序设计风格是否一致。

进行人工代码检查时，可以制作缺陷检查表，缺陷检查表中可以列出工作中遇到的典型错误，如表 6-8 所示。

表 6-8　缺陷检查表

序号	缺陷类型	备注
1	Documentation	注释、提示信息等
2	Syntax	拼写错误、指令格式错误等
3	Build，Package	组件版本、调用库方面的错误
4	Assignment	声明、变量影响范围等方面的错误
5	Interface	调用接口错误
6	Checking	出错信息、未充分检验等错误
7	Data	数据结构、内容错误
8	Function	逻辑错误以及指针、循环、计算、递归等方面的错误
9	System	配置、计时、内存方面的错误
10	Environment	设计、编译、测试或者其他支持系统的错误

6.4 黑盒测试和白盒测试比较

1. 黑盒测试和白盒测试

黑盒测试过程中不用考虑内部逻辑结构，仅需要验证软件外部功能是否符合用户的实际需求。黑盒测试可以发现以下缺陷。

(1)外部逻辑功能缺陷，如界面显示信息错误等。

(2)兼容性错误，如系统版本支持、运行环境等。

(3)性能问题，如运行速度、响应时间等。

白盒测试与黑盒测试不同，白盒测试可以设计测试用例，尽可能覆盖程序中的分支语句，分析程序内部结构。白盒测试常用于以下几种情况。

(1)源程序中含有多个分支，在设计测试用例时要尽可能覆盖所有分支，提高测试覆盖率。

(2)内存泄漏检查迅速，黑盒测试只能在程序长时间运行中发现内存泄漏问题，而白盒测试能立即发现内存泄漏问题。

2. 测试阶段

黑盒测试与白盒测试在不同的测试的阶段使用情况也不同，两者在不同阶段的使用情况如表 6-9 所示。

表 6-9　黑盒测试与白盒测试在不同的测试阶段使用情况

测试名称	测试对象	测试方法
单元测试	模块功能(函数、类)	白盒测试
集成测试	接口测试(数据传递)	黑盒测试和白盒测试
系统测试	系统测试(软件、硬件)	黑盒测试
验收测试	系统测试(软件、硬件、用户体验)	黑盒测试

从表 6-9 中可以看出，各个阶段使用的测试方法不同，在测试过程中，黑盒测试与白盒测试结合使用会大大提升软件测试质量。

6.5 本章小结

本章讲解了白盒测试方法中的逻辑覆盖法和程序插桩法。逻辑覆盖法包含语句覆盖、判定覆盖、条件覆盖、判定-条件覆盖、条件组合覆盖，读者需要掌握这些方法以及它们之间的差别，在实际测试中选择合适的方法进行测试。关于程序插桩法，主要讲解了目标代码插桩法和源代码插桩法，使用源代码插桩法设置合理的探针有助于在程序开发中查找逻辑错误。希望通过本章的学习，读者能掌握白盒测试方法和基本的测试流程。

6.6 本章习题

一、填空题

1. 语句覆盖的目的是测试程序中的代码是否被执行，它只测试代码中的________。

2. ________的作用是使真假分支均被执行。

3. ________是指判定语句中的每个条件都要取真、假值各一次。

4. 对于判定语句 IF(a>1 AND c<1)，测试时要保证 a>1、c<1 两个条件取“真”“假”值至少一次，同时，判定语句 IF(a>1 AND c<1)取“直”“假”值也至少出现一次，这使用了________覆盖方法。

5. ________要求判定语句中所有条件取值的可能组合都至少出现一次。

6. 在程序插桩法中，插入程序中的代码称为________。

二、判断题

1. 语句覆盖无法考虑分支组合情况。(　　)

2. 目标代码插桩需要重新编译、链接程序。(　　)

3. 语句覆盖可以测试程序中的逻辑错误。(　　)

4. 判定-条件覆盖没有考虑判定语句与条件判断的组合情况。(　　)

5. 对于源代码插桩，探针具有比较好的通用性。(　　)

三、单选题

1. 下列选项中，哪一项不属于逻辑覆盖？(　　)

A. 语句覆盖　　B. 条件覆盖　　C. 判定覆盖　　D. 判定-语句覆盖

2. 关于逻辑覆盖，下列说法中错误的是(　　)。

A. 语句覆盖的语句不包括空行、注释等

B. 相比于语句覆盖，判定覆盖考虑到了每个判定语句的取值情况

C. 条件覆盖考虑到了每个逻辑条件取值的所有组合情况

D. 在逻辑覆盖中，条件组合覆盖是覆盖率最大的测试方法

3. 关于程序插桩法，下列说法中错误的是(　　)。

A. 程序插桩法就是往被测试程序中插入测试代码以达到测试目的的方法

B. 程序插桩法可分为目标代码插桩和源代码插桩

C. 源代码插桩的程序需要经过编译、链接过程，但测试代码不参与编译、链接过程

D. 目标代码插桩是往二进制程序中插入测试代码

四、简答题

1. 请简述逻辑覆盖的几种方法及它们之间的区别。

2. 请简述目标代码插桩的 3 种执行模式。

第 7 章

性能测试

学习目标

(1) 了解性能测试的概念。
(2) 掌握性能测试的指标。
(3) 了解性能测试的种类。
(4) 熟悉性能测试的流程。
(5) 了解性能测试工具的使用。

思政目标

人们对软件产品性能的高要求，使得软件性能测试越来越受到测试人员的重视。通过本章的学习，学生掌握软件性能测试的基本知识，保障软件的性能也是构建数字社会、实现数字强国的关键技能之一。

前面提到 2007 年北京奥组委实行 2008 年奥运会门票预售，订票官网访问量激增导致系统瘫痪的例子，类似的例子有 12306 订票网站以前在春运期间因抢票高峰而崩溃，用户在买票时出现无法登录的现象等，软件的性能问题给国家经济带来了一定的影响。互联网的发展使人们对软件产品与网络的依赖性越来越大，同时也加快了人们生活和工作的步伐。为了追求高质量、高效率的生活与工作，人们对软件产品的性能要求越来越高，例如软件产品要足够稳定，响应速度足够快，在用户量、工作量较大时也不会出现崩溃或卡顿等现象。人们对软件产品性能的高要求，使软件性能测试越来越受到测试人员的重视。

7.1 软件性能

软件的性能是软件的一种非功能特性，它关注的不是软件是否能够完成特定的功能，而是在完成该功能时展示出来的及时性。因性能关注的是软件的非功能特性，所以一般来说性能测试介入的时机是在功能测试完成之后。另外，由定义中的及时性可知，性能也是一种指标，可以用时间或其他指标来衡量，通常我们会使用某些工具或手段来检测软件的某些指标是否达到了要求，这就是性能测试。

性能测试指通过自动化的测试工具模拟多种正常、峰值以及异常负载条件来对系统的各项性能指标进行测试。

对于软件性能，不同的角色由于视角不同，所关注的点可能不同。下面来看看在不同的人群眼中性能分别是什么样的。

1. 用户眼中的性能

用户眼中的性能如图 7-1 所示。

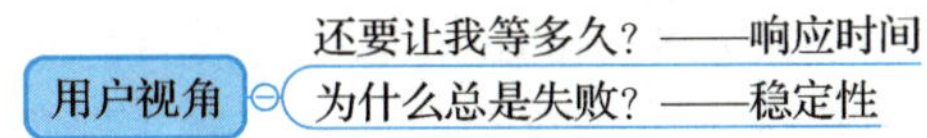

图 7-1　用户眼中的性能

2. 开发眼中的性能

开发眼中的性能如图 7-2 所示。

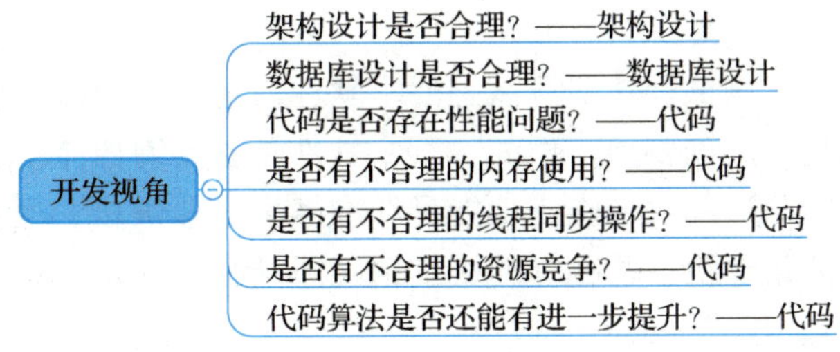

图 7-2　开发眼中的性能

3. 系统管理员眼中的性能

系统管理员眼中的性能如图 7-3 所示。

管理员视角
- 服务器资源使用合理吗？——资源利用率
- 数据库使用合理吗？——资源利用率
- 系统能否实现扩展？——可扩展性
- 最多支撑多少用户访问？——系统容量
- 最大业务处理量？——系统容量
- 系统有哪些潜在的瓶颈？——可扩展性
- 更换哪些设备、添加哪些机器可以提高系统性能？——可扩展性
- 7×24h连续不间断业务访问？——稳定性

图 7-3　系统管理员眼中的性能

4. 测试人员眼中的性能

测试人员通常作为软件质量控制的角色，不仅仅是找 bug，还要对整个软件的质量负责，性能也属于质量的一部分，因此测试人员眼中的性能应该是全面的，考虑的东西也需要全面：①测试人员需要考虑全面的性能，包括用户、开发、管理员等各个视角的性能；②测试人员在做性能测试时，除了要关注表面的现象如响应时间，也需要关注本质，如用户看不到的服务器资料利用率、架构设计是否合理、代码是否合理等。

在进行性能测试时，首先要确定的是性能测试的目的，然后根据性能测试目的制定测试方案。通常情况下，性能测试的目的主要有以下几方面。

(1)验证系统性能是否满足预期的性能需求，包括系统的执行效率、稳定性、可靠性、安全性等。

(2)分析软件系统在各种负载水平下的运行状态，提高性能和效率。

(3)识别系统缺陷，寻找系统中可能存在的性能问题，定位系统瓶颈并解决问题。

(4)系统调优，探测系统设计与资源之间的最佳平衡，改善并优化系统的性能。

7.2 性能测试指标

性能测试不同于功能测试，功能测试是要求软件的功能实现即可，而性能测试是测试软件功能的执行效率是否达到要求。例如，某个软件具备查询功能，功能测试只测试查询功能是否实现，而性能测试却要求查询功能足够准确、足够快速。但是，对于性能测试来说，多快的查询速度才足够快、什么样的查询情况才足够准确是很难界定的，因此，需要一些指标来量化这些数据。

性能测试常用的指标包括响应时间、吞吐量、并发用户数、TPS 等，下面分别进行介绍。

1. 响应时间

响应时间(response time)指用户发出请求到请求响应所需要的时间。

对用户来说，当用户单击一个按钮、发出一条指令或在系统页面上单击一个链接时，

从用户单击开始到应用系统把本次操作的结果以用户能察觉的方式展示出来，这个过程所消耗的时间就是用户对软件性能的直观印象。

对系统来说，响应时间的整个过程分为三个部分：呈现时间、数据传输时间和系统处理时间。呈现时间指浏览器对接收到数据的一个处理展示的过程，不同计算机硬件、不同浏览器可能有不一样的呈现时间。

图 7-4 为一次 HTTP 请求经过的路径，请求会经过网络发送到 Web 服务器进行处理，如果需要操作 DB，再由网络转发到数据库进行处理，然后返回值给 Web 服务器，Web 服务器最后把结果数据通过网络返回给客户端。

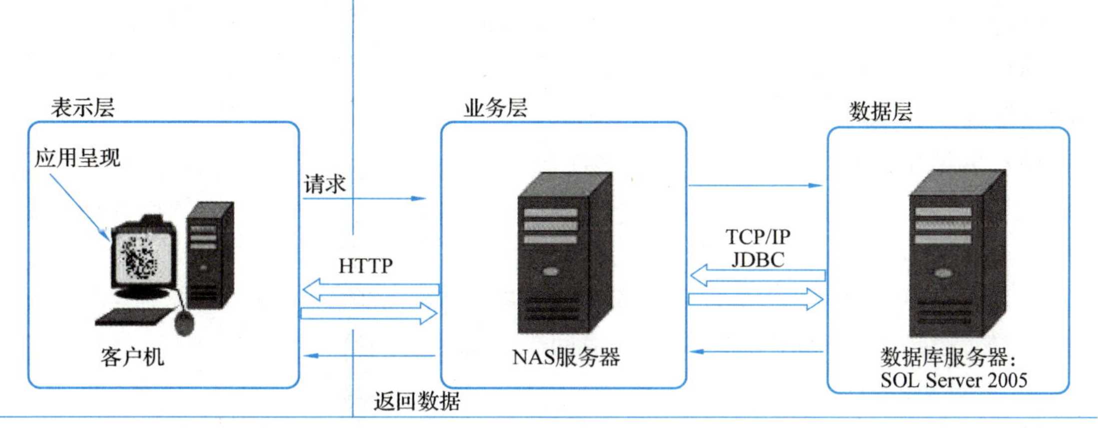

图 7-4　一次 HTTP 请求经过的路径

测试程序通过模拟应用程序，记录收到响应和发出请求之间的时间差来计算系统响应时间。但是记录及获取系统时间这个操作也需要花费一定的时间，如果测试目标操作本身需要花费的时间极少，比如几微秒，那么测试程序就无法测试得到系统的响应时间。实践中通常采用的办法是重复请求，比如一个请求操作重复执行一万次，测试一万次执行需要的总响应时间，然后除以一万，得到单次请求的响应时间。

系统响应时间越短，表明软件的响应速度越快、性能越好。但是响应时间需要与用户的具体需求相结合，例如火车订票查询功能一般 2s 内就可以完成，而在网站下载电影时，几分钟完成下载的速度就已经很快了。

系统的响应时间会随着访问量的增加、业务量的增长等变长，一般在性能测试时，除了测试系统的正常响应时间是否达到要求之外，还要测试在一定压力下系统响应时间的变化。

2. 并发用户数

并发用户数指的是现实系统中操作业务的用户数，在性能测试工具中，一般称为虚拟用户(virutal user)数。并发用户数与注册用户数、在线用户数有很大差别，并发用户数一定会对服务器产生压力，而在线用户数只是“挂”在系统上，对服务器不产生压力，注册用户数一般指的是数据库中存在的用户数。并发用户数越大，对系统的性能影响越大，并发用户数较大可能会导致系统响应变慢、系统不稳定等。软件系统在设计时必须要考虑并发访问的情况，测试人员在进行性能测试时也必须进行并发访问的测试。

测试程序通过多线程模拟并发用户的办法来测试系统的并发处理能力，为了真实模拟用户行为，测试程序并不是启动多线程然后不停地发送请求，而是在两次请求之间加入一个随机等待时间，这个时间被称作思考时间。

3. TPS

TPS(transaction per second)，即每秒事务数，指系统每秒钟能够处理的事务和交易的数量，它是衡量系统性能的一个重要指标。

事务靠虚拟用户产生，假如 1 个虚拟用户在 1s 内完成 1 笔事务，那么 TPS 就是 1，要想达到 1000TPS，至少需要 1000 个用户；如果某笔业务响应时间是 1ms，那么 1 个用户在 1s 内能完成 1000 笔事务，TPS 就是 1000。因此 1 个用户可以产生 1000TPS，1000 个用户也可以产生 1000TPS，主要看响应时间的长短。

对于并发用户数的选择，可以选取线上系统在高峰时刻一定周期内使用系统的人数，这些人数可以认为是在线用户数，并发用户数取其 10%就可以了。例如，在 1h 内使用系统的用户数为 10000，那么取 10%作为并发用户数基本就够了。

对于 TPS 的评估，可以通过线上系统在高峰时刻 10min 内完成的业务量在单位时间的处理笔数计算出 TPS，即业务笔数/单位时间(10×60)。

4. 吞吐量

吞吐量是单位时间内系统处理的请求数量，它衡量的是软件系统服务器的处理能力。

吞吐量可以用“请求数/s”或“页面数/s”来衡量，也可以用“访问人数/天”或“处理的业务数/h”等来衡量。TPS(每秒事务数)是吞吐量的一个常用量化指标，此外还有 HPS(每秒 HTTP 请求数)、QPS(每秒查询数)等。

在系统并发数由小逐渐增大的过程中(这个过程也伴随着服务器系统资源消耗逐渐增大)，系统吞吐量先是逐渐增加，达到一个极限后，随着并发数的增加反而下降，达到系统崩溃点后，系统资源耗尽，吞吐量为零。而这个过程中，响应时间则是先保持小幅上升，达到吞吐量极限后，快速上升，达到系统崩溃点后，系统失去响应。

5. 资源利用率

资源利用率是服务器或操作系统性能的一些数据指标。包括系统负载(system load)、对象与线程数内存使用、CPU 使用、磁盘与网络等指标。这些指标也是系统监控的重要参数，对这些指标设置报警值，当监控系统发现性能计数器超过阈值时，就向运维和开发人员报警，及时发现并处理系统异常。

一般用“资源的使用量/总的资源可用量×100%”形成资源利用率的数据。通常不同行业系统的资源利用率需求也有所不同。例如，银行行业对系统的稳定性要求比较严格，结合 CPU 利用率来讲，其要求不高于 60%，而其他行业的系统要求 CPU 利用率不高于 80%即可。

系统负载指当前正在被 CPU 执行和等待被 CPU 执行的进程数目总和，是反映系统忙闲程度的重要指标。多核 CPU 的情况下，完美情况是所有 CPU 都在使用，没有进程在等待处理，所以负载的理想值是 CPU 的数目。当负载值低于 CPU 数目的时候，表示 CPU 有空闲，资源存在浪费；当负载值高于 CPU 数目的时候，表示进程在排队等待 CPU 调度，系统资源不足，影响应用程序的执行性能。在 Linux 系统中使用 top 命令查看，该值是三个浮点数，表示最近 1min、10min、15min 的运行队列平均进程数。

6. 点击率

点击率是每秒钟用户向 Web 服务器提交的 HTTP 请求数。这个指标是 Web 应用特有的一个指标：Web 应用是“请求-响应”模式，用户发出一次申请，服务器就要处理一次，所以点击是 Web 应用能够处理的交易的最小单位，如果把每次点击定义为一个交易，点击率和 TPS 就是一个概念。容易看出，点击率越大，服务器的压力也越大。点击率只是一个性能参考指标，重要的是分析点击产生的影响。

7.3 性能测试种类

基准测试：在给系统施加较低压力时，查看系统的运行状况并记录相关数作为基础参考。

负载测试：是指对系统不断地增加压力或增加一定压力下的持续时间，直到系统的某项或多项性能指标达到安全临界值，例如某种资源已经达到饱和状态等。

压力测试：是评估系统处于或超过预期负载时系统的运行情况，关注点在于系统在峰值负载或超出最大载荷情况下的处理能力。

稳定性测试：在给系统加载一定业务压力的情况下，使系统运行一段时间，以检测系统是否稳定。

并发测试：测试多个用户同时访问同一个应用、同一个模块或者数据记录时是否存在死锁或者其他性能问题。

7.4 性能测试流程

性能测试与普通的功能测试目标不同，因此其测试流程与普通的测试流程也不相同，虽然性能测试也遵循测试需求分析→测试计划制订→测试用例设计→测试执行→编写测试报告的基本过程，但在实现细节上，性能测试有单独一套流程，可用图 7-5 表示。

图 7-5 所示的是性能测试的一般测试流程，下面分步骤介绍性能测试过程的关键点。

1. 分析性能测试需求

分析性能测试需求是整个性能测试工作的基础，测试需求不明确则整个测试过程都是

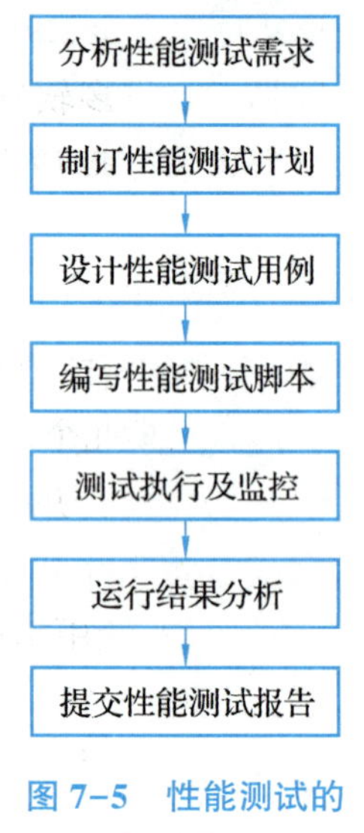

图 7-5 性能测试的一般测试流程

没有意义的。在性能测试需求分析阶段，测试人员需要收集有关项目的各种资料，并与开发人员进行沟通，对整个项目有一定的了解，针对需要性能测试的部分进行分析，确定测试目标。例如，客户要求软件产品的查询功能响应时间不超过 2s，则需要明确在多少用户量情况下，响应时间不超过 2s。对于刚上线的产品，用户量不多，但几年之后可能用户量会剧增，那么在性能测试时是否要测试产品的高并发访问，以及高并发访问下的响应时间。对于这些复杂的情况，性能测试人员必须要清楚客户的真实需求，消除不明确因素，做到更专业。对于性能测试来说，测试需求分析是一个比较复杂的过程，不仅要求测试人员有深厚的理论基础(熟悉专业术语、专业指标等)，还要求测试人员具备丰富的实践经验，如熟悉场景模拟、工具使用等。

2. 制订性能测试计划

性能测试计划是性能测试工作的重中之重，整个性能测试的执行都要按照测试计划进行。在性能测试计划中，核心内容主要包括以下几个方面。

(1)确定测试环境：包括物理环境、生产环境、测试团队可利用的工具和资源等。

(2)确定性能验收标准：确定响应时间、吞吐量和系统资源(CPU、内存等)利用总目标和限制。

(3)设计测试场景：对产品业务、用户使用场景进行分析，设计符合用户使用习惯的场景，整理出一个业务场景表，为编写测试脚本提供依据。

(4)准备测试数据：性能测试是模拟现实的使用场景，例如模拟用户高并发，则需要准备用户数量、工作时间、测试时长等数据。

3. 设计性能测试用例

性能测试用例是根据测试场景为测试准备数据，例如模拟用户高并发，可以分别设计 100 用户并发数量、1000 用户并发数量等，此外还要考虑用户活跃时间、访问频率、场景交互等各种情况。测试人员可以根据测试计划中的业务场景表设计出足够的测试用例，以达到最大的测试覆盖。

4. 编写性能测试脚本

测试用例编写完成之后就可以编写测试脚本了，测试脚本是虚拟用户具体要执行的操作步骤，使用脚本执行性能测试免去了手动执行测试的麻烦，并且降低了手动执行的错误率。

在编写测试脚本时、要注意以下几个事项。

(1)正确选择协议，脚本的协议要与被测软件的协议保持一致，否则脚本不能正确录制与执行。

(2)性能测试工具一般可以自动生成测试脚本，测试人员也可以手动编写测试脚本，而且测试脚本可以使用多种语言编写，如 Java、Python、JavaScript 等，具体可根据工具的

支持情况和测试人员的熟悉程度选取脚本语言。

(3) 编写测试脚本时，要遵循代码编写规范，保证代码的质量。另外，有很多软件在性能测试上有很多类似的工作，因此脚本复用的情况也很多，测试人员最好做好脚本的维护管理工作。

5. 测试执行及监控

在这个阶段，测试人员按照测试计划执行测试用例，并对测试过程进行严密的监控，记录各项数据的变化。在性能测试的执行过程中，测试人员的关注点主要有以下几个。

(1) 性能指标：本次性能测试要测试性能指标的变化，如响应时间、吞吐量、并发用户数等。

(2) 资源占用与释放情况：性能测试执行时，CPU、内存、磁盘、网络等的使用情况。性能测试停止后，各项资源是否能正常释放以供后续业务使用。

(3) 警告信息：一般软件系统在出现问题时会发出警告信息，当有警告信息时，测试人员要及时查看。

(4) 日志检查：进行性能测试时要经常分析系统日志，包括操作系统、数据库等日志。

在测试过程中，如果遇到与预期结果不符合的情况，测试人员要调整系统代码来定位问题。

性能测试监控对性能测试结果分析、对软件的缺陷分析都起着非常重要的作用。由于性能测试执行过程需要监控的数据复杂多变，它要求测试人员对监控的数据指标有非常清楚的认识，同时还要求测试人员对性能测试工具非常熟悉。作为性能测试人员，应该不断努力，深入学习，不断积累知识和经验，才能做得更好。

6. 运行结果分析

性能测试完成之后，测试人员需要收集整理测试数据并对数据进行分析，将测试数据与客户要求的性能指标进行对比，若不满足客户的性能要求，则需要进行性能调优，然后重新测试，直到产品性能满足客户需求。

7. 提交性能测试报告

性能测试完成之后需要编写性能测试报告，阐述性能测试的目标、性能测试环境、性能测试用例与脚本使用情况、性能测试结果及性能测试过程中遇到的问题和解决办法等。软件产品不会只进行一次性能测试，因此性能测试报告需要备案保存，作为下次性能测试的参考。

7.5 性能测试基本工具

性能测试是软件测试中一个很重要的分支，人们为了提高性能测试的效率，开发出了很多性能测试工具。好的测试工具可以极大地提高测试效率，为发现软件缺陷提供重要依据。目前，市面上的性能测试工具很多，有收费的，也有免费的，本节将介绍两个比较常用的性能测试工具：LoadRunner 和 JMeter。

7.5.1 LoadRunner

LoadRunner 最初是由 Mercury 公司开发的一款性能测试工具，2006 年被惠普(HP)公司收购，此后，LoadRunner 就成为 HP 公司重要的产品之一。LoadRunner 是一款适用于各种体系架构的性能测试工具，它能预测系统行为并优化系统性能，其工作原理是通过模拟一个多用户(虚拟用户)并行工作的环境来对应用程序进行负载测试。在进行负载测试时，LoadRunner 能够使用最少的硬件资源为模拟出来的虚拟用户提供一致的、可重复并可度量的负载，在测试过程中监控用户想要的数据和参数。测试完成后，LoadRunner 可以自动生成分析报告，为用户提供软件产品所需要的性能信息。

相比于其他性能测试工具，LoadRunner 主要有以下特点。

(1)广泛支持业界标准协议。

(2)支持多种平台开发的脚本。

(3)可创建真实的系统负载。

(4)具有强大的实时监控与数据采集功能。

(5)可以精确分析结果，定位软件问题。

LoadRunner 好用且功能强大，唯一美中不足的是它不是开源产品，使用 LoadRunner 的用户需要向 HP 公司付费。

LoadRunner 工具主要由 3 部分组成：Virtual User Generator(简写为 VuGen)、Controller 和 Analysis。下面分别介绍这 3 个组成部分的作用。

1. VuGen

LoadRunner 是通过多个虚拟用户在系统中同时工作或访问系统的环境来进行性能测试的，虚拟用户进行的操作通常被记录在虚拟用户脚本中，而 VuGen 就是用于创建虚拟用户脚本的工具，因此它也被称为虚拟用户脚本生成器。

在创建脚本时，VuGen 会生成多个函数用于记录虚拟用户所执行的操作，并将这些函数插入 VuGen 编辑器中生成基本的虚拟用户脚本，这个创建脚本的过程也叫作录制脚本。例如，有一款软件产品基于数据库服务器，所有用户的信息都保存在数据库中，当用户查询信息时，整个查询过程可分为以下几个操作。

(1)登录软件。

(2)连接到数据库服务器。

(3)提交 SQL 查询。

(4)检索并处理服务器响应。

(5)与服务器断开连接。

VuGen 会监控上述操作，并以代码的形式将这几个操作记录下来，生成一个 VBScript 脚本文件。当执行该脚本文件时，可以自动执行上述操作，即自动执行查询操作。在录制期间，VuGen 会监控虚拟用户的行为，并跟踪用户发送到服务器的所有请求以及从服务器接收到的所有应答。

2. Controller

Controller 用于创建和控制 LoadRunner 场景，场景负责定义每次测试中发生的事件，包括模拟的用户数、用户执行的操作以及测试要监控的性能指标等。

以 VuGen 中的软件产品为例，用户可以登录软件查询个人信息，如果全国各地的用户都要查询信息，那么软件可以承受多大的负载？这就需要进行负载测试，例如使用 100 个用户同时执行查询操作并观察软件的运行情况，这就是一个场景，这个场景可以使用 Controller 来定义。设置 100 个虚拟用户，让这 100 个虚拟用户同时执行 VuGen 录制的查询操作脚本，这就相当于让 100 个用户同时执行查询操作，在场景运行期间添加响应时间、并发用户数等性能指标，监控这些指标的变化，检查服务器的可靠性及负载能力。

3. Analysis

Analysis 是 LoadRunner 的数据分析工具，它可以收集性能测试中的各种数据，对其进行分析并生成图表和报告供测试人员查看。

关于 LoadRunner 的安装以及这 3 个工具的使用，后面会进行详细讲解，在这里读者对 LoadRunner 以及这 3 个工具有一个整体的认识即可。

7.5.2　JMeter

JMeter 是由 Apache 公司开发和维护的一款开源免费的性能测试工具。JMeter 以 Java 作为底层支撑环境，它最初是为测试 Web 应用程序而设计的，但后来逐步扩展到了其他领域。现在 JMeter 可用于静态资源和动态资源的测试，例如，它可用于模拟服务器、服务器组、网络或对象上的重负载以测试其强度、分析不同负载类型下的整体性能。

JMeter 的工作原理与 LoadRunner 类似，它也是通过模拟多个虚拟用户向服务器发送请求，检测响应返回情况，如并发用户数、响应时间、资源占用情况等，以此检测系统的性能。与 LoadRunner 不同的是，JMeter 工具通过线程组创建虚拟用户，一个线程组可以设置多个线程，每个线程就是一个虚拟用户，这些线程相互独立，互不影响。虚拟用户向服务器发送一个请求，JMeter 称之为一次采样，这个操作由采样器来完成。

JMeter 工具主要由以下几个核心组件构成。

(1) 逻辑控制器(logic controller)：确定采样器的执行顺序。

(2) 配置元件(config element)：可用于设置默认属性和变量等数据，供采样器获取所需要的各种配置信息。

(3) 前置处理器(per processors)：在实际的请求发出之前，对即将发出的请求进行特殊的处理。例如，HTTP URL 重写修饰符可以实现 URL 重写，当发送的请求中有 SessionID 信息时，可以通过该前置处理器填充发出请求的实际 SessionID。

(4) 定时器(timer)：用于在操作之间设置等待时间。

(5) 采样器(sampler)：是 JMeter 的主要执行组件，它用于向服务器发送一个请求，并记录响应信息，包括成功/失败、响应时间、数据大小等。JMeter 支持多种不同的采样器，可根据设置的不同参数向服务器发送不同类型的请求(HTTP、FTP、TCP 等)。

(6)后置处理器(post processors)：一般放在采样器之后，用来处理服务器的返回结果。

(7)断言(assertions)：用于检查测试得到的数据是否符合预期结果。

(8)监听器(listener)：用于监听测试结果。此外，监听器还具备查看、保存和读取测试结果的功能。

使用 JMeter 进行性能测试时，在线程组中设置好相关参数，并通过配置元件、前置处理器、定时器、断言等组件设置其他的参数信息，然后使用采样器发送请求，通过后置处理器、断言、监听器等组件分析查看测试结果。

与 LoadRunner 相比，JMeter 是一款开源免费的轻量级工具，安装简单，并且支持二次开发，但是在性能测试过程中，JMeter 的录制功能、环境调试功能与 LoadRunner 都存在一定差距，而且 JMeter 的报表较少，结果分析也没有 LoadRunner 详细。总之，JMater 和 LoadRunner 各有优势与不足，读者在测试时可以根据自己的需要进行选择。

7.6 性能测试常见面试题

(1)什么时候开始进行性能测试?

性能测试一般分为前期阶段和后期阶段。前期阶段是功能实现后还没有到系统集成时期，可以针对功能实现进行性能测试，看看单独功能实现的响应时间。后期阶段是指系统功能通过功能性测试完毕后，到整体的性能测试阶段。

(2)性能测试流程是什么?

重点：需求分析调研、预期指标设定、场景建模、环境数据准备、监控分析。

细节：如何分析性能需求；测试的目的、范围如何界定；预期指标怎么得到；需要哪些数据和手段来评估；压力测试环境配置模型如何抉择；测试数据如何准备。

(3)性能测试的指标有哪些?

见本书 7.2 节的介绍。

(4)网络协议?

重点：HTTP、TCP、Dubbo 及其他 RPC 框架接口。

细节：三次握手、HTTP 和 HTTPS 的区别、AES 和 RSA 的区别、RPC 框架的原理、常见的 RPC 框架。

(5)系统架构。

重点：微服务、分布式、SLB、ESB。

细节：Docker&K8S&Prometheus、分布式的系统，测试时要注意哪些；负载均衡。

(6)中间件。

重点：MQ 和 Kafka、Redis、Tomcat、JVM、链路监控工具(CAT、pinpoint、SkyWalking)。

细节：MQ 和 Kafka 各自的优点、如何测试 MQ 的性能、Tomcat 参数配置 & 线程池、缓存穿透和缓存雪崩、Redis 的缓存淘汰算法 LRU 和 LRU、JVM 堆的构成、OOM 的原理和如何监控？

(7)压测和监控工具。

重点：JMeter、Locust、PTS、Nmon、Zabbix。

细节：JMeter 参数化 & 事务控制 & 二次开发 & 分布式压测、对其他压测工具的了解及使用程度、Nmon 使用 & 二次开发、Zabbix 监控部署、对监控实时可视化的了解。

(8)Linux 相关。

重点：常见的监控分析命令、查看日志的几种方式、CPU 的工作原理、shell 脚本。

(9)常见性能瓶颈分析。

重点：TPS 上不去、负载不均衡、高并发下大量请求报错、TPS 波动大。

(10)性能场景。

重点：容量规划、性能基线、全链路压测。

(11)如何确定系统最大负载？

通过负载测试，不断增加用户数，随着用户数的增加，各项性能指标也会相应产生变化，当出现了性能拐点，比如，当用户数达到某个数量级时，响应时间突然增长，那么这个拐点对应的用户数就是系统能承载的最大用户数。

(12)你参与的项目中哪些功能做了性能测试？

选用了用户使用最频繁的功能来做测试，比如登录功能。

(13)有验证码的功能，怎么做性能测试？

将验证码暂时屏蔽，完成性能测试后再恢复，或者使用万能的验证码。

(14)参与的项目性能测试用的是前台还是后台？

BS 项目：测试的是后台服务器的性能和浏览器端性能。

App 项目：手机端和服务器端的性能都做。

(15)参与的项目性能测试需求从哪里来？

客户提供需求、运维提供需求或者研发人员提供需求。

申明：此部分只是列举笔者认为可能较为常见的面试题，所给出的答案仅供参考，一般面试题也无标准答案，答案合理即可。

7.7 本章小结

本章主要讲解了性能测试的相关知识，首先介绍了性能测试的概念、性能测试的指标、性能测试的种类与性能测试的流程，然后介绍了性能测试的常用工具 LoadRunner 和

JMeter，最后介绍了一些性能测试常见的面试题。通过本章的学习，读者应当对性能测试有一个整体和初步的认识与了解。

7.8 本章习题

一、填空题

1. 吞吐量是指________内系统能够完成的工作量。

2. TPS 是指系统________能够处理的事务和交易的数量。

3. ________确定在满足系统性能指标的情况下，系统所能够承受的最大负载量。

4. 点击率是指用户每秒向 Web 服务器提交的________请求数。

5. ________通常与数据库、系统资源有关，用于规划将来需求增长时，对数据库和系统资源的优化。

6. LoadRunner 工具主要由________、________、________3 部分组成。

二、判断题

1. 响应时间是指系统对用户请求做出响应所需要的时间。(　　)

2. 吞吐量的度量单位是请求数/s。(　　)

3. 并发数量增大可能会导致系统响应变慢。(　　)

4. 点击率是 Web 应用特有的一个指标。(　　)

5. 压力测试是给系统加压直至系统崩溃，以此来确定系统最大负载能力。(　　)

6. 峰值测试与压力测试是同一个概念。(　　)

三、单选题

1. 关于性能测试，下列说法中错误的是(　　)。

A. 软件响应慢属于性能问题

B. 性能测试就是使用性能测试工具模拟正常、峰值及异常负载状态，对系统的各项性能指标进行测试的活动

C. 性能测试可以发现软件系统的性能瓶颈

D. 性能测试以验证功能完整实现为目的

2. 下列选项中，哪一项不是性能测试指标？(　　)

A. 响应时间　　B. TPS　　C. DPH　　D. 吞吐量

3. 下列选项中，哪一项是瞬间将系统压力加载到最大的性能测试？(　　)

A. 压力测试　　B. 负载测试　　C. 并发测试　　D. 峰值测试

4. 关于性能测试流程，下列说法中错误的是(　　)。

A. 性能测试比较特殊，它并不遵循一般测试流程

B. 性能测试需求分析中，测试人员首先要明确测试目标

C. 在制订性能测试计划时，一个非常重要的任务就是设计场景

D. 性能测试通常需要对测试过程执行监控

5. 关于 LoadRunner 与 JMeter，下列说法中错误的是(　　)。

A. LoadRunner 是收费的，JMeter 是开源的

B. LoadRunner 广泛支持业界标准协议

C. JMeter 使用监听器记录服务器的响应

D. JMeter 报表较少，其测试报告不如 LoadRunner 详尽

四、简答题

1. 请简述常用的性能测试指标。
2. 请简述常见的性能测试种类。
3. 请简述 LoadRunner 的组成部分及其作用。
4. 微信小程序如何做性能测试？

第 8 章

安全测试

学习目标

(1) 了解安全测试的概念。
(2) 熟悉常见的安全漏洞。
(3) 了解渗透测试的流程及常见的安全测试工具。
(4) 熟悉安全测试工具 AppScan 的使用。

思政目标

没有网络安全就没有国家安全，就没有经济社会稳定运行，广大人民群众利益也难以得到保障。要树立正确的网络安全观，加强信息基础设施网络安全防护，加强网络安全信息统筹机制、手段、平台建设，加强网络安全事件应急指挥能力建设，积极发展网络安全产业，做到关口前移，防患于未然。本章内容让学生加强对软件信息安全知识的理解。

在 Intemet 大众化、Web 技术飞速演变的今天，软件给我们带来便利的同时，也带来了很多安全隐患。例如，2018 年 3 月，美国功能性运动品牌安德玛(Under Amour)公司的移动应用程序 MyFitnessPal 遭受黑客攻击，导致 1.5 亿账户信息泄露。信息领域的网络安全和软件安全已成为国家安全的重要组成部分，当网络信息资源成为国家和公众的生命线时，一旦信息网络遭到入侵和破坏，其所带来的经济损失无法估量。软件安全测试是软件测试的重要研究领域，它是保证软件能够安全使用的最主要手段，做好软件安全测试的必要条件有两个：一是充分了解软件安全漏洞；二是拥有高效的软件安全测试技术和测试工具。本章将针对安全测试的相关知识进行讲解。

8.1 安全测试概述

8.1.1 什么是安全测试

安全测试是在 IT 软件产品的生命周期中，特别是产品开发基本完成到发布阶段，对产品进行检验以验证产品符合安全需求定义和产品质量标准的过程，可以说，安全测试贯穿于软件的整个生命周期。下面通过一张图描述软件生命周期各个阶段的安全测试，如图 8-1 所示。

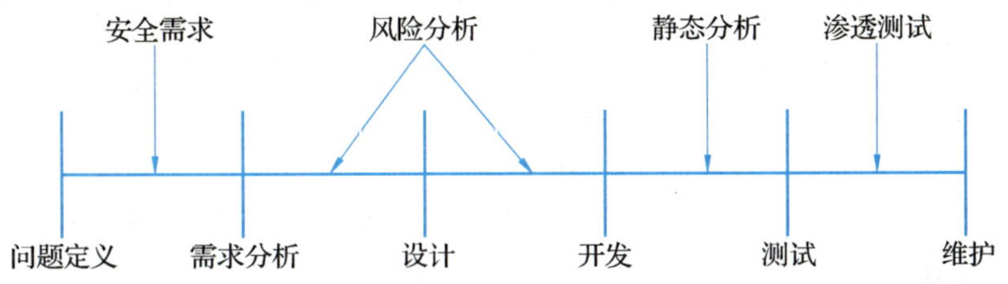

图 8-1　软件生命周期各个阶段的安全测试

图 8-1 中的风险分析、静态分析、渗透测试都属于安全测试的范畴，与前面介绍的普通测试相比，安全测试需要转换视角，改变测试中模拟的对象。下面从以下维度比较普通测试与安全测试的不同。

(1) 测试目标不同：普通测试以发现 bug 为目标；安全测试以发现安全隐患为目标。

(2) 假设条件不同：普通测试假设导致问题的数据是用户不小心造成的，接口一般只考虑用户界面；安全测试假设导致问题的数据是攻击者处心积虑构造的，需要考虑所有可能的攻击途径。

(3) 思考域不同：普通测试以系统所具有的功能为思考域；安全测试的思考域不但包括系统的功能，还有系统的机制、外部环境、应用和数据自身安全风险与安全属性等。

(4) 问题发现模式不同：普通测试以违反功能定义为判断依据；安全测试以违反权限与能力的约束为判断依据。

8.1.2 安全测试的基本原则

软件安全是一个广泛而复杂的主题，完全避免软件安全缺陷问题是不切实际的，但通过安全测试可以发现并修复软件大部分安全缺陷。下面介绍一些安全测试方面的原则，遵循这些原则能够避免安全测试许多常见问题的出现。

1. 培养正确的思维方式

只有跳出常规思维定式才能成功执行安全测试。常规测试只需要覆盖目标软件的正常行为，而安全测试人员则要有创造性思维，创造性思维能够帮助我们站在攻击者的角度思考各种无法预期的情况，同时能够帮助我们猜测开发人员是如何开发的，如何绕过程序防护逻辑，以某种不安全的行为模式导致程序失效。

2. 尽早测试和经常测试

安全性缺陷和普通 bug 没什么区别，越早发现，修复成本越低，要做到这一点，最开始的工作就是在软件开发前期对开发和测试团队进行常见安全问题的培训，教他们学会如何检测并修复安全缺陷。虽然新兴的第三方库、工具以及编程语言能够帮助开发人员设计出更安全的程序，但是新的威胁不断出现，开发人员最好能够意识到新产生的安全漏洞对正在开发的软件的影响；测试人员要转变思维方式，从攻击者角度的各个细节测试应用程序，使软件更加安全。

3. 选择正确的测试工具

很多情况下，安全测试需要模拟黑客的行为对软件系统发起攻击，以确保软件系统具备稳固的防御能力。模拟黑客行为就要求安全测试人员擅长使用各种工具，如漏洞扫描工具、模拟数据流行为的前后台相关工具、数据包抓取工具等。现在市面上提供了很多安全扫描器或者应用防火墙工具可以自动完成许多日常安全任务，但是这些工具并不是万能的。作为测试人员，准确了解这些工具能做什么、不能做什么是非常重要的，切不可过分夸大或者不当使用测试工具。

4. 可能情况下使用源代码

测试大体上分为黑盒测试和白盒测试两种。黑盒测试一般使用渗透方法，这种方法带有明显的黑盒测试本身的不足，需要大量测试用例进行覆盖，且测试完成后仍无法确定软件是否存在风险。现在，白盒测试中的源代码扫描成为一种越来越流行的技术，使用源代码扫描工具对软件进行代码扫描，一方面可以找出潜在的风险，从内对软件进行检测，提高代码的安全性；另一方面也可以进一步提高代码的质量。黑盒的渗透测试和白盒的源代码扫描内外结合，可以使软件的安全性得到极大程度的提高。

5. 测试结果文档化

测试人员总结的时候，明智且有效的做法是将测试行动和结果清晰、准确地记录在文档中，产生一份测试报告。该报告最好包括漏洞类型、问题引起的安全威胁及严重程度、用于发现问题的测试技术、漏洞的修复、漏洞风险等。一份好的测试报告应该帮助开发人员准确定位软件安全漏洞，从而有效进行漏洞修补，使软件更安全、可靠。

8.2 常见的安全漏洞

8.2.1 SQL 注入

所谓 SQL 注入就是把 SQL 命令人为地输入 URL、表格域或者其他动态生成的 SQL 查询语句的输入参数中，最终达到欺骗服务器执行恶意的 SQL 命令的目的。

假设某个网站通过网页获取用户输入的数据，并将其插入数据库。正常情况下的 URL 地址如下：http://localhost/id=222，此时，用户输入的 id 数据 222 会被插入数据库执行下列 SQL 语句：

```
Select*from users where id=222
```

但是，如果我们不对用户输入数据进行过滤处理，那么可能发生 SQL 注入。例如，用户可能输入下列 URL：http://1ocalhost/id=‘ ’or 1=1，此时用户输入的数据插入数据库后执行的 SQL 语句如下：

```
Select*from users where id=‘’or ‘1’=‘1’
```

通过比较两条 SQL 语句，可以发现这两条 SQL 查询语句意义完全不同，正常情况下，SQL 语句可以查询出指定 id 的用户信息，但是 SQL 注入后查询的结果是所有用户的信息。

SQL 注入是风险非常高的安全漏洞，我们可以在应用程序中对用户输入的数据进行合法性检测，包括用户输入数据的类型和长度，同时，对 SQL 语句中的特殊字符(如单引号、双引号、分号等)进行过滤处理。

值得一提的是，由于 SQL 注入攻击的 Web 应用程序处于应用层，因此大多数防火墙不会进行拦截。除了完善应用代码外，还可以在数据库服务器端进行防御，对数据库服务器进行权限设置，降低 Web 程序连接数据库的权限，撤销不必要的公共许可，使用强大的加密技术保护敏感数据，并对被读走的敏感数据进行审查跟踪等。

8.2.2 XSS 攻击

XSS(cross site scripting)是 Web 应用系统最常见的安全漏洞之一，它主要源于 Web 程序对用户输入的检查和过滤不足。攻击者可以利用 XSS 漏洞把恶意代码(HTML 代码或 JavaScript 脚本)注入网站中，当有用户浏览该网站时，这些恶意代码就会被执行，从而达到攻击的目的。

通常，在 XSS 攻击中，攻击者会通过邮件或其他方式诱使用户点击包含恶意代码的链接，例如攻击者通过 E-mail 向用户发送一个包含恶意代码的网站 home. com，用户点击链接后，浏览器会在用户毫不知情的情况下执行链接中包含的恶意代码，将用户与

home. com 交互的 Cookie 和 Session 等信息发送给攻击者，攻击者拿到这些数据之后，就会伪装成用户与真正的网站进行会话，从事非法活动。

攻击流程：①黑客可以通过各种扫描工具或者人工输入来找到有 XSS 漏洞的网站 URL；②构造攻击字符串；③确定获取猎物的方式(XSS 平台或者自己写的脚本)；④执行攻击；⑤获取猎物，即 Cookie 或者用户名密码。

对于 XSS 漏洞，最核心的防御措施就是对用户的输入进行检查和过滤，包括 URL、查询关键字、HTTP 头、POST 数据等，仅接受指定长度范围、格式适当、符合预期的内容，对其他不符合预期的内容一律进行过滤。除此之外，当向 HTML 标签或属性中插入不可信数据时，要对这些数据进行相应的编码处理。将重要的 Cookie 标记为 http only，这样 JavaScript 脚本就不能访问这个 Cookie，避免了攻击者利用 JavaScript 脚本获取 Cookie。

XSS 全拼为 cross site scripting，意为跨站脚本，其缩写原本为 CSS，但这与 HTML 中的层叠样式表(cascading style sheets)的缩写重名了，为了区分，就将跨站脚本改为了 XSS。

8.2.3 CSRF 攻击

CSRF(cross-site request forgery)为跨站请求伪造，它是一种针对 Web 应用程序的攻击方式，攻击者利用 CSRF 漏洞伪装成受信任用户的请求访问受攻击的网站。在 CSRF 攻击中，当用户访问一个信任网站时，在没有退出会话的情况下，攻击者诱使用户点击恶意网站，恶意网站会返回攻击代码，同时要求访问信任网站，这样用户就在不知情的情况下将恶意网站的代码发送到了信任网站。

CSRF 的攻击过程与 XSS 攻击过程类似，不同之处在于，XSS 是盗取用户信息伪装成用户执行恶意活动，而 CSRF 则是通过用户向网站发起攻击。如果将 XSS 攻击过程比喻为小偷偷取了用户的身份证去办理非法业务，那么 CSRF 攻击则是骗子“劫持”了用户，让用户自己去办理非法业务，以达到自己的目的。

CSRF 漏洞产生的原因主要是对用户请求缺少更安全的验证机制。防范 CSRF 漏洞的主要思路就是加强后台对用户及用户请求的验证，而不能仅限于 Cookie 的识别。例如，使用 HTTP 请求头中的 Referer 对网站来源进行身份校验，添加基于当前用户身份的 Token 验证，在请求数据提交前，使用验证码填写方式验证用户来源，防止未授权的恶意操作。

HTTP Referer 是请求头的一部分，代表网页的来源(上一页的地址)，当浏览器向 Web 服务器发送请求的时候，一般会带上 Referer，告诉服务器此次访问是从哪个页面链接过来的。服务器由此可以获得一些信息用于处理。

多学一招：WASC 和 OWASP。

WASC 是 Web 应用程序安全组织(Web Application Security Consortium)的缩写，它是一个由安全专家、行业顾问和诸多组织的代表组成的国际团体。该组织的主要职责之一就是将 Web 应用所受到的威胁、攻击进行说明并归纳成具有共同特征的分类，为 Web 应用程序制定广为接受的应用安全标准。

OWASP 是开放式 Web 应用程序安全项目(Open Web Application Security Project)的缩

写，该组织致力于发现和解决不安全 Web 应用的根本原因，它最重要的项目之一就是总结当前 Web 应用程序最常见的攻击手段，并且按照攻击发生的概率进行排序更新。

WASC 和 OWASP 在呼吁企业加强应用程序安全防范意识和指导企业开发安全的 Web 应用方面，起到了重要的作用。

8.3 渗透测试

8.3.1 什么是渗透测试

8.2 节介绍的安全漏洞都属于 Web 应用漏洞，这些 Web 漏洞可以通过渗透测试验证。渗透测试是利用模拟黑客攻击的方式，评估计算机网络系统安全性能的一种方法。这个过程是站在攻击者的角度对系统的任何弱点、技术缺陷或漏洞进行主动分析，并且有条件地主动利用安全漏洞。

渗透测试并没有严格的分类方法，即使在软件开发生命周期中，也包含了渗透测试的环节，但是根据实际应用，人们普遍认为渗透测试分为黑盒测试、白盒测试两类，其中黑盒测试中，渗透者完全处于对系统一无所知的状态，而白盒测试与黑盒测试恰恰相反，渗透者在完全了解程序结构的情况下进行测试。但是不管采用哪种测试方法，渗透测试都具有以下特点：

(1)渗透测试是一个渐进的并且逐步深入的过程。

(2)渗透测试是选择不影响业务系统正常运行的攻击方法进行的测试。

8.3.2 渗透测试的流程

渗透测试遵循软件测试的基本流程，但由于其测试过程与目标的特殊性，在具体实现步骤上，渗透测试与常规测试并不相同。渗透测试流程主要包括八个步骤，如图 8-2 所示。

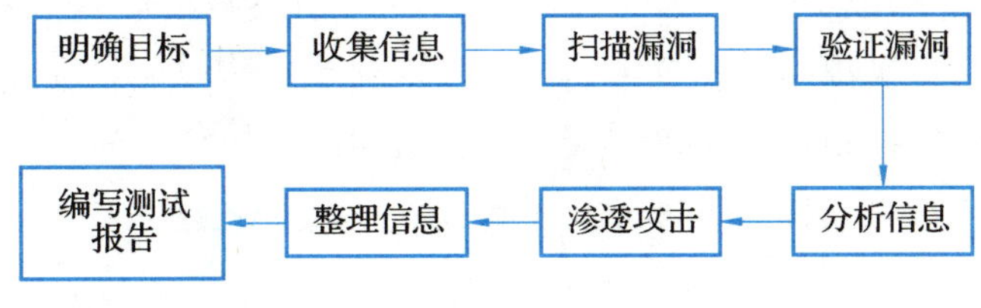

图 8-2 渗透测试流程

下面结合图 8-2 介绍每一个步骤所要完成的任务。

1)明确目标

当测试人员拿到需要做渗透测试的项目时，首先确定测试需求，如测试是针对业务逻辑漏洞，还是针对人员管理权限漏洞等；然后确定客户要求渗透测试的范围，如 IP 段、域名、整站渗透或者部分模块渗透等；最后确定渗透测试规则，如能够渗透到什么程度，是确定漏洞为止还是继续利用漏洞进行更进一步的测试，是否允许破坏数据，是否能够提升权限等。在这一阶段，测试人员主要是对测试项目有一个整体、明确的了解，方便测试计划的制订。

2) 收集信息

在信息收集阶段要尽量收集关于项目软件的各种信息。例如，对于一个 Web 应用程序，要收集脚本类型、服务器类型、数据库类型以及项目所用到的框架、开源软件等。信息收集对于渗透测试来说非常重要，只有掌握目标程序足够多的信息，才能更好地进行漏洞检测。

信息收集的方式可分为以下两种。

(1) 主动收集：通过直接访问、扫描网站等方式收集想要的信息，这种方式可以收集的信息比较多，但是访问者的操作行为会被目标主机记录。

(2) 被动收集：利用第三方服务对目标进行了解，如上网搜索相关信息。这种方式获取的信息相对较少且不够直接，但目标主机不会发现测试人员的行为。

3) 扫描漏洞

在这一阶段，综合分析收集到的信息，借助扫描工具对目标程序进行扫描，查找存在的安全漏洞。

4) 验证漏洞

在扫描漏洞阶段，测试人员会得到很多关于目标程序的安全漏洞，但这些漏洞有误报，需要测试人员结合实际情况，搭建模拟测试环境对这些安全漏洞进行验证。被确认的安全漏洞才能被利用执行攻击。

5) 分析信息

经过验证的安全漏洞就可以被利用起来向目标程序发起攻击，但是不同的安全漏洞，攻击机制并不相同。针对不同的安全漏洞需要做进一步分析，包括安全漏洞原理、可利用的工具、目标程序检测机制、攻击是否可以绕过防火墙等问题，然后制订一个详细、精密的攻击计划，这样才能保证测试顺利执行。

6) 渗透攻击

渗透攻击就是对目标程序发起真正的攻击，达到测试的目的，如获取用户密码、截取目标程序传输的数据、控制目标主机等。一般渗透测试是一次性测试，攻击完成后要执行清理工作，删除系统日志、程序日志等，擦除进入系统的痕迹。

7) 整理信息

渗透攻击完成之后，整理攻击所获得的信息，为后面编写测试报告提供依据。

8) 编写测试报告

测试完成之后要编写测试报告，阐述项目安全测试目标、信息收集方式、漏洞扫描工具以及漏洞情况、攻击计划、实际攻击结果、测试过程中遇到的问题等。此外，还要对目标程序存在的漏洞进行分析，提供安全有效的解决办法。

8.4 常见的安全测试工具

安全测试是一个非常复杂的过程，测试所使用到的工具也非常多，而且种类不一，如漏洞扫描工具、端口扫描工具、抓包工具、渗透工具等。下面介绍几个常用的安全测试工具。

1. Web 漏洞扫描工具——AppScan

AppScan 是 IBM 公司开发的一款 Web 应用安全测试工具，它采用黑盒测试方式，可以扫描常见的 Web 应用安全漏洞。

AppScan 的扫描过程分为以下 3 个步骤。

(1)探测：在探测阶段，AppScan 通过发送请求对站内的链接、表单等进行访问，根据响应信息检测目标程序可能存在的安全隐患，从而确定安全漏洞范围

(2)测试：在测试阶段，AppScan 对潜在的安全漏洞发起攻击。AppScan 有一个内置的测试策略库，测试策略库可以针对相应的安全隐患检测规则生成对应的测试输入，AppScan 就使用生成的测试输入对安全漏洞发起攻击。

(3)扫描：在扫描阶段，AppScan 会检测目标程序对攻击的响应结果，并根据结果来确定探测到的安全漏洞是否是一个真正的安全漏洞，如果是一个真正的安全漏洞，则根据其危险程度确定危险级别，为开发人员修复缺陷提供依据。

AppScan 功能十分齐全，支持登录功能并且拥有十分强大的报表。扫描结果会记录扫描到的漏洞的详细信息，包括详尽的漏洞原理、修改建议、手动验证等功能。

2. 端口扫描工具——Nmap

Nmap 是一个网络连接端口扫描工具，用来扫描网上计算机开放的网络连接端口，确定服务运行的端口，并且推断计算机运行的操作系统。它是网络管理员用以评估网络系统安全的必备工具之一。

Nmap 的具体功能如下。

主机扫描：用于发现目标主机是否处于活动状态，Nmap 提供了多种主机在线检测机制，可以更有效地辨识主机是否在线。

端口状态扫描：Nmap 可以扫描端口，并将端口识别为 open(开放的)，closed(关闭的)，filtered(被过滤的)，unfiltered(未被过滤的)，open | filtered(开放或者被过滤的)，或者 closed | filtered(关闭或者被过滤的) 6 种状态。

应用程序版本探测：Nmap 可以扫描到占用端口的应用程序，并识别应用程序版本和使用的协议等。Nmap 可以识别数千种应用的签名，检测数百种应用协议。对于不识别的应用，默认打印应用的指纹。

操作系统探测：Nmap 可以识别目标主机的操作系统类型、版本编号及设备类型。它支持 1500 个操作系统或设备的指纹数据库，可以识别通用 PC 系统、路由器、交换机等设备类型。

防火墙/IDS 逃避和欺骗：Nmap 可以探查目标主机的状况，如 IP 欺骗、IP 伪装、MAC 地址伪装等支持测试对象交互脚本，交互脚本用于增强主机发现、端口扫描和操作系统侦测等功能，还可扩展高级的功能，如 Web 扫描、漏洞发现和漏洞利用等。

3. 抓包工具——Fiddler

Fiddler 是一个 HTTP 调试代理工具，它以代理 Web 服务器形式工作，帮助用户记录计算机和 Internet 之间传递的所有 HTTP(HTTPS)流量，其工作原理如图 8-3 所示。

图 8-3 Fiddler 工作原理图

Fiddler 可以捕获来自本地运行程序的所有流量，从而记录服务器到服务器、设备到服务器之间的流量。此外，Fiddler 还支持各种过滤器，如“隐藏会话”“突出特殊流量”“在会话上操纵断点”“阻止发送流量”等，这些过滤器可以过滤出用户想要的流量数据，节省大量时间和精力。

相比于其他抓包工具，Fiddler 小巧易用，且功能完善，它支持将捕获的流量数据存档，以供后续分析使用。

4. Web 渗透测试工具——Metasploit

Metasploit 是一个渗透测试平台，能够查找、验证漏洞，并利用漏洞进行渗透攻击。它是一个开源项目，提供基础架构、内容和工具来执行渗透测试和广泛的安全审计。对于渗透攻击，Metasploit 主要提供了以下功能模块。

(1)渗透(exploit)模块：运行时会利用目标的安全漏洞进行攻击。

(2)攻击载荷(payload)模块：在成功对目标完成一次渗透之后，测试程序开始在目标计算机上运行。它能帮助用户在目标系统上获得需要的访问和行动权限。

(3)辅助(auxiliary)模块：包含了一系列的辅助支持模块，包括扫描模块、漏洞发掘模块、网络协议欺骗模块。

(4)编码器(encoder)模块：通常用来对我们的攻击模块进行代码混淆，逃过目标安全保护机制的检测，如杀毒软件和防火墙等。

(5)Meterpreter：使用内存技术的攻击载荷，可以注入进程之中。它提供了各种可以在目标上执行的功能。

Metasploit 是一个多用户协作工具，可让用户与渗透测试团队的成员共享任务和信息。借助团队协作功能，用户可以将渗透测试划分为多个部分，为成员分配特定的网段进行测试，并让成员充分发挥他们可能拥有的任何专业知识。团队成员可以共享主机数据、查看

收集的证据以及创建主机备注以共享有关特定目标的知识。最终，Metasploit 可帮助用户确定利用目标的最薄弱点，并证明存在漏洞或安全问题。

Kali Linux 是一个基于 Debian 的 Linux 发行版，可以运行在多种平台上，是专门用于渗透测试和安全测试的系统。其中预装了 600 多种工具，如渗透测试工具、安全测试工具、逆向工程等。

(6) Burp Suite：Burp Suite 是用于攻击 Web 应用程序的集成平台，包含了许多工具。Burp Suite 为这些工具设计了许多接口，以加快攻击应用程序的过程。所有工具都共享一个请求，并能处理对应的 HTTP 消息、认证、代理、日志、警报。

Burp Suite 能高效率地与多个工具一起工作，例如，一个中心站点地图用于汇总收集到的目标应用程序信息，并通过确定的范围来指导单个程序工作。

在一个工具处理 HTTP 请求和响应时，它可以选择调用其他任意的 Burp 工具。例如，代理记录的请求可被 Intruder 用来构造一个自定义的自动攻击的准则，可被 Repeater 用来手动攻击，也可被 Scanner 用来分析漏洞，或者被 Spider(网络爬虫)用来自动搜索内容。应用程序可以"被动地"运行，而不是产生大量的自动请求。Burp Proxy 把所有通过的请求和响应解析为连接，同时站点地图也相应地更新。由于完全控制了每一个请求，可以以一种非入侵的方式来探测敏感的应用程序。

当用户浏览网页(这取决于定义的目标范围)时，通过自动扫描经过代理的请求就能发现安全漏洞。

IBurpExtender 用来扩展 Burp Suite 和单个工具。一个工具处理的数据结果可以被其他工具随意使用，并产生相应的结果。

Burp Suite 的工具箱如下：

①Proxy：是一个拦截 HTTP/S 的代理服务器，作为一个在浏览器和目标应用程序之间的中间人，允许拦截、查看、修改在两个方向上的原始数据流。

②Spider：是一个应用智能感应的网络爬虫，它能完整地枚举应用程序的内容和功能。

③Scanner[仅限专业版]：是一个高级的工具，执行后，它能自动地发现 Web 应用程序的安全漏洞。

④Intruder：是一个定制的高度可配置的工具，对 Web 应用程序进行自动化攻击，如枚举标识符、收集有用的数据，以及使用模糊测试技术探测常规漏洞。

⑤Repeater：是一个靠手动操作来补发单独的 HTTP 请求，并分析应用程序响应的工具。

⑥Sequencer：是一个用来分析那些不可预知的应用程序会话令牌和重要数据项的随机性的工具。

⑦Decoder：是一个进行手动执行或对应用程序数据智能解码编码的工具。

⑧Comparer：是一个实用的工具，通常通过一些相关的请求和响应得到两项数据的一个可视化的差异。

关于 Burp Suite 的安装和使用，网上已有大量资料，这里不再赘述。

8.5 安全测试常见面试题

1. 什么是安全测试

在所有类型的软件测试中，安全测试可以认为是最重要的。其主要目的是在任何软件(Web或基于网络)的应用程序中找到漏洞，并保护其数据免受可能的攻击或入侵。由于许多应用程序包含机密数据，需要被保护以免泄露。软件测试需要定期在这样的应用程序上进行，以识别威胁并立即采取行动。

2. 软件的安全性应从哪几个方面去测试

软件安全性测试包括程序和数据库安全性测试。系统安全指标不同，测试策略也不同。用户认证安全的测试要考虑以下问题：明确区分系统中不同用户的权限，系统中会不会出现用户冲突，系统会不会因用户权限改变造成混乱，用户登陆密码是否是可见、可复制，是否可以通过拷贝用户登录后的链接登录系统，用户退出系统后是否删除所有鉴权标记，是否可以使用后退键而不通过输入口令进入系统。

采用各种木马检查工具检查系统的木马情况，采用各种防外挂工具检查系统各组程序的外挂漏洞数据库安全考虑问题：系统数据是否机密(比如对银行系统，这一点就特别重要，一般的网站没有太高要求)、系统数据的完整性、系统数据可管理性、系统数据的独立性、系统数据可备份和恢复能力(数据备份是否完整、可否恢复、恢复是否可以完整)。

3. 什么是漏洞

漏洞可以被定义为任何系统的弱点(vulnerability)，入侵者或bug可以通过该系统进行攻击。如果系统没有严格执行安全性测试，那么漏洞的机会就会增加。有时补丁或修复程序需要防止系统出现漏洞。

4. 什么是渗透测试

渗透测试(penetration testing)是关于安全测试的，它有助于识别系统中的漏洞。渗透测试是试图通过手动或自动技术来评估系统的安全性，以及如果发现任何漏洞，测试人员使用该漏洞来更深入地访问系统并发现更多漏洞。此测试的主要目的是防止系统受到任何可能的攻击。

渗透测试可以通过两种方式进行：白盒测试和黑盒测试。在白盒测试中，测试人员可以使用所有信息，而在黑盒测试中，测试人员没有任何信息，他们在真实场景中测试系统以找出漏洞。

5. 为什么渗透测试非常重要

渗透测试很重要，原因如下。

(1)由于攻击的威胁总是可能的，黑客可以窃取重要数据，甚至使系统崩溃，因此系统中的安全漏洞和环路漏洞可能非常昂贵。

(2) 不可能一直保护所有的信息，黑客总是会带来新的技术来窃取重要数据，以及测试人员需要定期执行测试以检测可能的攻击。

(3) 渗透测试通过上述攻击来识别和保护系统，并帮助组织保持其数据安全。

6. 列举一些可能导致软件系统存在漏洞的因素

造成漏洞的因素有：

(1) 设计缺陷——如果系统中存在允许黑客轻易攻击系统的环路漏洞。

(2) 密码——如果黑客知道密码，他们可以很容易地获得信息。应严格遵守密码政策，以尽量减少密码被盗的风险。

(3) 复杂性——复杂软件可以打开漏洞的大门。

(4) 人为错误——人为错误是安全漏洞的重要来源。

(5) 管理——数据的管理不当会导致系统中的漏洞。

8.6 本章小结

本章主要讲解了安全测试的相关知识，首先介绍了安全测试的概念、与普通测试的区别以及安全测试的基本原则；然后介绍了软件常见的安全漏洞、渗透测试及常用的安全测试工具。通过本章的学习，读者应当对安全测试有一个整体的了解与认知，并熟悉安全测试工具 AppScan 的使用。

8.7 本章习题

一、填空题

1. 安全测试以发现________为目标。
2. SQL 注入攻击的 Web 应用程序处于________，因此大多防火墙不会进行拦截。
3. 利用 XSS 攻击的恶意代码一般包括________和________。

二、判断题

1. 安全测试贯穿于软件的整个生命周期。(　　)
2. 安全测试以违反权限与能力的约束为判断依据。(　　)
3. 对 XSS 漏洞，最核心的防御措施就是对用户的输入进行检查和过滤。(　　)
4. CSRF 漏洞的攻击过程与 XSS 漏洞攻击相同。(　　)
5. 渗透测试主要是扫描软件安全漏洞。(　　)

三、单选题

1. 关于安全测试，下列说法中错误的是(　　)。

A. 安全测试主要是验证产品是否符合安全需求定义和产品质量标准

B. 风险分析也属于安全测试的一种

C. 与功能、性能缺陷不同，安全缺陷可以完全避免

D. 安全测试要尽早测试、经常测试

2. 下列选项中，哪一项不属于安全测试？（　　）

A. 静态分析　　B. 漏洞扫描　　C. 渗透测试　　D. 集成测试

3. 下列选项中，哪一项是跨站点脚本攻击漏洞？（　　）

A. XSS　　B. CSRF　　C. SQL　　D. Buffer Overflow

4. 关于 CSRF 的说法中，下列说法中错误的是(　　)。

A. 它是一种针对 Web 应用程序的攻击方式

B. 跨站请求伪造通常发生在用户访问网站未退出的情况下

C. 跨站请求伪造窃取用户信息，伪装成用户执行恶意活动

D. 防范跨站请求伪造攻击的主要思路就是加强后台对用户及用户请求的验证，而不能仅限于 Cookie 的识别

5. 下列选项中，哪一项是抓包工具？（　　）

A. AppScan　　B. Fiddler　　C. Nmap　　D. Metasploit

四、简答题

1. 请简述安全测试与普通测试的区别。

2. 请简述安全测试的基本原则。

3. 请简述 XSS 的攻击原理、过程及防范措施。

第 9 章 自动化测试

学习目标

(1) 了解自动化测试的概念。
(2) 掌握自动化测试的基本流程。
(3) 了解自动化测试的优势和劣势。
(4) 了解自动化测试的实施策略。
(5) 了解自动化测试的常见技术和工具。
(6) 了解持续集成测试。

思政目标

通过介绍当前软件测试自动化的相关知识，让学生了解软件测试的智能化和自动化，进一步激发学生学习专业技能的兴趣，树立将来为软件事业的发展贡献一份力量的奋斗目标。

随着 IT 的发展，软件产品开发周期越来越短，软件测试的任务越来越重，而测试中的许多操作都是重复性的、非智力性和非创造性的工作，但要求工作准确、细致，此时自动化测试技术和工具最适合代替人工去完成这样的工作。软件自动化测试将自动化工具和技术应用于软件测试，可以减少测试工作的手工重复性，以更快、更准确的工作构建质量更好的软件。本章将对自动化测试的相关知识进行讲解。

9.1 自动化测试概述

9.1.1 什么是自动化测试

自动化测试是指把以人为驱动的测试行为转化为机器执行的过程。实际上自动化测试往往通过一些测试工具或框架编写自动化测试脚本来模拟手工测试过程。例如，在项目迭代过程中，持续的回归测试是一项非常枯燥且重复的任务，并且测试人员每天从事重复性劳动，丝毫得不到成长，工作效率很低。此时，如果开展自动化测试，就能帮助测试人员从重复、枯燥的手工测试中解放出来，提高测试效率，缩短回归测试时间。

实施自动化测试之前，需要对软件开发过程进行分析，以观察其是否适合使用自动化测试。通常情况下，引入自动化测试需要满足以下条件。

1)项目需求变动不频繁

测试脚本的稳定性决定了自动化测试的维护成本。如果软件需求变动过于频繁，测试人员需要根据变动的需求来更新测试用例以及相关的测试脚本，而脚本的维护本身就是一个代码开发的过程，需要修改、调试，必要的时候还要修改自动化测试的框架，如果所花费的成本不低于利用其节省的测试成本，那么自动化测试便是失败的。

2)项目周期足够长

自动化测试需求的确定、自动化测试框架的设计、测试脚本的编写与调试均需要相当长的时间来完成，这样的过程本身就是一个测试软件的开发过程，需要较长的时间来完成。如果项目的周期比较短，没有足够的时间去支持这样一个过程，那么自动化测试便无意义。

3)自动化测试脚本可重复使用

如果费尽心思开发了一套近乎完美的自动化测试脚本，但是脚本的重复使用率很低，致使这期间所耗费的成本大于所创造的经济价值，自动化测试便成为测试人员的练手之作，而并非真正可产生效益的测试手段。

另外，在手工测试无法完成、需要投入大量时间与人力时也需要考虑引入自动化测试。例如，性能测试、配置测试、大数据量输入测试等。一般来说，自动化测试通常都会和持续集成系统(如 Jenkins)配合使用，关于持续集成的相关内容我们将在后面的内容讲解。

9.1.2 自动化测试的基本流程

自动化测试的基本流程如图 9-1 所示。

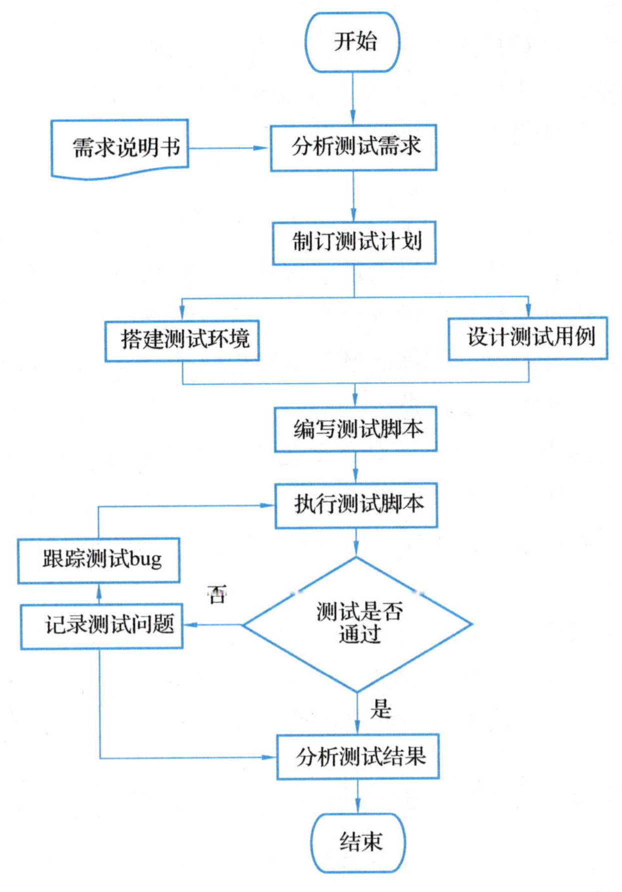

图 9–1　自动化测试的基本流程

1. 分析测试需求

测试需求其实就是测试目标，也可以看作自动化测试的功能点。自动化测试是做不到100%覆盖率的，只能尽可能提高测试覆盖率。

一条测试需求需要设计多个自动化测试用例，通过测试需求分析判定软件自动化测试要做到什么程度。一般情况下，自动化测试优先考虑实现正向的测试用例后再实现反向测试用例，而且反向的测试用例大多都是需要通过分析筛选出来的。因此，确定测试覆盖率以及自动化测试粒度、筛选测试用例等工作都是分析测试需求的重点工作。

2. 制订测试计划

在进行自动化测试之前，需要制订测试计划，明确测试对象、测试目的、测试的项目内容、测试的方法。此外，要合理分配好测试人员以及测试所需要的硬件、数据等资源。制订测试计划后可使用禅道等管理工具监管测试进度。

3. 设计测试用例

在设计测试用例时，要考虑到软件的真实使用环境，例如，对于性能测试、安全测试，需要设计场景模拟真实环境以确保测试真实有效。

4. 搭建测试环境

自动化测试人员在用户设计工作开展的同时即可着手搭建测试环境。自动化测试的脚本编写需要录制页面控件、添加对象。测试环境的搭建，包括被测系统的部署、测试硬件的调用、测试工具的安装和设置、网络环境的布置等。

5. 编写并执行测试脚本

公共测试框架确立后，可进入脚本编写阶段，根据自动化测试计划和测试用例编写自动化测试脚本。编写测试脚本要求测试人员掌握基本编程知识，并且需要和开发人员沟通交流，以便于了解软件内部结构从而设计、编写出有效的测试脚本。测试脚本编写完成之后需要对测试脚本进行反复测试，确保测试脚本的正确性。

6. 分析测试结果、记录测试问题

建议测试人员每天抽出一定时间，对自动化测试结果进行分析，以便更早发现缺陷。如果软件缺陷真实存在，则要记录问题并提交给开发人员修复，如果不是系统缺陷，就检查自动化测试脚本或者测试环境。

7. 跟踪测试 bug

测试发现的 bug 要记录到缺陷管理工具中，以便定期跟踪处理。开发人员修复后，需要对问题执行回归测试，如果问题的修改方案与客户达成一致，但与原来的需求有偏离，那么在回归测试前，还需要对脚本进行必要的修改和调试。

9.1.3 自动化测试实施策略

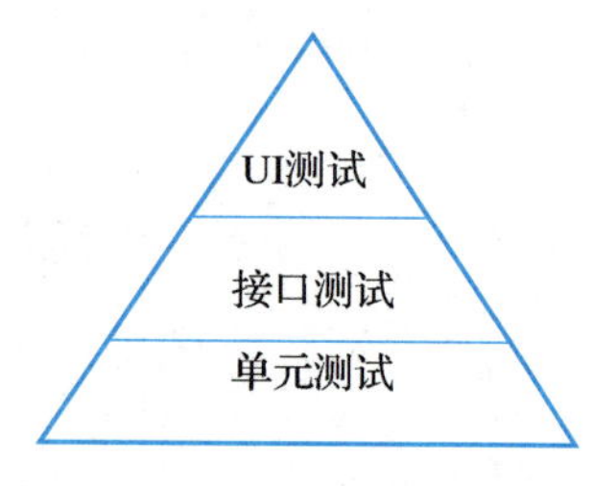

图 9-2 自动化测试金字塔策略

金字塔测试策略被较多项目团队采用。金字塔测试策略要求在 3 个不同级别进行自动化测试，具体如图 9-2 所示。

图 9-2 展示的金字塔要求自动化测试从 3 个不同级别进行，底部的单元测试占据了自动化测试的最大百分比。其次是接口测试和 UI 测试。将自动化测试的重点工作放在单元测试和接口测试阶段有助于加快项目整体开发进度，减少后期开发和测试的成本。接下来分别针对金字塔模型中的 3 部分测试进行讲解。

1) 单元测试

单元测试要求在开发中对每个功能模块(函数、类方法)进行测试，如检测其中某一项功能是否按预期要求正常运行。单元测试中通常采用白盒测试，主要对代码内部逻辑结构进行测试。

2) 接口测试

接口测试要求对数据传输、数据库性能等进行测试，从而保证数据传输以及处理的完整性。接口功能的完整运作对整个项目功能扩展、升级与维护有着重要的作用，接口测试通常使用黑盒测试和白盒测试相结合的方式进行。

3) 界面测试

界面测试以用户体验为主，软件的所有功能都是通过这一层展示给用户的，因此界面测试的工作也很重要。由于 Ul 界面以最终的用户体验为主，因此在界面测试中并不是 100%地使用自动化测试，需要人工操作来确定 U1 界面的易用程度。

9.1.4　自动化测试的优势和劣势

自动化测试只是众多测试中的一种，并不比人工测试更高级、更先进。和人工测试相比，自动化测试有一定的优势和劣势，具体如下。

1. 优势

(1) 自动化测试具有一致性和可重复性的特点，而且测试更容易，提高了软件测试的准确度、精确度和可信任度。

(2) 自动化测试可以将任务自动化，能够解放人力去做更重要的工作。

(3) 自动化测试只需要部署好相应的场景，如高度复杂的使用场景、海量数据交互、动态响应请求等，测试就可以在无人值守的状态下自动进行，并对测试结果进行分析反馈；手工测试很难实现复杂的测试。

(4) 自动化测试可以模拟复杂的测试场景完成人工无法完成的测试，如负载测试、压力测试等。

(5) 软件版本更新迭代后需要进行回归测试，自动化测试有助于创建持续集成环境，使用新构建的测试环境快速进行自动化测试。

2. 劣势

(1) 相对手工测试，自动化测试对测试团队的技术有更高的要求。

(2) 自动化测试无法完全替代人工测试找到 bug，也不能实现 100%覆盖。

(3) 自动化测试脚本的开发需要花费较大的时间成本，错误的测试用例会导致资源的浪费和时间投入。

(4) 产品的快速迭代：自动化测试脚本将不断迭代，时间成本很高。

(5) 自动化测试能提高测试效率，却不能保证测试的有效性。即使设计的测试用例覆盖率比较高，也不能保证被测试的软件质量会更优。

了解了自动化测试的优势和劣势，接下来我们通过表 9-1 比较自动化测试和人工测试的适用情况。

表 9-1　自动化测试和人工测试适合情况对比

适合自动化测试	适合人工测试
明确的、特定的测试任务； 软件包含验证测试(build vcrfication tcst，BVT)； 回归测试、压力测试、性能测试； 相对稳定且界面改动比较少的功能测试； 人工容易出错的测试工作	一次性项目或周期很短的项目的功能测试； 需求不确定或需求变化比较快的测试； 适用性测试或验收测试； 产品的功能设计或界面设计还不成熟； 没有适当的测试过程

续表

适合自动化测试	适合人工测试
在多个平台上运行相同的用例、大量组合型测试或其他重复性测试任务； 周期长的软件产品开发项目； 被测试软件具有良好的可测试性； 能确保多个测试运行的构建策略； 拥有运行测试所需的软硬件资源； 拥有编程能力较强的测试人员	测试内容和测试方法不清晰； 团队缺乏有编程能力的测试人才； 缺乏软硬件资源的测试

9.2 自动化测试常见技术

自动化测试技术有很多种，这里介绍3种常见的技术，具体如下。

1. 录制与回放测试

录制是指使用自动化测试工具对桌面应用程序或者 Web 页面的某一项功能进行测试并记录操作过程。录制过程中程序数据和脚本混合，每一个测试过程都会生成单独的测试脚本。

无论简单的界面还是复杂的界面，进行多次测试就需要多次录制，录制过程会生成对应的脚本。回放可以查看录制过程中存在的错误和不足，如图片刷新缓慢、URL 地址无法打开等。

2. 脚本测试

测试脚本是测试计算机程序执行的指令集合。脚本可以使用录制过程中生成的脚本，这些脚本一般由 JavaScript、Python、Perl 等语言生成。测试脚本主要有以下几种。

1）线性脚本

线性脚本是指通过手动执行测试用例得到的脚本，包括基本的鼠标点击事件、页面选择、数据输入等操作。线性脚本可以完整地进行回放。

2）结构化脚本

结构化脚本在测试过程中具有逻辑顺序以及函数调用功能，如顺序执行、分支语句执行、循环等。结构化脚本可以灵活地测试各种复杂功能。

3）共享脚本

在测试中，一个脚本可以调用其他脚本进行测试，这些被调用的脚本就是共享脚本。共享脚本可以使脚本被多个测试用例共享。

3. 数据驱动测试

数据驱动指的是从数据文件中读取输入数据并将数据以参数的形式输入脚本测试。不同的测试用例使用不同类型的数据文件。数据驱动模式实现了数据和脚本的分离，相对于录制与回放测试技术，数据驱动测试极大地提高了脚本利用率和可维护性，但是界面变化较大的情景不适合数据驱动测试。数据驱动测试主要包括以下几种。

1）关键字驱动测试

关键字驱动是对数据驱动的改进，它将数据域与脚本分离、界面元素与内部对象分离、测试过程与实现细节分离。关键字驱动的测试逻辑为按照关键字进行分解得到数据文件，常用的关键字主要包括被操作对象、操作和值。

2）行为驱动测试

行为驱动测试指的是根据不同的测试场景设计不同的测试用例，需要开发人员、测试人员、产品业务分析人员等协作完成。行为驱动测试是基于当前项目的业务需求、数据处理、中间层进行的协作测试，它注重的是测试软件的内部运作变化，从而解决单元测试中实现的细节问题。

9.3 自动化测试常用工具

在测试技术飞速发展的今天，自动化测试工具的使用越来越广泛，下面就来介绍几款常见的自动化测试工具。

1. Selenium

Selenium 是当前针对 Web 系统的最受欢迎的开源、免费的自动化工具，它提供了一系列函数支持 Web 自动化测试，这些函数非常灵活，它们能够通过多种方式定位 UI 元素，并将预期结果和实际表现进行比较。Selenium 主要有以下特点。

（1）开源、免费。

（2）支持多平台：Windows、Mac、Linux。

（3）支持多语言：Java、Python、C#、PHP、Ruby 等。

（4）API 使用简单，开发语言驱动灵活。

（5）支持分布式测试用例执行。

目前，Selenium 经历了 3 个版本：Selenium 1、Selenium 2 和 Selenium 3。Selenium 是由几个工具组成的，每个工具都有其特点和应用场景，下面介绍几个核心的工具。

1）Selenium IDE（集成开发环境）

Selenium IDE 是一个 Firefox 插件，提供简单的脚本录制、编辑和回放功能，并可以把录制的操作以多种语言（如 Java、Python 等）形式导出到一个可重用的脚本中以供后续使用。

2）Selenium Grid

Selenium Grid 用于对测试脚本做分布式处理，允许一个中心节点管理多个不同浏览器的并行测试，目前已经集成到 Selenium Server 中。

3) Selenium Romote Control

Selenium Romote Control 支持多种平台和浏览器，可以使用多种语言编写测试用例，Selenium 为这些语言提供了不同的 API 和开发库，便于自动编译环境集成，从而构建高效的自动化测试框架。

小提示：使用 Python 测试 Web 界面时可参考官方提供的 API 参考手册，测试人员可使用自己熟悉的编程语言编写测试脚本。API 参考手册见相关网站。

2. Katalon Studio

Katalon Studio 是一个功能强大的自动化测试工具，并提供专业的软件测试解决方案。它其实是构建在 Selenium 和 Appium 框架上的，可以同时测试 Web 系统及手机 App 应用。Katalon Studio 工具支持不同编程水平的工程师使用。即使不会编程的人也可以使用它轻松地开始一个项目的自动化；会编程的人员和高级自动化测试工程师可以通过 Katalon 工具快速创建新库以及维护代码，从而节省很多时间。

3. UFT

UFT(unified functional testing)是商业的软件自动化测试和回归测试工具，其前身是 QTP(quick test professional)。QTP 在更新至 11.5 版本时将 HP QuickTest Professional 与 HP Service Test 整合为一个测试工具，并命名为 UFT。

UFT 是用于功能测试的著名商业测试工具，它为跨平台的桌面程序、Web 应用程序和移动应用程序测试提供了丰富的 API，并为 Web 服务和 GUI 测试提供全面的功能集，该工具具有先进的基于图像的对象识别功能、可重复使用的测试组件和自动文档。

9.4 持续集成测试

持续集成(continuous integration, CI)是软件开发 DevOps(development+operations)中的一个概念，它强调的是软件开发和 IT 运维人员之间协作软件交付方式，以协作测试、打包和部署软件为核心，目的是增强软件版本的发布规律和可靠性。越来越多的证据表明，DevOps 实践可提高软件部署的速度和稳定性。首先介绍一下 DevOps 的相关知识，接下来讲解持续集成在自动化测试中的使用。

9.4.1 DevOps 相关介绍

DevOps 是一种重视“软件开发人员(Dev)”和“IT 运维技术人员(Ops)”之间沟通合作的文化、运动或惯例。通过自动化“软件交付”和“架构变更”的流程，来使构建、测试、发布软件能够更加快捷、频繁和可靠。它是一种思想或方法论，它涵盖开发、测试、运维的整个过程，强调软件开发人员与软件测试、软件运维、质量保障部门之间的有效沟通与协作，强调通过自动化的方法管理软件变更、软件集成，使软件从构建到测试、发布更加快捷、可靠，最终按时交付软件。

为什么 DevOps 会兴起，并继续火下去？

(1) 条件成熟技术的配套发展，技术的发展使得 DevOps 有了更多的配合。早期，大家虽然意识到了这个问题，但是苦于当时没有完善、丰富的技术工具，是一种"理想很丰满，现实很骨感"的情况。DevOps 的实现可以基于新兴的容器技术，也可以在自动化运维工具 Puppet、SaltStack、Ansible 之后的延伸。还可以构建在传统的 Cloud Foundry、OpenShift 等 PaaS 厂商之上。

(2) 来自市场的外部需求。IT 行业已经越来越与市场的经济发展紧密挂钩，专家认为 IT 将会由支持中心变成利润驱动中心。事实上，这个变化已经开始了，这不仅体现在 Google、苹果这些大企业中，而且也发生在传统行业中，比如出租车业务中的 Uber、酒店连锁行业中的 Airbnb、图书经销商 Amazon 等。能否让公司的 IT 配套方案及时跟上市场需求的步伐，在今天显得至关重要。DevOps 2016 年度报告给出了一个运维成本的计算公式：停机费用成本 = 部署频率×版本迭代失败概率×平均修复时间×断电的金钱损失。

(3) 来自团队的内在动力：工程师也需要。对于工程师而言，他们也是 DevOps 的受益者。微软资深工程师 Scott Hanselman 说过："对于开发者而言，最有力的工具就是自动化工具。"工具链的打通使开发者在交付软件时可以完成生产环境的构建、测试和运行；正如 Amazon 的 VP 兼 CTO Werner Vogels 那句让人印象深刻的话："谁开发谁运行。"

9.4.2　持续集成的概念

持续集成源自 DevOps，与持续集成对应的还有持续部署、持续交付等相关概念，如阿里巴巴、百度、腾讯、亚马逊等互联网巨头都提供了持续集成测试环境，甚至软件开发使用的工具也集成了代码托管、协作开发、测试框架集成等，读者可参阅相关资料进行学习。此外，持续集成需要测试人员掌握软件开发、测试工具、编程等知识，如 Git、持续集成工具、数据库等。

在传统的软件开发中，集成过程通常在项目结束时，将每个人完成的工作进行整合，整合通常需要数周或数月。在持续集成中，开发人员会频繁向主干提交代码，这些新提交的代码首先经过编译和自动化验证，然后合并到主干。举个例子，一个开发人员在家里的笔记本电脑上编写代码，另一个开发人员在公司编写代码，两个人都将代码提交到仓库，集成系统将每个人提交的代码集成到软件主干，并测试构建后的软件是否按预期的方式工作。

持续集成过程如图 9-3 所示。

CI 是在源代码变更后自动检测、拉取、构建以及进行单元测试的过程。持续集成的目标是快速确保开发人员新提交的代码是合格的，并且适合在代码库中进一步使用。CI 的流程执行和理论实践可以确定新代码和原有代码能否正确地集成在一起并通过测试。

开发人员常使用持续集成工具来构建和集成代码。代码集成且所有单元测试都通过，

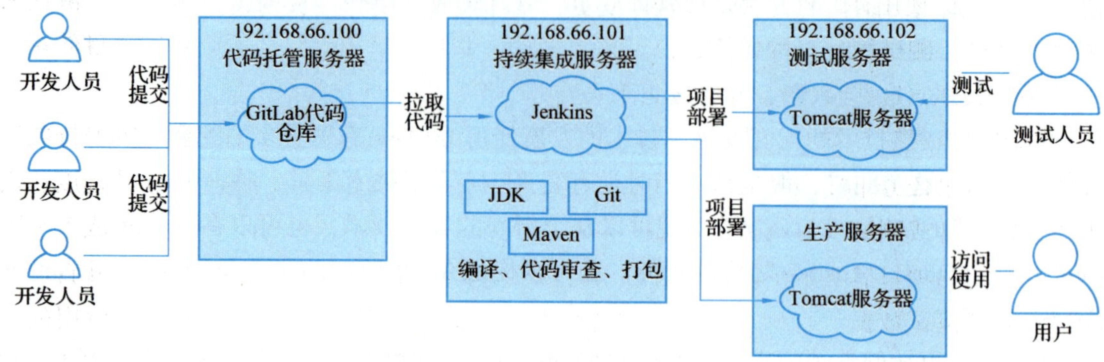

图 9-3　持续集成过程

表明已成功集成在一起，并且代码可以进行后续测试。一旦开发人员提交的代码通过测试，测试人员就可以着手进行单元测试、集成测试等工作。CI 的好处是花费少量的时间即可完成自动化测试。

9.4.3　持续集成测试框架设计

互联网软件开发已经成熟、标准化，作为测试人员，掌握持续集成方法，有利于提高软件测试效率、提高生产效益，同时也可以衡量测试人员的水平。在掌握持续集成的基本概念后，设计出当前项目的持续集成框架显得尤为重要。

1. 传统持续集成框架设计

开发人员通常使用名为 CI Server 的工具来构建和集成开发的项目。CI 要求测试人员具备持续集成测试的能力，在掌握持续集成环境中使用的工具的同时要与项目开发人员进行沟通合作，以确保开发中的代码按预期工作。这些最初的测试通常被称为单元测试，是确保项目进行下一步测试的前提。传统持续集成框架设计如图 9-4 所示。

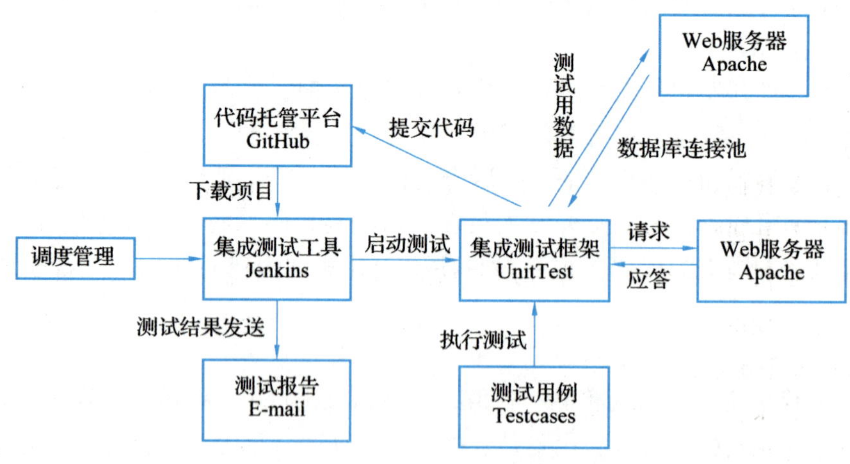

图 9-4　传统持续集成框架设计

图 9-4 是使用持续集成测试搭建的自动化测试框架流程图。在启动测试之前，测试所需要的数据、测试用例、测试框架已经搭建完毕，并且项目通过编译。若测试项目使用服务器和数据库，这些资源也需要配备完成。

如果把集成工具比作管家，测试人员就是主人，只需要吩咐管家去完成主人安排的任务即可。如果任务未按预期完成，管家则会提醒哪里出了错误以及当前执行任务进度，由此可见持续集成测试的方便。测试框架搭建完成之后，就可以执行测试。此时集成工具下载当前版本的项目启动测试，在搭建好的自动化测试框架中自动执行测试用例，并自动调用准备好的测试数据。若项目涉及数据库，则需要通过数据库连接池获取测试所用的数据，以及实现与服务器之间的交互等。测试完成后将测试过程及结果通过邮件的方式发送给测试人员。

2. 持续集成容器化框架设计

基于容器的持续集成平台在环境搭建上耗时少于传统的持续集成系统搭建，可以在秒级内启动一个镜像，生成一个持续集成环境。容器占用资源少并且保证了开发环境和测试环境的统一，降低了测试重复率，极大地提高了测试效率。使用 Docker 容器搭建的持续集成容器框架设计如图 9-5 所示。

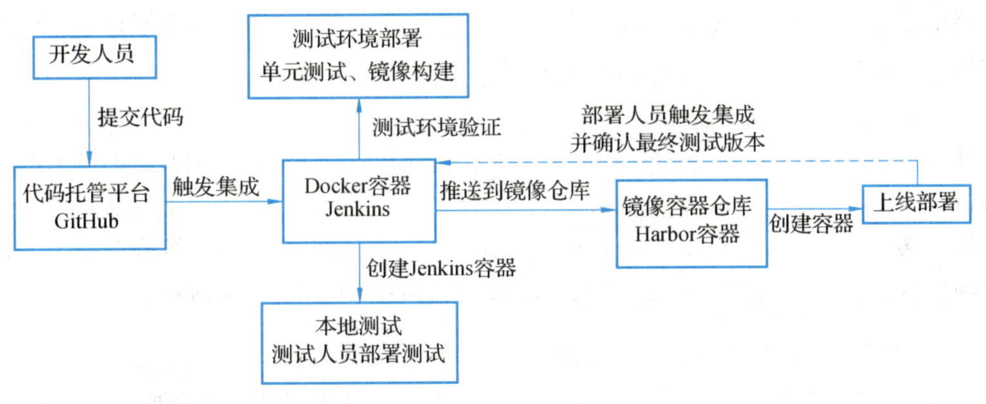

图 9-5　使用 Docker 容器搭建的持续集成容器框架设计

开发人员将代码提交到版本控制系统之后，触发 Jenkins 容器（Docker）自动部署开发人员提交的版本并进行单元测试、集成测试、构建 JAR 包等任务。测试通过后，测试人员可以获取当前项目，创建容器进行本地化测试，测试完成后将项目提交到远程容器仓库进行管理，开始上线部署并触发集成同步到镜像库后，通知测试人员或者开发人员停止容器的创建（图 9-5 中虚线箭头部分）。

使用容器技术进行应用的部署，方便不同场景下的测试，即一次构建随处运行。此外，容器技术在提高测试效率的同时降低了企业项目花费的成本、加快了开发速度。

9.5 自动化测试常见面试题

1. 什么是自动化测试?

见本书 9.1 节的介绍。

2. 什么时候自动化测试?什么时候不自动化测试?

执行频率高的操作适合自动化,例如如果测试会在应用程序的每一个新版本下运行,自动化测试较为合适。又或者测试中对同样的操作使用了多重的数据值,每次对不同的输入数据集通过手工方式运行测试既单调乏味也效率低下,自动化测试较为合适。

执行频率低、需要立即运行、没有可预测结果等测试不适合自动化测试。

3. 请描述自动化测试基本流程?

见 9.1.2 节的介绍。

4. 用过什么自动化测试工具?

目前比较常用的自动化测试工具有 selenium。

5. 能封装自动化测试框架吗?

自动化框架主要的核心框架就是分层+PO 模式:分别为:基础封装层 BasePage,PO 页面对象层,TestCase 测试用例层。然后再加上日志处理模块,ini 配置文件读取模块,unittest+ddt 数据驱动模块,jenkins 持续集成模式组成。这个问题可能对刚毕业的学生是比较难,但工作几年后应该具备这样的能力。

6. 如果一个元素无法定位,你一般会考虑哪些方面的原因?

(1)页面加载元素过慢,需要加等待时间。

(2)页面有 frame 框架页,需要先跳转到 frame 框架再定位。

(3)可能该元素是动态元素,定位方式要优化,可以使用部分元素定位或通过父节点或兄弟节点定位。

(4)可能识别了元素,但是不能操作,如元素不可用、不可写等。需要使用 js 先把前置的操作完成。

7. 自动化中有哪三类等待?他们有什么特点?

(1)线程等待(强制等待):如 time. sleep(2)表示线程强制休眠 2 秒钟,2 秒过后,再执行后续的代码。

(2)隐式等待:会在指定的时间范围内不断地查找元素,直到找到元素或超时,特点是必须等待整个页面加载完成。

(3)显式等待:通常是我们自定义的一个函数代码,这段代码用来等待某个元素加载完成,再继续执行后续的代码。

8. 写的测试脚本能在不同浏览器上运行吗？

可以，写的用例可以在 IE、火狐和谷歌这三种浏览器上运行。实现的思路是封装一个方法，分别传入一个浏览器的字符串，如果传入 IE 就使用 IE，如果传入 FireFox 就使用 FireFox，如果传入 Chrome 就使用 Chrome 浏览器，并且使用什么浏览器可以在总的 ini 配置文件中进行配置。需要注意的是每个浏览器使用的驱动不一样。

9. 什么是断言(Assert)？

断言用于在代码中验证实际结果是不是符合预期结果，如果测试用例执行失败会抛出异常并提供断言日志。

10. 怎么对含有验证码的功能进行自动化测试。

(1)图像识别，技术难度大，效果不佳，不推荐。

(2)屏蔽验证码，邀请开发处理，但在预生产环境或者生产环境下不推荐。

(3)万能验证码，使用一个复杂的其他人无法猜到的验证码。

9.6 本章小结

本章讲解了自动化测试的相关知识，首先介绍了自动化测试的概念、基本流程、实施策略及优缺点；然后介绍了自动化测试常用的技术与工具、持续集成测试；最后介绍了自动化测试常见的面试题。通过本章的学习，希望读者能掌握 Web 自动化测试的基本方法。

9.7 本章习题

一、填空题

1. 软件执行自动化测试的前提条件是________、________、________。
2. 自动化测试层次分为________、________、________。
3. 自动化测试技术有________、________、________。
4. 单元测试主要测试的是________、________。
5. 测试脚本分为________、________、________。
6. Selenium 的 3 个核心组件是________、________、________。
7. 列举常见的 Web 页面元素的定位方式：________、________、________。

二、判断题

1. 自动化测试能完成人工测试无法完成的场景。(　　)

2. 软件在升级或者功能发生改变之后不需要进行回归测试，只需要测试改变的部分即可。(　　)

3. 自动化测试可以达到100%覆盖率。(　　)

4. 自动化测试无须使用人工手动执行，完全由自动化测试工具完成。(　　)

5. 自动化测试可以提高测试效率，却无法保证测试的有效性。(　　)

6. 持续集成测试是软件开发、软件测试、项目部署的有效方法。(　　)

三、单选题

1. 下列选项中，哪一项是不正确的？(　　)

A. 单元测试主要测试的是函数功能、接口

B. 在单元测试中主要使用的是白盒测试方法

C. 接口测试中使用白盒测试和黑盒测试结合的方式进行测试

D. UI 测试时不能修改界面布局进行测试

2. 下列选项中，哪一项不是自动化测试的缺点？(　　)

A. 自动化测试对测试团队的技术有更高的要求

B. 自动化测试对于迭代较快的产品来说时间成本高

C. 自动化测试具有一致性和重复性的特点

D. 自动化测试脚本需要进行开发，并且自动化测试中错误的测试用例会浪费资源

3. 下列哪一项不属于脚本测试技术？(　　)

A. 线性测试　　　　B. 结构化测试脚本

C. 回归测试脚本　　　　D. 共享脚本

4. 关于持续集成的说法错误的是(　　)。

A. 使用持续测试的方式进行测试，需要搭建好持续集成的环境，测试人员需要和开发人员沟通协作

B. 持续集成方式有利于加快项目的开发进度和提高测试效率

C. 持续集成可以完全实现自动化测试，不需要人工处理

D. 使用容器技术进行持续集成可以方便项目的部署

5. 下列选项中适合自动化测试的是(　　)。

A. 需求不确定且变化频繁的项目

B. 产品设计完成后测试过程不够准确

C. 项目开发周期长而且重复测试部分较多

D. 项目开发周期短，测试比较单一

6. 下列关于自动化测试描述正确的是(　　)。

A. 自动化测试能够很好地进行回归测试，从而缩短回归测试时间

B. 自动化测试脚本不需要维护，每次测试完成后进行下一次测试时需要重新编写测试用例

C. 自动化测试只需要熟练掌握自动化测试工具就可以

D. 自动化测试中测试人员仅仅测试负责的模块，不需要考虑其他干扰因素

四、简答题

1. 请简述持续集成的基本过程。
2. 请简述传统持续集成框架和持续集成容器的区别。
3. 请简述自动化测试使用的技术。

第 10 章

移动 App 测试

学习目标

(1) 了解移动 App 测试的背景。
(2) 了解移动 App 测试的要点。
(3) 了解移动 App 测试的流程。
(4) 掌握移动 App 测试环境的搭建和测试工具的使用。

思政目标

人们日常生活已离不开手机，确切地说离不开手机上的各种应用，因此移动 App 的测试意义重大。通过本章的学习，让学生懂得移动 App 的测试的相关知识，明白移动 App 的测试在社会应用中的重要性，能更好地为社会主义建设做贡献。

移动设备出现后以其智能、互动等特点广泛应用于日常生活中。随着移动设备的普及，移动 App 也深入人们生活和工作的各个角落。由于移动设备的特点，移动 App 使用环境较为复杂，在复杂的使用场景中，由 App 缺陷导致的事故时有发生，提升移动 App 的质量至关重要。移动 App 的质量保证离不开移动 App 测试，本章将对移动 App 测试的相关知识进行讲解。

10.1 移动 App 测试概述

移动 App(移动 Application，移动应用服务)是针对手机、平板电脑等移动设备连接到互联网的业务或者无线网卡业务而开发的应用程序。

1. 移动 App 特性

移动 App 是一种专门在手机、平板电脑等移动设备上运行的软件，如闹钟、日历、微信、微博等。与传统的 PC 端软件相比，移动 App 具有以下特性。

1) 设备多样性

传统的软件都是安装在计算机中，缺乏随时随地使用的优势。移动 App 可以安装的设备比较多，如手机、平板电脑、智能手表等，这些设备轻巧便携，满足了用户对移动生活、工作的强烈需求。

2) 网络多样性

传统的 PC 端软件一般都是通过计算机连接有线网络使用，虽然现代的计算机也可以连接无线网络，但是这些网络都是比较稳定的。移动 App 通过移动设备连接无线网络使用，包括 3G、4G、Wi-Fi，现在 5G 网络也已经提上日程。相对于计算机连接的网络，移动网络具有不稳定性，而且可能会随时切换，例如信号不好时，由 4G 网络切换到 3G 网络；离开一个环境后，网络由 Wi-Fi 切换到流量网络等。

3) 平台多样性

传统的 PC 端软件所依赖的平台主要有 Windows、Mac、Linux 等，种类相对来说比较少，而移动 App 所依赖的平台则有很多种，常见的移动平台如表 10-1 所示。

表 10-1　常见的移动平台

操作系统	厂商	流行程度	最新发行版本
iOS	Apple	高	iOS 12.1.2
Android	Google	高	Android 9.0 pie
Windows Phone	Microsoft	中	Windows 10 Mobile
BlackBerry	BlackBerry	低	ADI067

移动 App 使用最多的平台是 Android 与 iOS，移动 App 测试主要针对 Android 与 iOS 平台。

2. 移动 App 测试与传统软件测试的区别

移动 App 的特点使它与传统软件在开发、测试方面都有所不同，开发并不属于本书范畴，我们只讲解它们在测试方面的区别。比较移动 App 测试与传统软件测试的不同，要从以下几个方面进行考虑。

1) 页面布局不同

对于传统软件，计算机设备屏幕比较大，可以同时显示很多信息，用户在使用时对所有信息一览无余，页面布局比较灵活；但是对于移动 App，移动设备屏幕小，显示的信息有限，一般都是单列显示，在测试时需要考虑布局是否合理。此外，在测试时还要考虑到移动设备的屏幕可以旋转，旋转之后，屏幕上的信息显示是否满足用户需求。

2) 使用场合不同

传统软件使用地点比较固定，网络信号也比较稳定；而移动 App 使用场合不固定，网络信号也不稳定，测试需要考虑弱网情况下 App 的使用情况。此外，还要考虑移动设备电量不足的情况下，App 是否能正常使用。

3)输入方法不同

传统软件大多使用键盘和鼠标进行输入；移动 App 的输入方法比较多，除了键盘和鼠标之外，还包括触屏、电容笔、语音等。移动 App 测试时要测试多种输入方法是否都能正常使用。

4)操作方式不同

传统软件使用鼠标操作，点击精确；而移动 App 大多是触屏操作，点击时误差较大，且不支持"鼠标指针"悬停事件。

10.2 移动 App 测试要点

移动 App 测试与传统测试的思路和方法相同，都包括功能测试、性能测试、安全测试、UI 测试等。除了这些常规测试，移动 App 还有属于自己的专项测试。由于移动 App 与传统软件的特点不同，因此移动 App 的测试要点与传统软件测试要点也不相同。下面对移动 App 的 UI 测试、功能测试、专项测试、性能测试的测试要点进行介绍。

10.2.1 UI 测试

移动 App 的 UI 测试主要测试 App 界面(如窗口、菜单、对话框)布局、风格是否满足客户要求，文字表述是否简洁、准确，页面是否美观，操作是否友好等。下面介绍移动 App 的 UI 测试要点。

1. 界面布局

由于移动设备屏幕窄小，显示信息有限，因此移动 App 的界面布局尤其重要。

(1)界面布局合理且友好，符合用户习惯。

(2)列表型界面有滚动条。

(3)功能入口明显，容易找到。

2. 图形测试

图形测试包括图片、边框、颜色、字体、按钮等，要确保每一个图形都有明确用途。

(1)图片大小合适，显示清晰。

(2)页面字体与风格一致。

(3)背景颜色和字体、图片颜色搭配得当，让用户视觉体验良好。

3. 内容测试

内容测试主要是测试文字使用情况。

(1)文字表达准确，符合 App 的功能。

(2)文字没有错别字。

(3)文字用语简洁友好。

10.2.2 功能测试

移动 App 功能测试主要根据软件需求说明验证 App 的功能是否得到了完整、正确的实现。移动 App 的功能测试要点如图 10-1 所示。

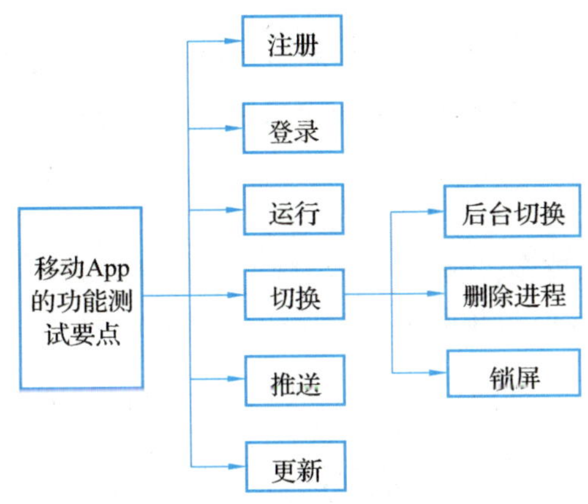

图 10-1 移动 App 的功能测试要点

图 10-1 简单列出了移动 App 的功能测试要点，它与传统的 PC 端软件的功能测试大抵相同，但由于移动设备的屏幕窄小，显示信息有限，因此在进程切换和消息推送方面与 PC 端软件测试有一些区别。

1. 切换测试

移动 App 切换测试主要包括后台切换、删除进程、锁屏 3 项，具体介绍如下。

(1)后台切换：当并行运行多个程序时，在程序之间进行切换，要确保再次切换回来时 App 还保持在原来的页面上。

(2)删除进程：测试从后台直接删除进程后，当再次打开 App 时是否符合概要设计描述，同时测试删除进程时是否将 App 建立的会话一起删除。

(3)锁屏：包括手动锁屏和自动锁屏，测试锁屏之后 App 响应是否符合概要设计的要求，例如再次打开时 App 还保持原来的页面，可以继续使用，当锁屏达到一定时间后就自动退出程序。

2. 推送测试

在使用计算机时，经常会收到推送信息，这些推送有的是系统推送，有的是软件推送。在移动端，移动 App 也会推送，例如支付宝推送一个红包、今日头条推送实时热点新闻等。移动 App 的推送功能也需要进行测试，确保 App 推送及时，并且用户可以及时收到推送。

10.2.3 专项测试

移动 App 专项测试包括安装测试、卸载测试、升级测试、交互性测试、弱网测试、耗电量测试等，下面分别进行讲解。

1. 安装测试

移动 App 的安装方式与 PC 端软件稍有不同，App 安装测试要考虑 App 来源、对移动设备的兼容性等，具体如下。

(1)移动 App 的安装渠道比较多，如谷歌应用商店、应用宝等，甚至可以通过扫码安装。对于多渠道的安装方式，在测试时每个渠道都要进行测试，以确保通过每个渠道都能正确安装软件。对于已经安装的软件，如果再次安装，要弹出已安装或更新提示，而不是产生冲突。

(2)移动设备的种类比较多，例如一个品牌的手机会有不同的系列，每个系列也会有多个型号，此外，移动 App 所依赖的平台也比较多，在测试时要考虑 App 对不同手机、不同操作系统的兼容性。

(3)App 在安装过程中是否可以取消安装，如果可以取消安装，确保取消安装的处理要与 App 概要设计描述一致。例如，如果 App 概要设计描述取消安装的处理过程为：取消安装进行回滚处理，将已经安装的文件全部删除，那么在实际取消安装时也必须如此处理。

(4)如果安装过程中出现意外情况，如死机、重启、电量耗尽关机等，App 安装的处理应与 App 概要设计一致。如中断安装，当再次开机时继续安装；启动后台进程守护安装，当再次开机时提示 App 安装完成。

(5)如果移动设备空间不足，要确保有相应提示。例如，当剩下 100MB 空间时，要安装一个 200MB 的 App，有的 App 直接提示空间不足，无法安装；有的 App 会先安装，待空间用尽时再提示。

(6)App 安装过程要进行 UI 测试，例如给用户提供进度条提示。

(7)App 安装完成之后，测试其是否能正常运行，安装后的文件夹及文件是否写入指定的目录下。

2. 卸载测试

移动 App 安装测试与传统 PC 端软件不同，那么卸载测试相应也有区别。移动 App 的卸载测试要点主要有以下几个。

(1)在卸载时，有卸载提示信息。

(2)App 在卸载过程中是否支持取消卸载，如果支持取消卸载，要确保取消卸载的处理与 App 概要设计描述一致。

(3)卸载软件的过程中如果出现意外情况，如死机、重启、电量耗尽关机等，要有相应的处理措施，如进行回滚，当再次开机时需要重新卸载；中断卸载，当再次开机时继续卸载；启动后台进程守护卸载，当再次开机时提示卸载完成。

(4) 卸载过程要进行 UI 测试，例如给用户提供进度条提示。

(5) 卸载完成之后，关于 App 相应的安装文件是否要全部删除，应当给用户一个提示信息，提示相应文件全部删除或者让用户自己选择是否删除。

3. 升级测试

升级测试是在已安装 App 的基础上进行的，测试要点如下。

(1) 如果有新版本升级，打开软件时要有相应的提示。

(2) 升级包下载中断时要有相应处理措施，支持继续下载或者重新下载。

(3) App 安装渠道有多种，相应的升级渠道也有多种，要对多渠道升级进行测试，确保每个渠道的升级都能顺利完成。

(4) 测试不同操作系统版本下软件升级是否都能通过。

4. 交互性测试

移动设备大多具有电话、短信、蓝牙、手电筒等功能，在使用 App 时难免会受到干扰。例如使用 App 时，如果需要拨打/接听电话或启动蓝牙、相机、手电筒等，App 要做好相应的处理措施，确保不会产生功能性错误。

5. 弱网测试

移动 App 使用移动网络，移动网络的情况比较复杂，网络信号会受到环境的影响，容易发生网络不稳定的情况，而很多 App 的一些隐藏问题只有在复杂的网络环境下才会显现出来。例如，正在使用的 App 遇到网络信号切换或变弱时，App 不能响应或产生功能性错误，因此，在测试时要特别对 App 进行弱网测试，及早发现问题。

6. 耗电量测试

移动设备电量一直是困扰用户的一个问题，同时也是移动设备发展的一个瓶颈，如果 App 架构设计不好或者代码有缺陷，就可能导致电量消耗比较大，因此 App 耗电量测试很重要。如果 App 耗电量较大，应改进 App 使其在电量不足的情况下，让 App 释放掉一部分性能以节省电量。

10.2.4　性能测试

移动 App 性能测试主要测试 App 在边界、压力等极端条件下能否满足客户的需求，例如在电量不足、访问量增大等情况下，App 运行是否正常。下面介绍移动 App 的性能测试要点。

1. 边界测试

在各种边界压力下，如电量不足、存储空间不足、网络不稳定时，测试 App 是否能正确响应、正常运行。

2. 压力测试

对移动 App 不断施加压力，如不断增加负载、不断增大数据吞吐量等以确定 App 的服务瓶颈，获得 App 能提供的最大服务级别，确定 App 性能是否满足用户需求。

3. 响应能力测试

响应能力测试实质上也是一种压力测试，即在一定条件下 App 是否可以正确响应、响应时间是否超过了客户需求。

4. 耗能测试

测试 App 运行时对移动设备的资源占用情况，包括内存、CPU 消耗，App 长期运行时耗电量、耗流量情况，验证 App 对资源的消耗是否满足用户需求。

10.3 移动 App 测试流程

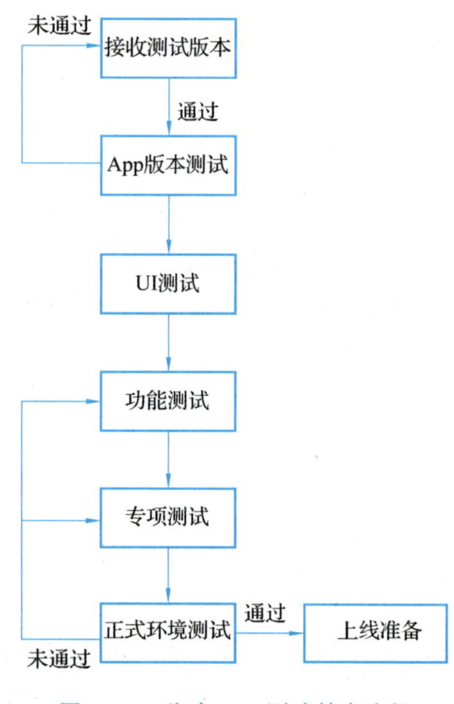

图 10-2　移动 App 测试基本流程

移动 App 的测试流程与传统软件的测试流程大体相同，在测试之前分析软件需求并对需求进行测试，需求测试完成后制订测试计划等，但移动 App 测试的要点与传统软件测试要点不同，因此在具体实施细节上也不相同。移动 App 测试基本流程如图 10－2 所示。

图 10-2 所示的是移动 App 测试基本流程，每个环节对应测试如下。

(1) 接收测试版本：由开发人员提交给测试人员。

(2) App 版本测试：主要检查 App 开发阶段对应的版本是否一致。

(3) UI 测试：检查 App 界面是否与需求设计的效果一致。

(4) 功能测试：核对项目需求文档，测试 App 功能是否满足客户需求。

(5) 专项测试：对移动 App 进行专项测试。

(6) 正式环境测试：模拟实际使用环境进行测试。

(7) 上线准备：测试通过后，对测试结果进行总结分析，为 App 上线做准备。

移动 App 开发完成后，提交给测试人员。测试人员首先对当前 App 版本进行检查，通过后进行基本的 UI 测试，检查界面效果是否与需求设计相符合，之后依据需求文档进行功能测试，完成这些工作后进行专项测试等。最后在实际运行环境中进行测试，测试通过后做上线准备工作。

移动端软件可以使用第三方云测平台进行测试，第三方平台如阿里 EasyTest、华为云测、贯众云测试等，提供了全面专业的测试服务，可选择品牌机型、操作系统版本、性能测试、功能测试等，极大地提高了移动 App 测试的效率。

10.4 移动 App 测试工具

市场需求和智能机的高速发展使移动端软件功能越来越复杂，移动端的技术方案也日趋多样化，这让做好移动端应用面临着更多挑战。移动 App 测试需要大量的人力、物力，耗时且测试过程复杂，手动对 App 进行测试是不可取的，一般都借助测试工具进行测试。移动 App 测试工具有很多，本节介绍几个常见的移动 App 自动化测试工具。

1. Appium

Appium 是一个开源、跨平台的自动化测试框架，它使用 WebDriver 协议驱动 Android 设备、iOS 设备和 Windows 应用程序。下面对 Appium 测试对象、支持平台及语言、工作原理进行介绍。

1）测试对象

Appium 支持 iOS 平台和 Android 平台上的原生应用、Web 应用和混合应用。

（1）移动原生应用：单纯用 iOS 或者 Android 开发语言编写的、针对具体某类移动设备可直接被安装到设备里的应用，这类程序一般可通过应用商店获取。

（2）移动 Web 应用：移动浏览器访问的应用（Appium 支持 iOS 上的 Safari 和 Android 上的 Chrome）。

（3）混合应用：原生代码封装网页视图的应用程序（即原生代码和 Web 内容交互），如淘宝客户端。混合应用使用网页技术开发，用原生代码进行封装。

2）支持平台及语言

Appium 支持 Windows 和 Linux 系统，允许测试人员在不同的平台（iOS、Android）使用同一套 API 来编写自动化测试脚本，增加了 iOS 和 Android 测试套件间代码的复用性。

Appium 采用 C/S（client/server）设计模式，实现客户端（client）发送 HTTP 请求到服务端（server）；支持多种语言，如 Python、Java、JavaScript、Obiective-C、PHP 等。

3）工作原理

使用 Appium 执行 App 自动化测试时，在 Appium 客户端编写测试脚本并执行该脚本，脚本会请求到 Appium 服务端，Appium 服务端对脚本进行解析，驱动 iOS 设备或 Android 设备执行脚本，完成自动化测试。其工作原理如图 10-3 所示。

下面结合图 10-3 介绍 Appium 的工作原理，具体如下。

（1）使用 Appium 支持的编程语言在客户端编写测试脚本。

（2）启动 Appium 的服务端，默认端口为 4723，服务端接收 WebDriver 客户端标准请求，解析请求内容，调用对应的框架响应操作。

图 10-3 Appium 工作原理

(3) Appium 服务端会把请求转发给监听手机端口 4724 的中间件 Bootstrap，并接收 Appium 的命令，调用 UI Automator 的命令执行相对应的操作。

(4) Bootstrap 将执行的结果返回给 Appium 服务端。

(5) Appium 服务端再将结果返回给 Appium 客户端。

2. UI Automator

UI Automator 是 Android 4.1 以上版本自带的一个测试框架，它既可以做 UI 测试，也可以做功能测试。UI Automator 是黑盒测试框架，测试人员不需要获取对象源码就可以使用它对 App 进行 UI 测试和功能测试。下面介绍 UI Automator 的主要组件及功能。

1) 布局查看器

布局查看器(UI Automator Viewer)用于检查布局的层次结构，它可以扫描和分析 Android 设备上当前显示的 UI 组件属性信息，使用这些信息可以使测试更加精确。

跨应用启动 Android 模拟器后，在 Android SDK 安装路径下的 tools 目录下查找 uiautomatorviewer.bat 文件并打开，可以获取当前应用程序界面的元素属性。

2) UI 测试 API

UI Automator 官方提供的 API 随着 Android 系统的不断更新而更加可靠和成熟。在测试中，使用官方 API 编写的测试脚本文件更可靠，而且无须了解目标代码实现的具体细节，很容易使用捕获的设备中的 UI 组件信息快速测试。常见的 UI 组件如下所示。

(1) UICollection：计算 UI 元素个数，或者通过可见的文本或内容描述属性来指代。

(2) UlObject：设备上可见的 UI 元素。

(3) UIScrollable：为滚动 UI 容器搜索项目提供支持。

(4) UISelector：在设备上查询一个或多个目标 UI 元素。

(5) Configuration：允许设置运行 UI Automator 测试所需的关键参数。

3) 设备状态信息访问 API

UI Automator 提供了 UIDevice 类，用于在运行的目标设备上执行打开通知栏、获取当前窗口截图、单击返回按钮等操作。

3. Monkey

Monkey 也是 Android 官方 SDK 自带的自动化测试工具，它是运行在模拟器或真实设备上的程序，可以生成用户事件随机流(单击、触摸、手势以及系统事件)。Monkey 测试中的所有事件都是随机的，不带任何主观性。Monkey 常用于应用程序的压力测试。

1) Monkey 选项类别

(1)基本配置选项。例如设置要尝试的事件数。

(2)操作约束。例如将测试限制为单个包。

(3)事件类型和频率。

(4)调试选项。

Monkey 可以将生成的事件发送到系统。此外，还可以根据选项级别监视系统，找出错误响应及异常行为并生成事件报告。

2)基本用法

由于 Monkey 在模拟器设备环境中运行，因此必须从该环境中的 shell 启动它。可以通过前缀 adb shell 执行相关的测试命令，或通过输入 shell 并直接输入 Monkey 命令来完成命令执行。

Monkey 命令的基本语法如下：

```
adb shell monkey[options]<event-count>
```

10.5 本章小结

本章讲解了移动 App 测试的相关知识，首先讲解了移动 App 与传统 App 的区别和移动 App 的测试要点；然后讲解了移动 App 的测试流程与测试工具。通过本章的学习，读者应当掌握移动 App 的测试方法与测试工具的使用。

10.6 本章习题

一、填空题

1. 移动 App 使用最多的操作系统为________和________等。
2. 移动 App 的专项测试包括________、________、________等。
3. Appium 的测试对象包括________、________、________。

二、判断题

1. 移动 App 是指运行在手机上的应用程序。(　　)
2. 移动 App 使用的网络只能是 Wi-Fi。(　　)
3. 移动 App 可接受语音输入。(　　)
4. 移动 App 的切换测试包括删除进程、锁屏、后台切换。(　　)

5. Appium 使用的是 HTTP。(　　)

6. Appium 支持 C/C++语言。(　　)

7. Monkey 测试中的所有事件都是随机的，不带任何主观性。(　　)

三、单选题

1. 关于移动 App，下列说法中错误的是(　　)。

A. 移动 App 使用的网络可能会从 Wi-Fi 瞬间切换到 4G

B. 移动 App 满足了用户对移动生活、工作的强烈需求

C. 移动 App 无法接受键盘、鼠标输入

D. 移动 App 屏幕窄小，显示信息有限

2. 下列选项中，哪一项不属于移动 App 的 UI 测试？(　　)

A. 图片测试　　B. 安装测试　　C. 文字测试　　D. 颜色测试

3. 下列工具中，哪一项不是移动 App 自动化测试工具？(　　)

A. Appium　　B. Monkey　　C. UI Automator　　D. JMeter

四、简答题

1. 请简述什么是移动 App 及其与传统软件的区别。

2. 请简述移动 App 的专项测试都有哪些。

3. 请简述移动 App 与传统软件测试的区别。

第 11 章

微服务测试

学习目标

(1) 了解微服务的概念。
(2) 了解微服务的出现和发展。
(3) 了解微服务测试策略。
(4) 理解契约测试，了解契约测试使用工具。

思政目标

通过微服务测试的学习，学生应该了解软件测试的发展是随着软件体系结构发展的，软件技术更新迭代快，我们需要树立终身学习的理念，紧跟时代的发展，才能适应快速变化的社会，才能为国家的发展贡献力量。

11.1 微服务是什么

微服务是一种架构模式，也是一种思想，它倡导将单一应用程序划分成一组小的服务，服务之间互相协调，互相配合，为用户提供最终价值。每个服务运行在其独立的进程中，服务与服务间采用轻量级的通信互相沟通。(基于 HTTP 协议是 RESTful API)。每个服务围绕具体的业务构建，并且能够独立部署到生产环境中。在这里可以获取到几个关键信息，第一是微服务采用轻量级的通信方式，第二是它将一个单一的应用划分成 N 个小型的服务，而服务之间根据业务互相协调和配合，第三是每个微服务是一个独立的进程，第四是微服务与数据库之间不是绝对的，也就是说，不一定每个微服务都必须有自己的数据库，而且很有可能是多个微服务使用一个数据库实例，也有可能是一个微服务使用一个数据库，实施方案是根据具体的业务场景确认的。

微服务的通信机制是采用轻量级的通信方式，也就是基于 HTTP 的 RESTful API，HTTP 是应用层的协议，因此不需要太多地关注底层网络传输层的事情。在微服务中通信机制分为两类，一类是同步通信机制，另外一类是异步通信机制。同步通信比较好理解，也就是说客户端发送请求到服务端的过程，在这个过程中，客户端与服务端之间是互相依赖的，客户端发送请求后，服务端必须回应客户端的请求，不管是服务端还是客户端，它能够感知到对方的存在并且等待对应的回应，但是可能会由于网络因素等其他的异常情况，如超时，导致客户端发送请求到服务端后，需要迟迟等待或者等待超时，因为这种方式有缺陷也有好处。而异步通信方式中，客户端与服务端之间没有太多的依赖性，简单地说就是客户端发送请求后，它不需要刻意等待被请求服务的回应，而对方也不知道客户端的存在，因此这样一个通信方式中，使用轻量级消息传递代理。作为 A 和 B 两个服务，A 服务生成一个消息后发送给消息代理，而订阅主题的 B 服务将提供属于该主题的所有服务。A 和 B 服务之间根本不需要互相了解对方的存在，它们只需知道某种类型的消息存在即可。

以上解释可能并不好理解，下面我们从软件体系的发展和演变角度来认识微服务。

11.2 微服务的出现和发展

微服务(microservice)这个概念是 2012 年出现的，作为加快 Web 和移动应用程序开发进程的一种方法，2014 年开始受到各方的关注，而 2015 年可以说是微服务的元年，越来越多的论坛、社区以及互联网行业巨头开始对微服务进行讨论、实践，这样更进一步推动了微服务的发展和创新。微服务的流行，Martin Fowler 功不可没。

Martin Fowler 是世界级软件开发大师，敏捷开发的开拓者和创始人，全球知名的面向对象分析设计、UML、模式、软件开发方法学、重构等专业领域的领头羊，首创敏捷开发方法论，现为 ThoughtWorks 公司的首席科学家，ThoughtWorks 是一家从事企业应用开发和集成的公司。早在 20 世纪 80 年代，Martin Fowler 就是使用对象技术构建多层企业应用的倡导者，他著有几本经典书籍：《企业应用架构模式》《UML 精粹》《重构》等。

软件行业起初是单体应用，没有前后端分离的概念。要理解什么是微服务，那么可以先理解什么是单体应用，在没有提出微服务概念的年代，一个软件应用，往往会将应用所有功能都开发和打包在一起，那时候的一个 B/S 应用架构往往如图 11-1 所示。

图 11-1 B/S 结构

但是，当用户访问量变大而导致一台服务器无法支撑时怎么办呢？加服务器、加负载均衡，架构就变成图 11-2 所示。

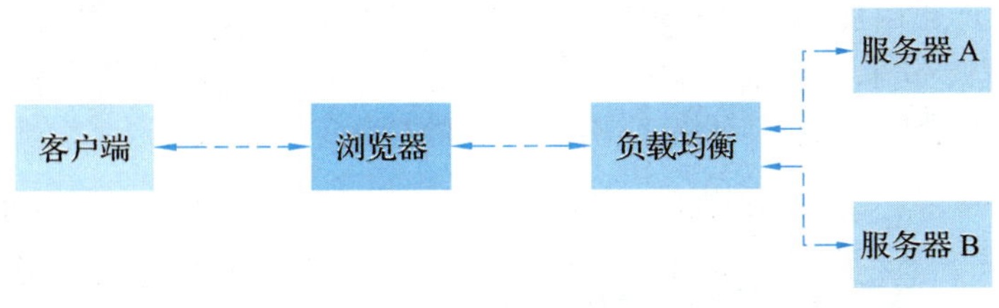

图 11-2 B/S 结构+负载均衡

后面发现把静态文件独立出来，通过 CDN 等手段进行加速，可以提升应用的整体效应，单体应用的架构就变成图 11-3 所示。

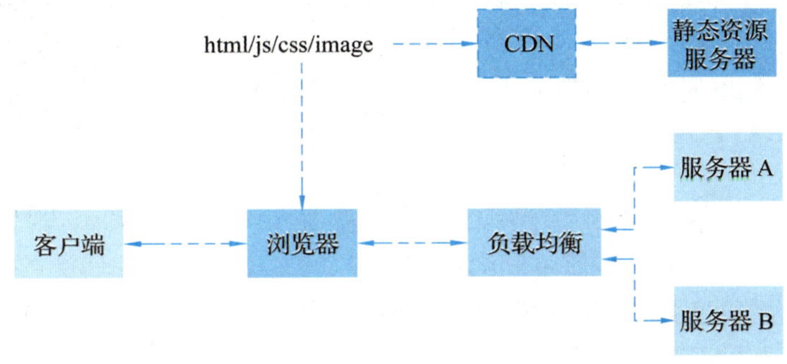

图 11-3 B/S 结构+前后端分离

上面 3 种架构都还是单体应用，只是在部署方面进行了优化，所以避免不了单体应用的根本缺点。

(1)代码臃肿，应用启动时间长，代码超过 1GB 的项目都有这个问题；

(2)回归测试周期长，修复一个小 bug 可能都需要对所有关键业务进行回归测试；

(3)应用容错性差，某个小小功能的程序错误可能导致整个系统宕机；

(4)伸缩困难，单体应用扩展性能时只能对整个应用进行扩展，造成计算资源浪费；

(5)开发协作困难，一个大型应用系统，可能涉及几十个甚至上百个开发人员，若大家都在维护一套代码，代码合并复杂度急剧增加。

任何技术的演进都是有迹可循的，任何新技术的出现都是为了解决原有技术无法解决的需求，所以微服务的出现就是因为原来单体应用架构已经无法满足当前互联网产品的技术需求。在微服务架构之前还有一个概念：面向服务的体系架构(service-oriented architecture，SOA)。SOA 是一个架构模型的方法论，并不是一个明确而严谨的架构标准，只是后面很多人将 SOA 与 The Open Group 的 SOA 参考模型等同了，认为严格按照 TOG-SOA 标准的才算真正的 SOA。SOA 提出了面向服务的架构思想，所以微服务应该算是 SOA 的一种演进。微服务的主要特点为：①单一职责，一个微服务应该都是单一职责的，这才是“微”的体现，一个微服务解决一个业务问题(注意是一个业务问题而不是一个接口)；②面向服务，将自己的业务能力封装并对外提供服务，这是继承 SOA 的核心思想，一个微服务本身也可能使用到其他微服务的能力。

从以上介绍可以看出微服务有如下好处：①每个服务可以独立开发；②处理的单元粒度更细；③单个服务支持独立部署和发布；④更有利于业务的扩展。同时独立开发导致技术上的分离，HTTP 通信加上排队机制增加了问题诊断的复杂度，对系统的功能、性能和安全方面的质量保障带来了很大的挑战。另外，服务间的复杂依赖关系带来了很多的不确定性，要实现独立部署，这对运维也提出了更高的要求。

11.3 微服务测试

微服务和传统的单体应用相比，在测试策略上会有一些不太一样的地方。简单来说，在微服务架构中，测试的层次变得更多，而且对环境的搭建要求更高。例如，对单体应用，在一个机器上就可以安装出所有的依赖服务。但是在微服务场景下，由于依赖的服务往往很多，要搭建一个完整的环境非常困难，这对团队的 DevOps 的能力也有比较高的要求。

相对于单体应用来说，微服务架构具有以下特点。

(1)每个微服务在物理上分属不同的进程。

(2)服务间往往通过 RESTful 来集成。

(3)多语言，多数据库，多运行时。

(4) 网络的不可靠特性。

(5)不同的团队和交付周期。

上述这些微服务环境的特点，决定了在微服务场景中进行测试自然会面临以下一些挑战。

(1)服务间依赖关系复杂。

(2)需要为每个不同语言，不同数据库的服务搭建各自的环境。

(3)端到端测试时，环境准备复杂。

(4)网络的不可靠会导致测试套件的不稳定。

(5)团队之间的沟通成本高。

(6)测试的分层增加测试的工作量。

11.3.1 微服务测试金字塔

微服务存在哪些不同类型的测试，它们如何适用于软件的其他领域，它们有什么好处？众所周知的“测试金字塔”可以为接下来这些测试提供一个测试框架。根据《企业应用架构模式》作者 Martin Fowler 的说法，“‘测试金字塔’是一个隐喻，将软件测试分组到不同粒度的桶中。”

传统测试是交付整个系统，微服务架构下交付的一般是一个个微服务。微服务测试金字塔如图 11-4 所示。

单元测试在本书的 1.4.2 节中已有介绍，这里不做过多的介绍。单元测试通常只测试一个函数和方法调用。通过 TDD 写的测试就属于这一类，由基于属性的测试技术所产生的测试也属于这一类。在单元测试中，不会启动服务，并且对外部文件和网络连接的使用也很有限。通常情况下项目需要大量的单元测试。如果做得合理，它们运行起来会非常快，在线上硬件环境中运行上千个测试，可能连一分钟都不需要。单元测试是帮助开发人员的，是面向技术而非面向业务的，开发人员希望通过单元测试来捕获大部分的缺陷。单元测试是彼此独立的，分别覆盖一些小范围的代码。它的主要目的是能够对功能是否正常快速给出反馈。单元测试对于代码重构非常重要，如果不小心犯了错误，这些小范围的测试能很快地给出提醒。

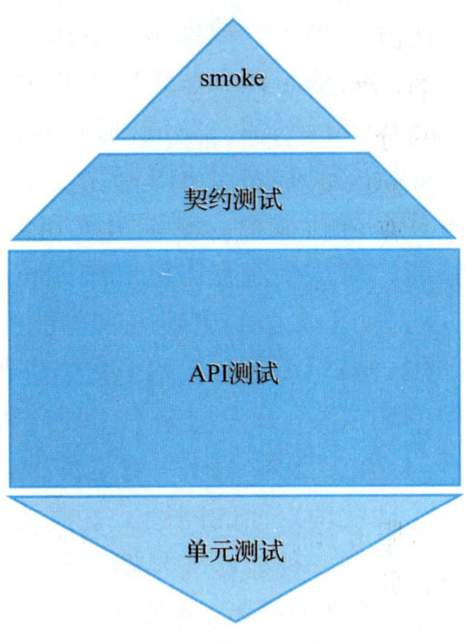

图 11-4　微服务测试金字塔

微服务下的 API 测试就是功能测试或者组件测试。最上层的冒烟测试在本书 1.4.2 节中也有解释，这里不再赘述。接下来介绍契约测试。

11.3.2　契约测试

契约测试是一种用于独立检验每个应用程序之间集成问题的测试技术，验证系统发送或接收的格式化数据，是否匹配“契约”文档。对于通过 HTTP 进行通信的程序，这些“消息”将是 HTTP 的请求和响应，而对于使用队列的程序，则是队列中传递的消息。实际上，契约测试最简单的一种实践方式是通过检查上下游的所有调用与返回是否与实际结果相同。

契约测试非常适合于任意两个需要通信的服务：如一个 API 服务器和一个 Web 前端、一个服务和它的下游服务。契约测试不仅适用于单服务器-客户端模式，也同样适用于如今的微服务体系。契约测试是微服务开发和部署不可或缺的测试内容。

为什么需要契约测试？试想如下场景，假设 A 团队开发某服务并提供对应的 API，B 团队也在开发另一个服务，但是他们需要调用 A 团队的 API，为了使产品尽快发布，两个团队都争分夺秒，已经进入联调阶段了，然而出现了图 11-5 所示的尴尬情况。

图 11-5　无法接上的轨道

试想另外一个场景，一个 Web 应用程序，其中 A 团队负责开发产品前端，B 团队负责产品服务端开发。项目是敏捷开发模式，在项目开始时，两个团队会在会议上定义所有需求，以及前后端协作、数据传递的方式。之后每个团队熟悉需求后，开始创建用户故事，接下来开发团队基于任务紧锣密鼓地进行产品功能研发。等前后端开发完成后，会在后面的迭代中安排进行联调、集成测试，验证产品前后端功能是否匹配。但随着 A 团队的开发进行，他们发现必须对 API 行为进行改造，团队成员会对 API 文档进行相应的更新，同时通知 B 团队进行调整。测试团队则会基于最新的 API 文档进行测试用例的设计，进行产品功能验证。在这个流程中已经暴露出了很多问题。

(1) API 文档的更新很有可能没有通知到不同团队的开发人员。

(2) 测试团队基于 API 文档进行测试，文档很有可能不是最新的。

(3) 在整个开发周期中，要等到集成环境部署成功，才能够进行产品功能验证。

(4) 在多版本 API 中更难保证需求、功能验证正确。

一旦发现上面的问题，就需要花费大量的时间在问题定位、修改、部署、验证上，所以我们需要一种能够较早期、较快速地暴露出产品间行为不匹配的手段，一种能从客户端(终端、最终消费者)验证产品功能是否匹消费者驱动的契约测试。

契约测试，又称为消费者驱动的契约测试(consumer-driven contracts，CDC)，根据消费者驱动契约，我们可以将服务分为消费者端和提供者(或称为生产者)端，而消费者驱动的契约测试的核心思想在于从消费者业务实现的角度出发，由消费者自己定义需要的数据格式以及交互细节，并驱动生成一份契约文件。然后提供者根据契约文件来实现自己的逻辑，并在持续集成环境中持续验证。消费者利用另一个应用程序的响应或数据来完成其工作的应用程序。对于使用 HTTP 的应用程序，消费者始终是发起 HTTP 请求的应用程序。对于使用队列的应用程序，消费者是从队列中读取消息的应用程序。生产者是一种应用程序(通常称为接口服务)，通常通过 API 为其他应用程序提供功能或数据。对于使用 HTTP 的应用程序，提供者是返回响应的应用程序。对于使用队列的应用程序，提供者是将消息写入队列的应用程序。消费者和提供者之间的合同称为契约，每个契约都是相互作用的集合。对于 HTTP，契约可以包含两个方面：①预期的请求——描述消费者预期发送给提供者的内容；②期望响应——描述消费者希望得到的响应内容。对于消息队列，应包含：期望消息——描述消费者想要使用的消息内容。编写契约测试的第一步是定义消费者与提供者的这种相互作用。

消费者测试流程如图 11-6 所示。

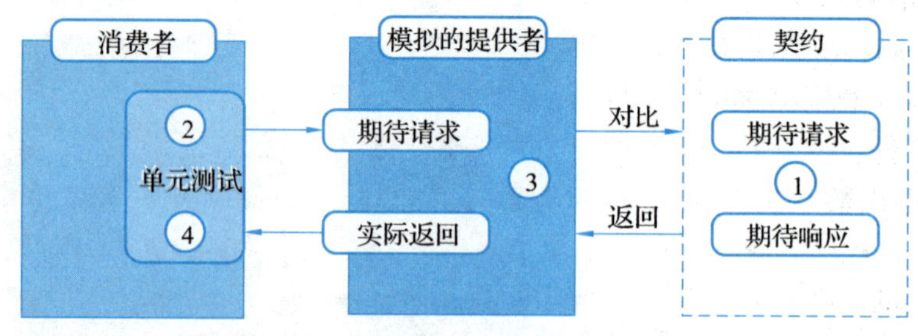

图 11-6 消费者测试流程

(1) 使用契约语法，将预期的请求和响应定义到模拟服务中。

(2) 消费者运行测试代码，向模拟提供者发送真实请求。

(3)模拟提供程序将实际请求与预期请求进行比较，如果比较成功，则返回预期响应。

(4)消费者测试代码接收返回，确认响应内容正确无误。

契约测试只有在每个步骤都没有错误时，才算成功。提供者验证流程如图 11-7 所示。在提供者验证流程中，每个请求都被发送到真实的提供者，并将其生成的实际响应与消费者的预期响应进行比较。

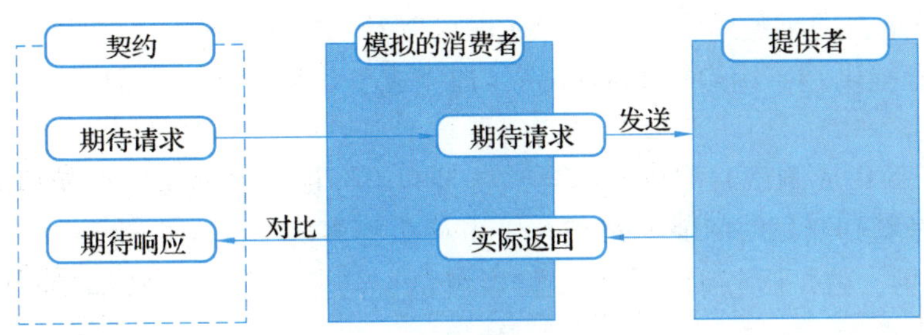

图 11-7　提供者验证流程

1.1.2 节中介绍过目前主流的软件开发模型——敏捷开发。敏捷开发提倡测试先行，相应地提出了不少方法和流程，例如，测试驱动开发(test driven design，TDD)、验收测试驱动开发(acceptance test driven development，ATDD)、行为驱动设计(behavior driven design，BDD)、实例化需求(specification by example，SBE)等。它们的共同特点是在开发前就约定好了各种形式的契约。如果是单元测试作为契约，就是 TDD；如果是验收测试作为契约，就是 ATDD；如果是形式化语言甚至图表定义的业务规则，那么就是 BDD 或者实例化需求。对于基于 HTTP 的微服务来说，它的契约就是指 API 的请求和响应的规则。对于请求，包括请求 URL 及参数、请求头、请求内容等；对于响应，包括状态码、响应头、响应内容等。

11.3.3　契约测试工具

微服务流行后，服务的集成和集成测试成为不得不解决的问题，于是出现了基于消费者驱动契约的测试工具，最流行的应该就是 Pact 和 Spring Cloud Contract。

1. Pact

1)Pact 术语介绍

(1)Consumer：微服务接口的调用者。

(2)Provider：微服务接口的提供者。

(3)契约文件：是由 Consumer 端和 Provider 端共同定义的接口规范，包括接口访问的路径、输入和输出数据。在具体的实施中，是由 Consumer 端生成的一个 JSON 文件，并存放在 Pact Broker 上。

(4)Pact Broker：保存契约文件的服务器。

注：通常在工程实践上，当消费者根据需要生成了契约之后，我们会将契约上传至一个公共可访问的地址，然后提供者在执行时会访问这个地址，并获得最新版本的契约，然后依据这些契约来执行相应的验证过程。

2)Pact 简要流程

(1)在 Consumer 端写一个给接口发送请求的单元测试，在运行这个单元测试的时候，Pact 会将服务提供者自动用一个 MockService 代替，并自动生成契约文件，这个契约文件是 JSON 形式的。

(2)在 Provider 端做契约验证测试，将 Provider 服务启动起来以后，通过 Pact 插件可以运行一个命令，如果用 maven，就是 mvn pact：verify，它会自动按照契约生成接口请求并验证接口响应是否满足契约中的预期，所以可以看到这个过程中，在消费者端不用启动 Provider，在服务提供端不用启动 Consumer，却完成了与集成测试类似的验证。

3)Pact 特性

传统情况下做集成测试时需要把服务消费者和服务提供者两个服务都启动起来再进行测试，而 Pact 做契约测试时将它分成两步，每一步都不需要同时启动两个服务。

(1)测试解耦，就是服务消费者与提供者解耦，甚至可以在没有提供者实现的情况下开始消费者的测试。

(2)一致性，通过测试保证契约与现实是一致的。

(3)测试前移，可以在开发阶段运行，并作为 CI 的一部分，甚至在开发本地就可以去做，而且可以看到一条命令就可以完成，便于尽早发现问题，降低解决问题的成本。

(4)Pact 提供的 Pact Broker 可以自动生成一个服务调用关系图，为团队提供了全局的服务依赖关系图。

(5)Pact 提供 Pact Broker 这个工具来完成契约文件管理，使用 Pact Broker 后，契约上传与验证都可以通过命令完成，且契约文件可以指定版本。

(6) 使用 Pact 这类框架，能有效帮助团队降低服务间的集成测试成本，尽早验证当提供者接口被修改时，是否破坏了消费者的期望。

(7)Pact 目前仅支持 REST HTTP 通信，对于 RPC 的通信机制暂不支持。

2. Spring Cloud Contract

Spring Cloud Contract 是一个项目，简单地说就是帮助我们编写消费者驱动的合同(CDC)。这确保了分布式系统中 Producer 和 Consumer 之间的契约——用于基于 HTTP 和基于消息的交互。在 Spring Cloud Contract 中，契约是用一种基于 Groovy 的 DSL 定义的。

使用 CDC 开发服务的大致过程如下。

(1)编写契约(Groovy 的 DSL 定义)(提供方)：业务方和服务方相关人员一起讨论。业务方告知服务方接口使用的场景、期望的返回是什么，服务方考虑接口方案和实现，双方一起定下一个或多个契约。

(2)契约提供者自验证(提供方)：确定了契约之后，Spring Cloud Contract 会给服务方自动生成验收测试，用于验证接口是否符合契约。服务方要确保开发完成后，这些验收测试都能够通过。

(3)消费方通过 Stub 进行集成测试(消费方)：服务消费方也可以基于这个契约开始开发功能。Spring Cloud Contract 会基于契约生成 Stub 服务，这样业务方就不必等接口开发完成，可以通过 Stub 服务进行集成测试。

所以 CDC 和行为驱动设计很类似，都是从使用者的需求出发，双方订立契约，测试先行的开发方法。不过一个是针对系统的验收，一个是针对服务的集成。CDC 的好处有以

下几点：

①让服务方和调用方可以充分沟通，确保服务方提供接口都是从调用方的需求出发，并且服务方的开发者也可以充分理解调用方的使用场景。

②解耦和服务方与调用方的开发过程，一旦契约订立，双方都可以并行开发，通过 Mock 和自动化集成测试确保双方都遵守契约，最终集成也会更简单。

③通过 Mock 和自动化测试，可以确保双方在演进过程中，也不会破坏已有的契约。

关于契约测试工具 Pact 和 Spring Cloud Contract 的详细使用，本书不做介绍。

11.4 本章小结

本章讲解了微服务测试的相关知识，如什么是微服务、微服务的出现和发展。接着介绍了在微服务架构下的测试策略，单元测试、组件测试及冒烟测试等相关概念在前文中已有介绍，本章重点介绍了契约测试，包括契约测试的概念、应用场景及契约测试的工具。通过本章的学习，读者应该对微服务体系结构下的测试有一定的了解。

11.5 本章习题

简答题

1. 什么是微服务架构？微服务测试和传统项目的软件测试有什么区别？
2. 什么是契约测试？

第 12 章

订单系统

学习目标

(1) 了解测试需求说明书的编写方法。

(2) 了解测试需求评审的编写方法。

(3) 了解测试计划的编写方法。

(4) 了解测试方案的编写方法。

(5) 了解测试用例的编写方法。

(6) 了解测试缺陷的管理方法。

思政目标

理论指导实践，学习理论知识是为了更好的实践。本章介绍了软件测试实际项目的案例，通过本章的学习，学生对项目的开展有进一步认识，树立理论结合实践的思想。

本书前面章节讲解了软件测试的基础知识，包括各种测试的概念、测试方法和测试技巧，且部分章节有项目测试实例，但是对这些项目测试实例只是演示测试过程而没有编写测试计划与测试用例等，对测试过程也没有跟踪记录，也没有编写测试报告。一个完整的测试过程应当包括编写测试计划与测试用例、记录测试过程、编写测试报告、管理测试缺陷等重要步骤。本章以测试一个“订单系统”为例，讲解如何编写测试需求、测试计划、测试方案和测试用例。

12.1 项目简介

“订单系统”主体是一个为前端各类业务提供订单管理的 API 服务，是业务中台的重要组成部分。它提供订单创建、支付、发货、售后等订单全生命周期管理服务，通过 API 对各前端业务系统提供服务，同时它提供订单管理的管理控台。

订单系统的管理控台采用前后端分离架构，前端采用 Vue 实现，服务端采用 Spring Boot 实现，提供基于 JSON 的 REST 服务接口，系统设计如图 12-1 所示。

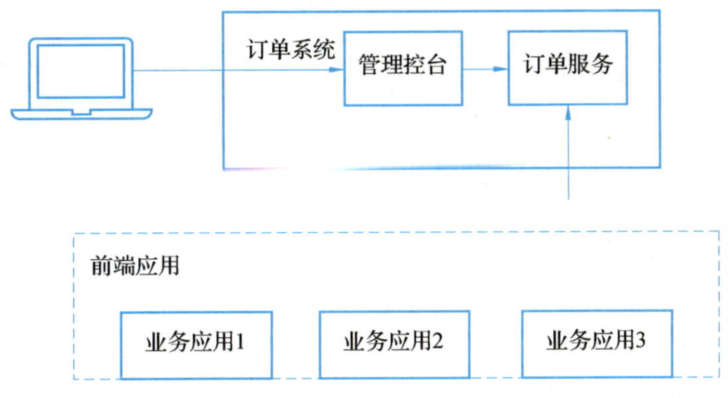

图 12-1 “订单系统”设计图

订单服务使用的基本流程是：开始→订单创建→订单支付→订单发货→确认收货→结束。

从开发人员处获得项目需求分析，具体如下。

1）订单服务接口

（1）订单创建：输入参数包括用户号、商品信息、商户数量、商品价格、订单优惠金额、订单金额，输出参数包括下单时间、订单号。

（2）订单支付：输入参数包括订单号，输出参数包括支付结果。

（3）订单发货：输入参数包括订单号、发货快递单号、承运商，输出参数包括发货成功/失败。

（4）订单确认收货：输入参数包括订单号，输出参数确认收货成功/失败。

（5）订单查询：输入参数包括订单日期、订单号、用户号，输出为订单列表，列表字段包括订单号、用户号、订单金额、订单商品信息、订单状态。

（6）用户订单查询：根据用户号查询订单信息。

2）管理控台功能

（1）用户登录：通过统一登录平台登录管理控台。

(2)订单查询：查询界面可以输入查询的订单日期、客户号、订单号，单击“查询”按钮，查询出订单列表，列表字段包括序号、订单号、用户号、订单金额、订单商品信息、订单状态。

(3)订单统计：可以选择开始日期和结束日期，可以按月/按日统计订单数量和订单金额。

12.2 测试需求说明书

编制：　　　　　　　　　　　日期：
审核：　　　　　　　　　　　日期：

测试需求说明书目录如下。

一、概述
1. 编写目的
2. 适用范围
二、系统说明
1. 系统背景
2. 系统功能
3. 系统设计和实现要点
三、系统的功能性需求
四、系统的非功能性需求
五、环境需求
六、测试人员要求与职责
七、测试完成标准
八、测试提交文档

一、概述

1. 编写目的

本文档是根据“订单系统”需求分析说明书编写的测试需求说明书，其目的有以下3点。

(1)供测试人员使用，作为测试的依据。

(2)作为项目验收标准之一。

(3)作为软件维护的参考资料。

2. 适用范围

本文档为内部资料，读者范围为公司内部测试人员、研发人员和相关负责人。

二、系统说明

1. 系统背景

某公司技术部门为了配合公司数字化转型，对公司信息系统进行服务化改造，我们开发订单系统，为前端应用提供统一的订单服务和订单管理控台功能。本文档主要用于定义“订单系统”系统测试的测试需求。

2. 系统功能

(1)订单服务接口。

(2)订单管理控台。

3. 系统设计和实现要点

(1)订单服务采用 Spring Boot 实现 REST 服务接口。

(2)订单管理控台前端开发采用 Vue 实现，实现前后端分离。

(3)系统部署在物理机，操作系统为 CentOS。

(4)客户端兼容主流浏览器，包括 IE、Firefox、Chrome 等。Vue 支持 HTML5 和 CSS3 新特性，且提供了很多实用的开发工具，可以方便地对网页进行调试。

(5)Web 服务器有很多种，其中 Apache 具有开源、跨平台、速度快且安全性高的特点，因此我们选择 Apache 作为本项目的 Web 服务器。

三、系统的功能性需求

“订单系统”的功能性需求如表 12-1 所示。

表 12-1　“订单系统”的功能性需求

功能	子功能
订单服务接口	订单创建
	订单支付
	订单发货
	订单确认发货
	订单查询
	用户订单查询
订单管理控台	登录
	订单查询
	订单统计

四、系统的非功能性需求

订单系统可以在 PC 端与移动端使用，本次测试要分别测试该系统在计算机(台式)与手机中的运行情况，即测试系统对终端的兼容性。

五、环境需求

本次测试所需要的硬件环境如表 12-2 所示。

表 12-2 “订单系统”测试硬件环境需求

硬件设备	处理器型号	内存
笔记本电脑	Intel Corei3TMi3-4160 CPU @ 3. 60GHz	8. 0GB

本次测试所需要的软件环境如表 12-3 所示。

表 12-3 “订单系统”测试软件环境需求

软件名你/工具类型	版本或说明
Windows	Windows 11 旗舰版
IE	7-11
Firefoxt	66. 0. 2 +(64 位)
Google 浏览器	71. 0+ (64 位)
Safari	12. 1. 1+
测试工具	Selenium 自动化测试
测试管理工具	禅道

六、测试人员要求与职责

本次测试要求测试人员具备以下能力。

(1)了解订单系统的设计架构。

(2)熟悉订单系统的操作过程。

(3)掌握 Java 编程语言基础知识。

在测试过程中，每个测试人员的具体职责如表 12-4 所示。

表 12-4 测试人员的具体职责

角色	职责	备注
测试负责人	1. 对测试过程进行监督管理； 2. 组织测试计划、测试方案、测试用例等的评审； 3. 获取测试所需要的资源； 4. 生成测试计划、测试用例、集成测试方案； 5. 主持环境搭建、测试执行	

续表

角色	职责	备注
测试设计人员	1. 生成测试需求； 2. 生成测试计划； 3. 生成测试方案； 4. 设计测试用例； 5. 整理编写测试报告	测试设计人员与测试执行人员的工作并不是界线分明的。有时他们是同一组人员，既是设计人员又是执行人员
测试执行人员	1. 负责搭建测试环境； 2. 负责具体测试的执行； 3. 负责收集测试报告信息	

七、测试完成标准

测试完成标准有以下几点。

(1) 系统实现需求分析中的所有功能。

(2) 所有测试用例都已经执行。

(3) 所有重要 bug 均已修复并通过回归测试。

(4) 完成浏览器兼容性测试，管理控台功能在不同浏览器各个版本下功能正常。

八、测试提交文档

本次测试要提交的文档如表 12-5 所示。

表 12-5　测试要提交的文档

文档名称	主要内容	面向对象	备注
测试需求分析	测试要完成的任务及任务分工	公司内部	
测试计划	规定测试执行过程，包括环境搭建、人员分配、测试组织和进度要求等	公司内部	
测试用例	量化测试输入、执行条件和预期结果，指导测试执行	公司内部	
测试报告	说明阶段和总体测试结果，分析结果带来的影响，为产品下一步实施提供依据	公司内部	

12.3 测试需求评审

测试需求评审的具体内容如表 12-6 所示。

表 12-6 测试需求评审

<table>
<tr><td>评审组长</td><td></td></tr>
<tr><td>参加人员</td><td></td></tr>
<tr><td>评审对象</td><td>订单系统需求说明书_V1.0_20190402</td></tr>
<tr><td>评审内容</td><td>1. 用词是否清晰？ 是【√】否【 】
2. 语句是否存在歧义？ 是【 】否【√】
3. 是否清楚地描述了软件需要做什么？ 是【√】否【 】
4. 是否描述了软件的目标环境，包括软硬件环境？是【√】否【 】
5. 需求项是否前后一致、彼此不冲突？ 是【√】否【 】
6. 是否清楚地说明了软件的每个输入、输出格式及输入与输出之间的对应关系？是【√】否【 】
7. 是否清晰地描述了软件系统的性能要求？是【√】否【 】</td></tr>
<tr><td rowspan="3">评审过程记录</td><td>评审过程记录：
1. 文档模板未按照公司模板设置；
2. 未对笔记本电脑、平板电脑设备的兼容性做测试；
3. 缺少浏览器兼容性测试</td></tr>
<tr><td>评审委员确认签字：
________/________/________</td></tr>
<tr><td>评审组长审批意见：
【 】合格
【√】基本合格，修改后不需要再次评审
【 】不合格，修改后需要再次评审
确认签字：________ 日期：________</td></tr>
</table>

12.4 测试计划

编制： 日期：

评审： 日期：

测试计划并不是一成不变的，在测试过程中，测试计划会随着软件需求变更而修改，对测试计划的修改可记录在表 12-7 中。

表 12-7　文件更改审批记录

序号	版本	* 状态	作者	审核者	完成日期	修改内容

注：* 状态为 C——创建，A——增加，M——修改，D——删除。

测试计划目录如下。

一、前言
1. 背景说明
2. 参考资料
二、测试摘要
1. 测试范围
2. 争议事项
3. 质量目标
4. 风险评估
三、测试环境
1. 测试资源需求
(1) 硬件资源
(2) 软件资源
2. 测试环境拓扑
3. 测试数据要求
四、测试项
五、测试组织结构
1. 测试组织
2. 角色和职责
六、测试进度计划

一、前言

1. 背景说明

本文档主要定义“订单系统”测试计划，规定测试执行过程的测试重点、人员安排、时间安排、资源利用、质量目标、风险评估、进度监控管理等。

2. 参考资料

参考资料如表 12-8 所示。

表 12-8 测试计划所用到的参考资料

文档	版本	作者或来源	备注
项目需求分析	V-1.0	公司内部开发团队	
项目开发计划	V-1.0	公司内部开发团队	
概要设计	V-1.0	公司内部开发团队	
测试需求说明书	V-2.0	公司内部测试团队	

二、测试摘要

1. 测试范围

本次测试主要测试“订单系统”功能和兼容性方面，测试要点如表 12-9 所示。

表 12-9 “订单系统”主要功能和测试要点

序号	产品描述	测试要点	备注
1	订单服务接口	订单创建	
		订单支付	
		订单发货	
		订单确认发货	
		订单查询	
		用户订单查询	
2	订单管理控台	登录	
		订单查询	
		订单统计	
3	兼容性测试(浏览器)	Google 浏览器	
		Firefox 浏览器	
		IE 浏览器	
		Safari 浏览器	

2. 争议事项

无。

3. 质量目标

(1)实现软件需求分析中的所有功能。

(2)所有测试用例都已经执行。

(3)所有重要 bug 均已修复并通过回归测试。

4. 风险评估

对本次测试进行风险评估，分析如下。

(1)对质量需求或产品特性分析不准确，造成测试范围分析有误差，使某一点测试始终得不到预期结果时，需要测试人员与研发人员及时沟通解决。

(2)当需求发生变更时，项目经理要以邮件的方式及时通知相关测试人员对测试文档进行变更，以确保测试的准确性。

(3)如果代码质量差，软件缺陷会有很多，漏检的可能性较大，并且有些缺陷不容易被发现。开发人员应当在开发时尽量提高软件质量。

(4)若研发不能按照计划完成升级、更新、修改任务，则测试时间顺延，测试周期不变。

三、测试环境

1. 测试资源需求

确保项目测试环境符合测试要求，降低严重影响测试结果真实性和正确性的风险，对测试环境做如下要求。

(1)硬件资源。

测试需要的硬件资源如表 12-10 所示。

表 12-10 “订单系统”测试所需的硬件资源

硬件设备	处理器型号	内存
台式计算机	Intel Core™i3-4160CPU @ 3. 60GHz	8. 0GB
笔记本电脑	Intel i5 低功耗版	8. 0GB
服务器	Intel Core™i5-6600KCPU@ 3. 50GHz	8. 0GB

(2)软件资源。

测试需要的软件资源如表 12-11 所示。

表 12-11 “订单系统”测试所需的软件资源

软件名称/工具类型	版本或说明
Windows 操作系统	Windows 7 旗舰版、Windows 10
iOS 操作系统	iOS 11
浏览器	Google、Firefox、Salari、IE
测试工具	Selenium 自动化测试
测试管理工具	禅道

2. 测试环境拓扑

本次测试的环境拓扑如图 12-2 所示。

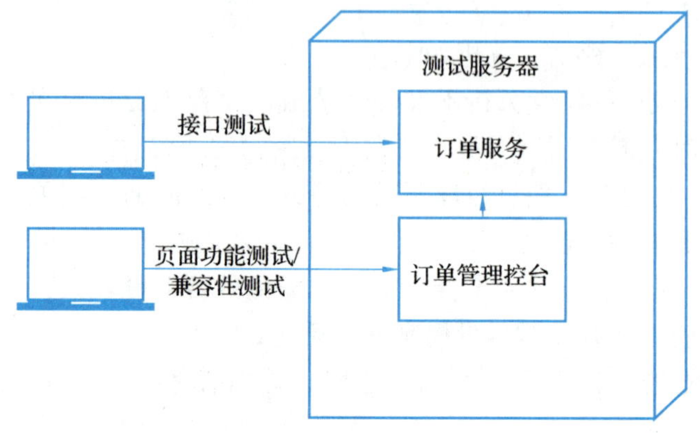

图 12-2　测试环境拓扑图

3. 测试数据要求

无。

四、测试项

本次测试主要从用户角度出发，对“订单系统”API 及管理控台功能进行测试以及对浏览器的兼容性方面进行测试，测试重点如下。

(1)服务接口测试：测试订单系统的订单创建、订单支付、订单发货、订单确认收货、订单查询、用户订单查询等接口功能，验证订单服务队订单操作的接口服务是否正常。

(2)管理控台功能测试：测试人员登录订单系统，进行订单查询和订单统计的操作，验证订单查询和订单统计功能是否可以按不同的查询条件进行查询并与数据库的数据核对一致。

(3)兼容性测试(浏览器)：本次浏览器兼容性测试中，分别使用不同的浏览器登录系统，测试在不同的浏览器上，系统能否正常运行使用。

五、测试组织结构

1. 测试组织

本次测试团队由 3 个人组成：1 个测试负责人、2 个测试工程师。测试负责人制订测试计划，组织项目测试文档评审，并监控管理整个测试项目的进度。测试工程师制订测试需要的文档计划，并执行整个测试过程、整理提交测试相关信息与资料、配合负责人的评审等。

2. 角色和职责

本次测试中，人员及职责安排如表 12-12 所示。

表 12-12　“订单系统”测试人员角色及职责安排

序号	姓名	职位	职责	备注
1		测试负责人	1. 制订测试计划； 2. 组织测试计划、测试方案、测试用例等评审工作； 3. 获取测试所需要的资源； 4. 主持环境搭建、测试执行工作； 5. 对测试过程进行监督管理与协调备注	
2		测试工程师	1. 收集整理项目相关资料； 2. 协助测试负责人制订测试计划； 3. 制订测试需求； 4. 编写测试用例； 5. 编写测试报告	
3		测试工程师	1. 制订测试计划； 2. 编写测试脚本； 3. 搭建测试环境； 4. 负责具体的测试执行	

六、测试进度计划

针对“订单系统”项目测试，具体的工作时间安排如表 12-13 所示。

表 12-13　测试工作进度安排

测试活动	主要内容	周期	预期时间
编写测试需求	明确本次测试的任务	2 个工作日	
测试需求评审	测试负责人组织项目组相关人员评审测试需求是否合理、是否有误	2 个工作日	
编写测试计划	制订整个测试项目的执行计划，包括测试内容、人员分配、环境搭建等	3 个工作日	
测试计划评审	测试负责人组织项目组相关人员评审测试计划是否合理、是否有纰漏	3 个工作日	
编写测试方案	说明本次测试使用的方法和技巧	2 个工作日	
测试方案评审	测试负责人组织项目相关人员评审测试方案是否合理	2 个工作日	
编写测试用例	编写测试执行的具体内容	3 个工作日	
测试用例评审	测试负责人组织项目组相关人员评审测试用例的可行性	2 个工作日	

续表

测试活动	主要内容	周期	预期时间
编写测试脚本	使用指定编程语言编写脚本，用于执行测试用例	5 个工作日	
测试执行	搭建测试环境，运行测试用例/脚本执行具体的测试工作	3 个工作日	
整理缺陷报告	整理测试过程中遇到的问题、缺陷	1 个工作日	
编写测试报告	收集整理测试信息，对本次测试进行汇总并进行评价	2 个工作日	

12.5 测试方案

编制：　　　　　　　　　　　　　　　　　　日期：

评审：　　　　　　　　　　　　　　　　　　日期：

测试方案也不是一成不变的，在测试过程中，测试方案会随着测试计划的修改而改变，对测试方案的修改可记录在表 12-14 中。

表 12-14　文件更改审批记录

序号	版本	* 状态	作者	审核者	完成日期	修改内容

注：* 状态包括 C——创建，A——增加，M——修改，D——删除。

测试方案目录如下。

一、前言

1. 声明

2. 背景

二、测试依据

三、测试项说明

四、测试策略

1. 功能测试

2. 性能测试

五、测试通过准则

一、前言

1. 声明

本方案是针对“订单系统”编写的系统测试方案，当产品出现更新的版本时，更新版本中出现的任何新功能模块都需要进行重新测试，本测试文档不再适用，更不能把本文档中的内容适用于其他版本的同类软件。

2. 背景

本文档主要用于定义“订单系统”的测试方法、测试技巧、测试重点、测试过程使用资源和测试用例设计方法等。本次测试主要测试项目的功能完整性、准确性，以及智能终端和浏览器的兼容性。

二、测试依据

编写本方案引用的相关资料如表 12-15 所示。

表 12-15　“订单系统”测试方案参考资料

文档	版本	作者或来源	备注
“订单系统”需求分析	V-1.0	公司内部开发团队	
“订单系统”系统分析	V-1.0	公司内部开发团队	
项目开发计划	V-1.0	公司内部开发团队	
概要设计	V-1.0	公司内部开发团队	
“订单系统”测试需求分析说明书	V-2.0	公司内部测试团队	
“订单系统”测试计划	V-1.0	公司内部测试团队	

三、测试项说明

本次测试主要为功能测试和兼容性测试，功能测试主要测试系统的功能完整性、准确性、易用性等，兼容性测试主要测试系统对智能终端与浏览器的兼容性。测试要点如表 12-16 所示。

表 12-16　“订单系统”系统测试功能要点

<table>
<tr><th>序号</th><th>产品描述</th><th>测试要点</th><th>备注</th></tr>
<tr><td rowspan="6">1</td><td rowspan="6">订单服务接口</td><td>订单创建</td><td></td></tr>
<tr><td>订单支付</td><td></td></tr>
<tr><td>订单发货</td><td></td></tr>
<tr><td>订单确认发货</td><td></td></tr>
<tr><td>订单查询</td><td></td></tr>
<tr><td>用户订单查询</td><td></td></tr>
</table>

续表

序号	产品描述	测试要点	备注
2	订单管理控台	登录	
		订单查询	
		订单统计	
3	兼容性测试(浏览器)	Google 浏览器	
		Firefox 浏览器	
		IE 浏览器	
		Opera 浏览器	
		Safari 浏览器	

四、测试策略

本方案的测试数据来源于软件需求、软件系统分析、概要设计、测试需求及测试计划，一部分测试数据由开发团队提供，另一部分数据由测试团队提供。

1. 功能测试

在本次测试中，功能测试策略如表 12-17 所示。

表 12-17　功能测试策略

测试事项	内容
测试范围	订单服务接口和订单管理控台订单查询和统计功能
测试目标	核实所有功能都已正常实现，即与软件需求一致
测试技术	采用黑盒测试、等价类划分等方法
测试工具	Selenium、Recorder
测试方法	自动化测试，使用 Java 脚本语言完成测试脚本
完成标准	所有测试用例执行完毕，且严重缺陷全部解决并通过回归测试
其他事项	无

2. 兼容性测试

在本次测试中，兼容性测试策略如表 12-18 所示。

表 12-18　兼容性测试策略

测试事项	内容
测试范围	系统对浏览器的兼容性
测试目标	核实不同的浏览器版本都可以登录“订单系统”进行订单查询和统计操作

续表

测试事项	内容
测试方法	手工测试
完成标准	“订单系统”可以在台式计算机、笔记本电脑各浏览器中登录使用
测试重点	台式计算机、笔记本电脑端测试为重点测试； Google、Firefox、IE 浏览器为测试重点
特殊事项	无

五、测试通过准则

测试通过准则如下。

(1)实现软件需求分析中的所有功能。

(2)所有测试策略都已完成。

(3)所有测试用例都执行完毕。

(4)所有重要等级 bug 都解决并通过回归测试。

12.6 测试用例

编制：　　　　　　　　　　　日期：

评审：　　　　　　　　　　　日期：

一、订单服务

订单服务功能测试用例如表 12-19 所示。

表 12-19　订单服务功能测试用例

用例编号	优先级	功能/场景	前置条件	操作步骤	预期结果	备注	执行结果
C_001	L1	订单服务-订单创建	用户拥有订单管理控台应用管理权限；系统中存在各类订单数据	模拟接口报文，发送报文以调用订单创建接口	返回数据符合接口文档描述		通过

续表

用例编号	优先级	功能/场景	前置条件	操作步骤	预期结果	备注	执行结果
C_002	L1	订单服务-订单支付	订单未支付	模拟接口报文，发送报文以调用订单创建接口	返回数据符合接口文档描述		通过
C_003	L2	订单服务-订单发货	订单已支付	模拟接口报文，发送报文以调用订单创建接口	返回数据复核接口文档描述		通过
C_004	L1	订单服务-订单确认发货	订单已发货	模拟接口报文，发送调用订单确认发货接口	返回数据复核接口文档描述		通过
C_005	L1	订单服务-订单查询	存在订单数据	模拟接口报文，发送调用订单查询接口	返回数据复核接口文档描述		通过
C_006	L1	订单服务-用户订单查询	用户存在订单数据	模拟接口报文，发送调用用户订单查询接口	返回数据复核接口文档描述		通过

注：用例级别 L1、L2、L3、L4，数值越小，优先级越高。在测试时间不足的情况下，先测试优先级高的测试用例。

二、订单管理控台

订单管理控台测试用例如表 12-20 所示。

表 12-20 订单管理控台测试用例

用例编号	优先级	功能/场景	前置条件	操作步骤	预期结果	备注	执行结果
T_001	L1	订单管理控台-订单查询-页面展示	登录用户拥有订单管理控台应用管理权限；存在各类订单数据	登录订单管理控台-点击订单查询	页面展示符合规范；无错别字；订单数据字段与对应值展示正确		通过
T_002	L1	订单管理控台-订单查询-查询-填写用户号	登录用户拥有订单管理控台应用管理权限；存在各类订单数据	登录订单管理控台-点击订单查询下的订单查询-填写用户号	查询成功，根据用户号筛选数据，查询出当前用户下的满足查询条件的所有订单		通过

续表

用例编号	优先级	功能/场景	前置条件	操作步骤	预期结果	备注	执行结果
T_003	L2	订单管理控台-订单查询-查询-填写订单日期	登录用户拥有订单管理控台应用管理权限；存在各类订单数据	登录订单管理控台-点击订单查询下的订单查询-填写订单日期	查询成功，根据订单日期筛选数据，查询出日期下的满足查询条件的所有订单		通过
T_004	L1	订单管理控台-订单查询-查询-订单号	登录用户拥有订单管理控台应用管理权限；存在各类订单数据	登录订单管理控台-点击订单查询下的订单查询-填入正确订单号	查询成功，根据订单号筛选数据		通过
T_005	L1	订单管理控台-订单查询-重置	登录用户拥有订单管理控台应用管理权限；存在各类订单数据	登录订单管理控台-点击订单查询下的订单查询-重置	查询条件框中均恢复为无内容；页面展示订单全部数据		通过

三、兼容性测试(浏览器)

“订单系统”浏览器兼容性测试的测试用例如表 12-21 所示。

表 12-21　浏览器兼容性测试用例

用例编号	用例级别	操作步骤	预期结果	实际结果	备注
L_001	L1	1. 打开 Google 浏览器； 2. 登录订单管理控台； 3. 点击链接； 4. 输入查询条件； 5. 查看订单数据	查询功能正常，数据展示正常		
L_002	L1	1. 打开 Firefox 浏览器； 2. 登录订单管理控台； 3. 点击链接； 4. 输入查询条件； 5. 查看订单数据	查询功能正常，数据展示正常		
L_003	L1	1. 打开 IE 浏览器； 2. 登录订单管理控台； 3. 点击链接； 4. 输入查询条件； 5. 查看订单数据	查询功能正常，数据展示正常		

续表

用例编号	用例级别	操作步骤	预期结果	实际结果	备注
L_004	L2	1. 打开 Opera 浏览器； 2. 登录订单管理控台； 3. 点击链接； 4. 输入查询条件； 5. 查看订单数据	查询功能正常，数据展示正常		
L_005	L2	1. 打开 Safari 浏览器； 2. 登录订单管理控台； 3. 点击链接； 4. 输入查询条件； 5. 查看订单数据	查询功能正常，数据展示正常		

四、测试范围说明

本次测试范围如表 12-22 所示。

表 12-22 测试范围

序号	产品描述	测试要点	备注
1	订单服务接口	订单创建	该部分功能未实现
		订单支付	
		订单发货	
		订单确认发货	
		订单查询	
		用户订单查询	
2	订单管理控台	登录	功能准确实现
		订单查询	
		订单统计	
3	兼容性测试(浏览器)	Google 浏览器	支持 Google、Firefox、IE、Opera、Safari 浏览器
		Firefox 浏览器	
		IE 浏览器	
		Opera 浏览器	
		Safari 浏览器	

五、测试过程分析

1. 功能测试

功能测试以自动化为主，辅以手工测试，功能测试过程概要分析如表 12-23 所示。

表 12-23　功能测试过程概要分析

功能模块	测试轮数	开始时间	结束时间	执行用例数	用例通过数	用例未通过数	用例通过率	备注
订单服务	1	2023. 02. 01	2023. 02. 02	6	5	1	83%	
管理控台功能	1	2023. 02. 01	2023. 02. 02	5	1	4	20%	

2. 兼容性测试

兼容性测试主要测试“订单系统”对浏览器的兼容情况，兼容性测试过程概要分析如表 12-24 所示。

表 12-24　兼容性测试过程概要分析

兼容性测试	测试轮数	开始时间	结束时间	测试用例总数	用例通过数	用例未通过数	用例通过率	备注
浏览器	1	2023. 02. 03	202302. 03	5	4	1	80%	

六、测试结果分析

测试覆盖率分析

本次测试的功能测试覆盖率分析如表 12-25 所示。

表 12-25　功能测试覆盖率分析

功能模块	用例总数	用例执行数	测试覆盖率	备注
订单服务	5	5	100%	
订单管理控台	6	6	100%	订单管理控台的测试覆盖率达 100%。但通过率为 20%

本次测试的兼容性测试覆盖率分析如表 12-26 所示。

表 12-26　兼容性测试覆盖率分析

兼容性测试	用例总数	用例执行数	测试覆盖率	备注
浏览器	5	5	100%	

12.7 缺陷报告

1. Bug_001 缺陷报告

Bug_001 缺陷报告如表 12-27 所示。

表 12-27 Bug_001 缺陷报告

缺陷 ID	Bug_001
测试软件名称	订单系统
测试软件版本	1.0
缺陷发现日期	2023.01.12
测试人员	张三
缺陷描述	页面展示信息不完整，缺少订单状态字段
附件	无
缺陷类型	功能类型缺陷
缺陷严重程度	严重
缺陷优先级	立即解决
测试环境	处理器：Intel® RCoreTMi3-4160 CPU @ 3.60GHz 内存：8.0GB 系统类型：Windows 10 64 位操作系统
重现步骤	1. 管理员登录系统； 2. 单击“订单查询”按钮
备注	无

2. Bug_002 缺陷报告

Bug_002 缺陷报告如表 12-28 所示。

表 12-28 Bug_002 缺陷报告

缺陷 ID	Bug_002
测试软件名称	订单系统
测试软件版本	1.0
缺陷发现日期	2023.02.02
测试人员	张三

续表

缺陷 ID	Bug_002
缺陷描述	记录条数与数据库记录条数不一致
附件	无
缺陷类型	功能类型缺陷
缺陷严重程度	严重
缺陷优先级	立即解决
测试环境	处理器：Intel® CoreTMi3-4160 CPU @3.60GHz 内存：8.0GB 系统类型：Windows 10 64 位操作系统
重视步骤	1. 管理员登录系统； 2. 单击“订单查询”按钮
备注	本缺陷应当由测试用例 T_001 测试得出

3. Bug_003 缺陷报告

Bug_003 缺陷报告如表 12-29 所示。

表 12-29　Bug_003 缺陷报告

缺陷 ID	Bug_003
测试软件名称	订单系统
测试软件版本	1.0
缺陷发现日期	2023.02.02
测试人员	张三
缺陷描述	查询结果与查询条件不符
附件	无
缺陷类型	功能类型缺陷
缺陷严重程度	严重
缺陷优先级	立即解决
测试环境	处理器：Intel® CoreTMi3-4160 CPU @3.60GHz 内存：8.0GB 系统类型：Windows 10 64 位操作系统
重视步骤	1. 管理员登录系统； 2. 单击“订单查询”按钮； 3. 输入用户号“202208110000256”； 4. 单击“查询”按钮
备注	

4. Bug_004 缺陷报告

Bug_004 缺陷报告如表 12-30 所示。

表 12-30　Bug_004 缺陷报告

缺陷 ID	Bug_004
测试软件名称	订单系统
测试软件版本	1.0
缺陷发现日期	2023.02.02
测试人员	李卓
缺陷描述	输入非法的日期格式，系统未做检查
附件	无
缺陷类型	功能类型缺陷
缺陷严重程度	严重
缺陷优先级	立即解决
测试环境	处理器：Intel® CoreTMi3-4160 CPU @ 3.60GHz 内存：8.0GB 系统类型：Windows 10 64 位操作系统
重视步骤	1. 管理员登录系统； 2. 单击“订单查询”按钮； 3. 输入订单日期“2023-02-30”； 4. 单击“查询”按钮
备注	

5. Bug_005 缺陷报告

Bug_005 缺陷报告如表 12-31 所示。

表 12-31　Bug_005 缺陷报告

缺陷 ID	Bug_005
测试软件名称	订单系统
测试软件版本	1.0
缺陷发现日期	2023.02.02
测试人员	张三
缺陷描述	一个订单号查出两条重复的记录
附件	无
缺陷类型	功能类型缺陷

续表

缺陷 ID	Bug_005
缺陷严重程度	严重
缺陷优先级	立即解决
测试环境	处理器：Intel® CoreTMi3-4160 CPU @ 3. 60GHz 内存：8. 0GB 系统类型：Windows 10 64 位操作系统
重视步骤	1. 管理员登录系统； 2. 单击“订单查询”按钮； 3. 输入订单号“20230201000008”； 4. 单击“查询”按钮
备注	

6. Bug_006 缺陷报告

Bug_006 缺陷报告如表 12-32 所示。

表 12-32 Bug_006 缺陷报告

缺陷 ID	Bug_006
测试软件名称	订单系统
测试软件版本	1. 0
缺陷发现日期	2023. 02. 02
测试人员	李卓
缺陷描述	接口调用报错，错误信息为 500
附件	无
缺陷类型	功能类型缺陷
缺陷严重程度	严重
缺陷优先级	立即解决
测试环境	处理器：Intel® CoreTMi3-4160 CPU @ 3. 60GHz 内存：8. 0GB 系统类型：Windows 10 64 位操作系统
重视步骤	模拟“订单确认收货”接口报文，发送到订单服务
备注	

7. Bug_007 缺陷报告

Bug_007 缺陷报告如表 12-33 所示。

表 12-33 Bug_007 缺陷报告

缺陷 ID	Bug_007
测试软件名称	订单系统
测试软件版本	1.0
缺陷发现日期	2023.02.03
测试人员	李卓
缺陷描述	IE7 浏览器，订单查询功能的订单列表无法正常显实订单号
附件	无
缺陷类型	功能类型缺陷
缺陷严重程度	严重
缺陷优先级	立即解决
测试环境	处理器：Intel® CoreTMi3-4160 CPU @ 3.60GHz 内存：8.0GB 系统类型：Windows 10 64 位操作系统
重视步骤	1. 管理员登录系统； 2. 单击“订单查询”按钮； 3. 单击“查询”按钮
备注	

12.8 缺陷分析

1. 缺陷分析

本次测试的缺陷分析如表 12-34 所示。

表 12-34 缺陷分析

缺陷 ID	bug	描述	等级	测试人员	开发人员
Bug_001	缺少订单状态	执行测试用例 T_001，测试结果页面展示信息不完整，缺少订单状态字段	严重		
Bug_002	查询数据不全	执行测试用例 T_001，测试结果为记录条数与数据库记录条数不一致	严重		
Bug_003	未按用户号进行筛查	执行测试用例 T_002，测试结果为查询结果与查询条件不符	严重		

续表

缺陷 ID	bug	描述	等级	测试人员	开发人员
Bug_004	日期输入格式未检查	执行测试用例 T_003，测试结果为输入非法的日期格式，系统未做检查	一般		
Bug_005	查询出重复记录	执行测试用例 T_004，测试结果为一个订单号查出两条重复的记录	一般		
Bug_006	接口访问报错	执行测试用例 C_004，测试结果为接口调用报错，错误信息为 500	严重		
Bug_007	IE7 页面展示不完整	执行测试用例 L003，测试结果为 IE7 浏览器，订单查询功能的订单列表无法正常显实订单号	一般		

注意：每一个缺陷的详细报告见 12.7 节。

(1)缺陷类型汇总：缺陷的类型汇总如图 12-3 所示。

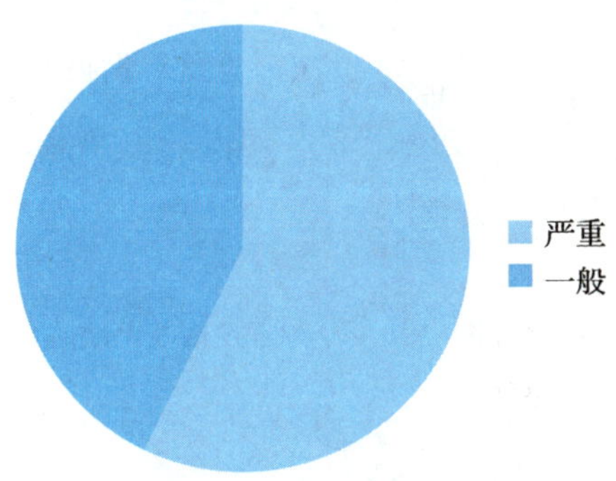

图 12-3　缺陷类型汇总

(2)缺陷按功能分布汇总：缺陷按功能分布汇总如图 12-4 所示。

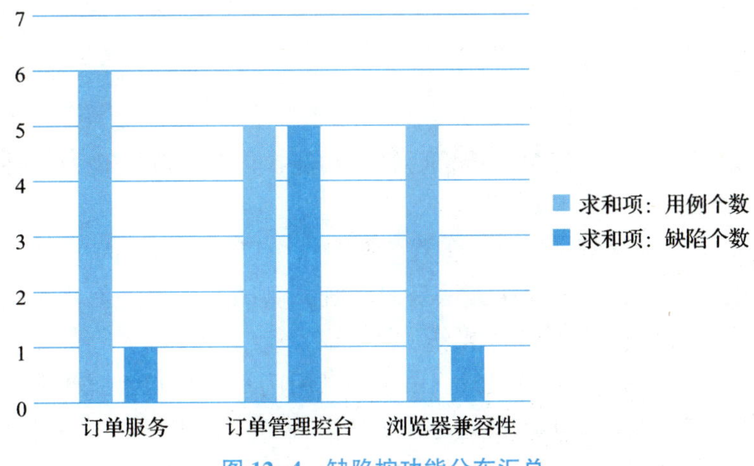

图 12-4　缺陷按功能分布汇总

(3)缺陷时间趋势：缺陷时间趋势如图 12-5 所示。

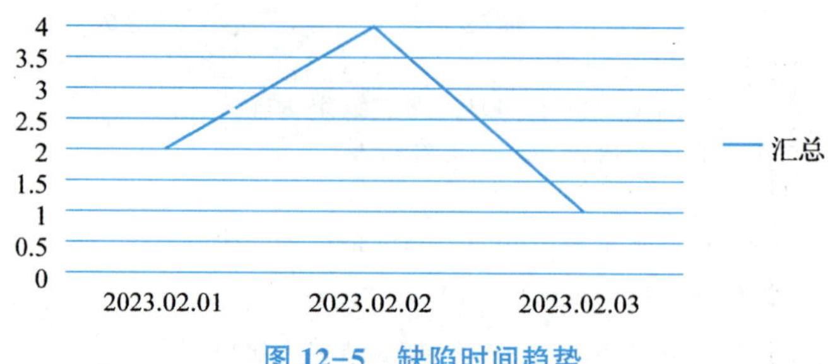

图 12-5 缺陷时间趋势

2. 测试问题汇总

本次测试的问题总结和汇总如表 12-35 所示。

表 12-35 测试问题汇总

序号	测试项	测试要点	测试结论	备注
1	订单服务	订单创建 订单支付 订单发货 订单确认发货 订单查询 用户订单查询	发现 1 个缺陷	
2	管理控台	登录 订单查询 订单统计	发现 5 个缺陷	
3	浏览器测试	Google Firefox IE Safari	支持 IE7 之外的浏览器，IE7 发现 1 个缺陷	

3. 差异分析

测试过程中存在的差异如下。

(1)软件需求说明表明，订单支持售后管理功能，但系统在实现时只体现售后信息字段，无售后管理流程。

(2)测试计划以自动化测试为主，但在实际测试中以手工测试为主。

(3)在兼容性测试中，智能手机无法登录系统，测试人员额外使用手机模拟器进行测试，则可以登录系统，完成订单功能操作。

(4)在测试“订单服务”功能模块时，由于测试用例 C_004 已经发现服务调用异常，因此在执行测试用例 T_001～ T_005 的过程中，未关注订单状态。

对上述差异进行如下分析。

(1)软件实现与需求不符，不能满足用户需求，会造成系统可用性下降，达不到教学使用的目的。

(2)在测试中，以手工测试为主，可以达到更高的准确度，但效率略低。

(3)手机模拟器可以登录系统，表明系统设计没有问题。

(4)测试严重缺陷过多导致测试不完整。

4. 测试总结和评价

本报告主要对整个测试过程和结果进行总结。整个测试过程包括系统的功能测试和兼容性测试，软件缺陷主要集中在功能测试中的“订单管理控台”模块，发现了 3 个严重缺陷和 1 个一般缺陷。此外，在订单服务接口中发现 1 个严重缺陷，在浏览器兼容性测试中，发现了 1 个一般缺陷。

其他未涉及的测试可能存在的缺陷如下。

(1)订单查询：订单完成之后，订单是否可以长期保存、保存期限多长。

(2)删除功能：如果创建了错误的订单，是否可以将其删除。

由于订单系统存在较多严重缺陷，整个订单服务功能没有实现，这些缺陷是用户明确提出的需求，因此该系统未通过本次测试，不能予以发布。

5. 建议

(1) 实现“订单取消”功能，让应用可以取消未支付的订单，避免失效订单长期存在。

(2) 建议丰富订单信息内容，让订单服务适合更多的业务场景。

(3) 建议订单管理控台可以通过智能终端访问。

(4) 确认订单数据保存期限。

12.9 本章小结

本章以系统测试“订单系统”为例讲解了各种测试文档的编写，包括测试需求说明书、测试需求评审、测试计划、测试方案、测试用例、测试报告、缺陷报告。虽然各个公司的测试文档编写模板不同，但都大同小异。通过本章的学习，读者应当掌握测试需求、测试计划、测试方案和测试用例等测试文档的编写方法。

参考文献

[1]Kniberg H. 硝烟中的 Scrum 和 XP——我们如何实施 Scrum[M]. 李剑，译. 北京：清华大学出版社，2011.
[2]陈承欢. 软件测试任务驱动式教程[M]. 北京：人民邮电出版社，2014.
[3]宫云战. 软件测试教程[M]. 2 版. 北京：人民邮电出版社，2016.
[4]黑马程序员. 软件测试[M]. 北京：人民邮电出版社，2019.
[5]刘攀. 大数据测试技术[M]. 北京：人民邮电出版社，2018.
[6]王顺. 软件测试全程项目实战宝典[M]. 北京：清华大学出版社，2013.
[7]肖利琼. 软件测试之魂核心测试设计精讲[M]. 北京：电子工业出版社，2011.